高等职业教育"十二五"规划教材(计算机类)

Java 程序设计项目化教程

主　编　郑　哲
副主编　郭双宙　韩越祥　葛茜倩
参　编　蒋　宁　徐志烽　葛科奇

机械工业出版社

本书从 Java 程序设计初学者的角度出发，按照项目化课程的教学方法，通过虚拟的"师生结对编程"的形式详细介绍使用 Java 语言进行程序开发所需掌握的相关知识、技能，并着重强调开发人员需要养成的良好职业习惯。

本书共 9 章，主要内容包括走近 Java 程序、Java 语法基础、Java 面向对象基础、继承和多态、异常、图形、Java I/O、多线程及综合案例等。每章都精心设计了丰富有趣的项目实例，难易适中、趣味性强，便于教学和学生自学。

本书可作为高职院校计算机专业的 Java 程序设计课程的教材，也可作为相关培训机构的 Java 辅导参考书，还可作为从事程序开发、测试及维护的技术人员与编程爱好者的自学图书。

为方便教学，本书配备教学视频、电子课件等教学资源。凡选用本书作为教材的教师均可登录机械工业出版社教育服务网 www.cmpedu.com 免费下载。如有问题请致信 cmpgaozhi@sina.com，或致电 010-88379375 联系营销人员。

图书在版编目（CIP）数据

Java 程序设计项目化教程/郑哲主编. —北京：机械工业出版社，2015.1（2016.8 重印）

高等职业教育"十二五"规划教材. 计算机类

ISBN 978-7-111-48867-5

Ⅰ.①J… Ⅱ.①郑… Ⅲ.①JAVA 语言—程序设计—高等职业教育—教材 Ⅳ.①TP312

中国版本图书馆 CIP 数据核字（2014）第 293288 号

机械工业出版社（北京市百万庄大街22号　邮政编码100037）

策划编辑：刘子峰　责任编辑：刘子峰　罗子超

责任校对：黄兴伟　封面设计：陈　沛

责任印制：李　洋

北京华正印刷有限公司印刷

2016 年 8 月第 1 版第 2 次印刷

184mm×260mm · 18.5 印张 · 449 千字

2501—4400 册

标准书号：ISBN 978-7-111-48867-5

定价：39.00 元

凡购本书，如有缺页、倒页、脱页，由本社发行部调换

电话服务　　　　　　　　　　　　网络服务

服务咨询热线：010-88379833　　　机工官网：www.cmpbook.com

读者购书热线：010-88379469　　　机工官博：weibo.com/cmp1952

　　　　　　　　　　　　　　　　　教育服务网：www.cmpedu.com

封面无防伪标均为盗版　　　　　　金书网：www.golden-book.com

前　言

Java 是 Sun 公司推出的能够跨越多平台的、可移植性较高的一种面向对象的编程语言，自面世以来，凭借其易学易用、功能强大的特点，得到了广泛应用。强大的跨平台特性使 Java 程序可以运行在大部分系统平台上，甚至手机、平板电脑（PDA）等移动电子产品中，真正做到"一次编写，到处运行"。利用 Java 可以编写桌面应用程序、Web 应用程序、分布式系统和嵌入式系统应用程序等，这使得它成为应用范围最广泛的开发语言之一。

本书针对高职高专培养应用技术型人才的要求而编写，提供了 Java 程序设计入门所必备的各类知识，全书共分 9 章。

第 1 章：通过初识 Java、熟悉 Eclipse 开发工具，了解 Java 语言的基本开发环境搭建和配置。

第 2 章：介绍 Java 数据类型、关键字、流程控制、操作符、字符串等内容。

第 3 章：介绍类、对象、方法、构造方法等内容。

第 4 章：介绍数组、集合、接口、继承与多态以及类的高级特性。

第 5 章：介绍异常的概念与分类、创建自定义异常、异常的捕获等内容。

第 6 章：以 SWT/JFace 图形工具为基础，介绍一些常用的 SWT 组件和布局管理器、事件处理。

第 7 章：介绍流的概念和文件的基本操作。

第 8 章：介绍线程的相关知识，包括线程的工作原理、线程的创建、线程的生命周期、线程的同步等。

第 9 章：通过一个完整的微波炉模拟桌面应用程序，运用软件工程的设计思想，让读者学习如何进行软件项目的实践开发。按照"项目需求分析→系统设计→创建项目→实现项目→运行项目→项目打包部署→解决开发常见问题"的流程进行介绍，带领读者一步步体验开发项目的全过程。

本书特点如下：

1）由浅入深，循序渐进。以初级程序员为对象，先从 Java 语言基础学起，再学习 Java 的基础语法，然后学习 Java 的面向对象特性，最后学习开发一个完整项目。本书在讲解过程中步骤详尽、版式新颖，对于重点的语法、API 使用、常见的错误、常用的技巧，都通过图表醒目地进行标记，使读者在阅读时一目了然，从而快速掌握相关知识和语法。

2）结对编程，启发指导。以虚拟化的学生和教师对白呈现结对编程过程。通过教师的启发和指导，让学生掌握相关新知识，并应用这些新的知识以实现相关模块的功能。通过这种模式的训练，在强化学生自己动手能力的同时，培养了学生的独立思考、沟通协调和创新思维的能力。此外，这种身临其境、参与其中的讨论过程，也大大降低了枯燥概念的理解难度，增加了教材的趣味性和可读性，满足高职学生学习的需求。

3）项目驱动，规格表述。本书涵盖项目需求分析、功能模块实现、项目打包发布的完整流程，并通过几个完整项目，反复训练学生实践这一过程以达到提升开发能力的目的，养成程序员基本的编程习惯和思维习惯。此外，项目的目标明确，任务表述规格化，任务更加精确，让读者在项目开发之前明确自己将要做什么。

4）应用实践，随时练习。每章都提供自测题，读者能够通过对问题的解答重新回顾、熟悉所学知识，举一反三，为进一步的学习做好充分的准备。

本书由宁波城市职业技术学院的郑哲任主编，负责全书的构思和最后的统稿。宁波城市职业技术学院的郭双宙、浙江工业职业技术学院的韩越祥以及浙江工商职业技术学院的葛茜倩任副主编。参与本书编写的还有宁波城市职业技术学院的蒋宁、徐志烽、葛科奇。

在本书编写过程中，我们以科学、严谨的态度，力求精益求精，但由于水平有限，书中错误、疏漏之处在所难免，敬请广大读者批评指正。

编 者

目 录

前言

第1章 走进 Java 程序 1
1.1 Java 概述 1
1.2 面向对象编程 1
1.2.1 对象的定义 2
1.2.2 类的概念 2
1.2.3 UML 简介 3
1.3 J2SDK 简介 3
1.3.1 认识 J2SDK 4
1.3.2 J2SDK 下载 4
1.3.3 JDK 的安装 4
1.3.4 测试安装 5
1.3.5 JDK 的配置 6
1.3.6 理解 CLASSPATH 和 SOURCEPATH 8
1.4 项目任务 1：使用命令行开发 Java 程序 9
1.4.1 编辑源文件 10
1.4.2 使用 JavaC 编译源文件 12
1.4.3 使用 Java 命令运行程序 12
1.4.4 使用 classpath 13
1.5 Java 集成开发工具简介 13
1.6 项目任务 2：使用 Eclipse 开发 Java 应用程序 14
1.6.1 Eclipse 多语言包的安装 14
1.6.2 使用 Eclipse IDE 开发 Java 应用程序 15
1.6.3 相关配置 16
1.7 项目任务 3：管理代码 17
1.7.1 使用 sourcepath 18
1.7.2 package 包管理机制 18
1.7.3 import 导入机制 20
1.8 自测题 22

第2章 Java 语法基础 25
2.1 Java 数据类型 26
2.1.1 标识符 26
2.1.2 Java 关键字 27
2.1.3 Java 基本数据类型 27
2.1.4 变量 28
2.1.5 引用变量 28
2.1.6 区分基本类型变量和引用变量 29
2.1.7 变量的赋值 30
2.1.8 类型转换 31
2.2 项目任务 4：定义变量 32
2.2.1 整型类型 33
2.2.2 浮点数类型 34
2.2.3 布尔类型 35
2.2.4 字符数据类型 36
2.2.5 字符串 38
2.3 项目任务 5：生成随机价格 41
2.4 Java 操作符 42
2.4.1 自增/自减操作符 43
2.4.2 复合赋值操作符 44
2.4.3 移位操作符 44
2.4.4 布尔逻辑 45
2.4.5 布尔操作符 46
2.4.6 关系运算符 48
2.4.7 三元运算符 48
2.5 Java 注释语句 49
2.6 项目任务 6：价格比较 49
2.6.1 if 语句 50
2.6.2 switch 语句 53
2.6.3 while 循环 54
2.6.4 do/while 循环 55
2.6.5 for 循环 56
2.6.6 break 关键字 57
2.6.7 continue 关键字 58
2.6.8 嵌套循环 59
2.7 项目任务 7：猜测次数统计 60

2.7.1 静态变量 ································· 60
2.7.2 常量 ······································· 61
2.7.3 变量的作用域和生命周期 ··· 61
2.8 自测题 ··· 64

第3章 Java 面向对象基础 ··············· 67
3.1 对象和实例 ······································· 67
3.2 使用 UML 设计类 ··························· 67
3.3 类的定义 ··· 68
3.4 实例变量 ··· 69
3.5 项目任务 8：添加类的属性 ············ 70
3.6 项目任务 9：创建类的实例 ············ 70
3.7 方法 ··· 72
    3.7.1 方法的定义 ····························· 72
    3.7.2 方法的调用 ····························· 73
    3.7.3 方法的调用栈 ······················· 73
    3.7.4 静态方法 ································· 75
    3.7.5 程序代码的调试 ··················· 76
    3.7.6 递归方法 ································· 76
    3.7.7 汉诺塔问题 ····························· 77
3.8 构造方法 ··· 79
    3.8.1 默认构造方法 ······················· 79
    3.8.2 对象初始化 ····························· 81
    3.8.3 自定义构造方法 ··················· 82
    3.8.4 方法重载 ································· 82
3.9 项目任务 10：添加类的构造方法 ··· 82
3.10 实现方法 ··· 84
3.11 项目任务 11：实现类的方法 ······· 86
3.12 访问权限 ··· 86
3.13 项目任务 12：限定数值范围 ······· 87
3.14 项目任务 13：代码重构 ··············· 89
3.15 实现 tick 方法 ································ 92
    3.15.1 Timer 和 TimerTask ············ 93
    3.15.2 内部类和匿名内部类 ········· 93
3.16 项目任务 14：时钟功能的实现 ··· 95
3.17 自测题 ··· 97

第4章 继承和多态 ··························· 100
4.1 项目背景简介 ································· 100
4.2 类间关系 ··· 100
4.3 数组 ··· 102

4.3.1 访问数组 ······························· 103
4.3.2 引用数组 ······························· 104
4.3.3 数组初始化 ··························· 105
4.3.4 多维数组 ······························· 105
4.3.5 数组类 ··································· 107
4.4 ArrayList ·· 108
4.5 项目任务 15：学生注册代码实现 ··· 108
4.6 枚举 ··· 109
4.7 项目任务 16：使用枚举重构 ······· 111
4.8 继承和多态 ····································· 112
    4.8.1 继承的概念 ··························· 112
    4.8.2 多态与 is-a ··························· 115
    4.8.3 重新定义行为 ····················· 117
    4.8.4 抽象方法和抽象类 ············· 119
    4.8.5 终止继承 ······························· 120
    4.8.6 java.lang.Object ··················· 120
4.9 接口 ··· 122
    4.9.1 如何创建接口 ······················· 123
    4.9.2 实现接口 ······························· 123
    4.9.3 接口的用途 ··························· 124
    4.9.4 项目任务 17：计分策略 ····· 125
4.10 集合 ··· 131
    4.10.1 集合接口 ····························· 131
    4.10.2 Iterator 接口和迭代器 ······· 132
    4.10.3 List ······································ 133
    4.10.4 Set ·· 135
    4.10.5 Map ····································· 136
    4.10.6 散列表 ································· 137
    4.10.7 项目任务 18：Map 使用示例 ··· 138
4.11 包装类 ··· 140
4.12 自测题 ··· 142

第5章 异常 ··· 149
5.1 使用异常处理机制消除
    程序错误 ··· 149
5.2 异常的定义 ····································· 150
5.3 异常处理 ··· 152
5.4 异常分类 ··· 153
5.5 创建自己的异常 ····························· 154

5.5.1	正则表达式	154	6.8.3	创建 App 主窗口程序	208
5.5.2	项目任务 19：自定义非检查异常	157	6.8.4	制作批处理启动的 JAR 应用程序	214
5.5.3	项目任务 20：自定义检查异常	159	6.9	自测题	217

第 6 章 图形 165

- 6.1 SWT/JFace 简介 165
- 6.2 SWT/JFace 常用组件 166
  - 6.2.1 按钮组件 166
  - 6.2.2 标签组件 167
  - 6.2.3 文本框组件 168
  - 6.2.4 组合框组件 170
  - 6.2.5 列表框组件 172
  - 6.2.6 菜单 173
- 6.3 布局管理 176
  - 6.3.1 布局数据 176
  - 6.3.2 填充式布局 177
  - 6.3.3 行布局 177
  - 6.3.4 网格布局 177
  - 6.3.5 网格布局数据 178
  - 6.3.6 表单布局 180
- 6.4 SWT 应用程序工作原理 184
- 6.5 SWT 事件处理 185
- 6.6 几种常见事件处理写法 186
  - 6.6.1 匿名内部类写法 187
  - 6.6.2 命名内部类写法 187
  - 6.6.3 外部类写法 187
  - 6.6.4 实现监听接口的写法 188
- 6.7 项目任务 21：完成猜价格游戏 188
  - 6.7.1 制作猜价格游戏主界面 188
  - 6.7.2 添加主菜单 190
  - 6.7.3 添加菜单项 Action 190
  - 6.7.4 处理 SWT 事件 191
  - 6.7.5 制作游戏参数配置界面 198
- 6.8 项目任务 22：完成 SWT 时钟程序 206
  - 6.8.1 导出 JAR 文件 207
  - 6.8.2 添加 JAR 引用 208

第 7 章 Java I/O 219

- 7.1 Java.io 包简介 219
- 7.2 流的相关概念 219
- 7.3 流的分类 220
- 7.4 字节流的层次架构 220
  - 7.4.1 标准输入/输出流 221
  - 7.4.2 FileInputStream 与 FileOutputStream 222
  - 7.4.3 ByteArrayInputStream 与 ByteArrayOutputStream 224
- 7.5 字符流的层次架构 225
- 7.6 转换流 226
- 7.7 数据流 227
- 7.8 Object 流 228
- 7.9 文件 229
  - 7.9.1 创建文件 229
  - 7.9.2 删除文件 231
  - 7.9.3 使用临时文件 232
  - 7.9.4 项目任务 23：学生名单 233
  - 7.9.5 随机 RandomAccessFile 235
  - 7.9.6 项目任务 24：访问和修改学生名单 238
- 7.10 自测题 243

第 8 章 多线程 245

- 8.1 多线程简介 245
  - 8.1.1 线程的概念 246
  - 8.1.2 创建线程 246
  - 8.1.3 结束线程 247
  - 8.1.4 线程的生命周期 247
  - 8.1.5 线程的同步 250
  - 8.1.6 线程的常用 API 254
  - 8.1.7 项目任务 25：龟兔赛跑 254
  - 8.1.8 项目任务 26：添加新选手 258
- 8.2 多线程小结 259
- 8.3 自测题 259

第 9 章 综合案例——微波炉模拟程序……261
9.1 微波炉仿真项目简介……261
9.2 程序 UI 界面设计……262
9.3 根据程序状态编写程序……270
9.3.1 状态分析……270
9.3.2 使用事件源-监听器模型……271
9.3.3 实现事件/监听……271
9.3.4 添加烹煮完成的音效……284
9.3.5 添加美食图像……286

参考文献……288

第1章 走进 Java 程序

1.1 Java 概述

Java是目前非常流行的面向对象程序语言，也是近几年业界最受欢迎的程序语言之一。在世界编程语言排行榜上，Java已经连续好几年排名榜首位置，可见其受欢迎程度。再看一下近几年的就业形势和未来发展的趋势，Java开发人员总是很受用人单位欢迎。此外，它也是开发人员学习其他高级程序语言的基础。

可是对我而言，听说过爪哇咖啡，却从来未接触过Java语言，它难不难学呢？

刚才你说到爪哇咖啡，说起来它还和Java语言真有一段渊源呢。Java是印度尼西亚爪哇岛的英文名称，因盛产咖啡而闻名。"Java之父"James Gosling在为Sun内部开发Green项目（一套为TV机顶盒设计的语言）时，据说在某天喝着爪哇咖啡的时候，突发灵感，创造了Java语言。Sun公司和Java的标志也正是一杯冒着热气的咖啡。而Java的许多类库和工具也都和咖啡有关，比如JavaBeans（咖啡豆）、NetBeans（网络豆）以及ObjectBeans（对象豆）等。从1995年诞生至今，经过近20年的快速发展，Java就像爪哇咖啡一样誉满全球，成为实至名归的企业级应用平台的霸主。

只要你能始终保持一颗好奇的心，并能持之以恒，我想学好Java还是比较容易的。

既然这么重要，看来我得认真学习这门语言啦！那么，Java语言到底是怎样的一门语言呢？

这里我们所指的Java，通常有两种含义。有时候人们谈论Java就是特指Java编程语言（Programming Language），它是一种典型的面向对象编程语言，使用Java语言的语法规则可以编写出相应的程序代码，并让计算机通过解释这些代码来执行一个特定的应用。有时候人们讨论Java，还可能是指Java平台（Platform）。正如我们所理解的底层操作系统平台（如Windows或者UNIX）一样，在平台之上可以运行应用程序。Java平台扮演了这样的平台角色，它提供了开发和执行Java应用程序的完整环境。更确切地讲，Java平台是介于应用和底层操作系统的中间层。作为一个小型的操作系统，有了Java平台，就可以在所有主流操作系统上运行你的代码。

1.2 面向对象编程

面向对象编程从20世纪60年代就开始出现，但是直到20世纪90年代，面向对象才开始真正被广大用户接受。人们逐渐发现了面向对象编程的优点：在编程中使用面向对象技术可以促使软件产品更加成熟和易于扩展，大大提高对软件的维护和管理能力。

1.2.1 对象的定义

> 那么，什么是对象呢？

> 对象是某些相关概念在代码级别的抽象。例如，你正在开发学生信息管理系统，对象可以被编程来表现一场考试或一个学生。同样对象也可以是活动的抽象，比如是一次选课。面向对象的做法就是需要对现实需求进行抽象，抽象就意味着需要你"放大本质，去掉无关内容"。例如，一场考试对象会包括一些考试相关信息，比如考场编号、考试时间、考生名单等，但与试卷的纸张类型、纸张颜色之类属性无关，所以你不需要在考试对象中添加这些属性。而在试卷打印系统中，你可能就需要考虑它们了。

一个面向对象系统首先需要关注的是对象的行为，对象之间通过相互发送消息影响对象行为。通俗地讲，其工作原理就是：一个对象发送一条消息给另一个对象，告诉它去做某些事情。

> 这种方式也能在我们日常生活中找到原型。例如，当我打开电灯控制开关时，它（一个对象）向一盏电灯（一个对象）发送了一条打开的消息，告诉电灯置于打开的状态（如图1-1所示）。控制开关作为消息的发送者只关心电灯提供的可被调用的抽象行为（如打开、关闭，也可能是调亮、调暗），而不必了解电灯是如何关闭、如何打开、如何调亮的细节。所有实现打开、关闭、调亮的细节由消息的接受者——电灯提供。这就体现了面向对象另一个重要特性——封装性。封装性的目的就是：对系统中的其他对象，隐藏所有不必要的细节。在后面的课程中将有更详细的介绍。

1.2.2 类的概念

> 看来面向对象的思想还是比较直观，易于理解的。那么，在Java程序中如何来描述对象信息呢？

> 要解答你的问题，还需要介绍另一个非常重要的概念：类。虽然教室中的灯会分布在不同的位置，类型也不一，但它们都有可以被打开、关闭的共同行为。因此，它们可以归为一类。类提供了定义一组相关对象的方式，就好像一个模板或者蓝图，程序可以通过它来创建新的对象。例如，可以定义一个Light类表示灯，并规定每个灯对象都需要保存其位置信息location，提供开灯open和关灯close的两个行为，如图1-2所示。

图 1-1　发送一个消息　　　　　　图 1-2　Light 类

图 1-2 使用一个矩形表示类的定义，最上方的格子中的 Light 表示类的名字，第二行的格子中描述每个 Light 对象都应该存储的属性信息，第三行的格子列出每个 Light 对象支持的

行为,这些行为就是灯对象收到消息后能做出的行为。

> 这让我想到了造房子需要施工图样,按照这个图样施工出来的房子具有相同的机构和套型。这里的施工图就是类,而根据图样建筑的房子就是对象。

> 你理解得非常正确。其实在现实生活中,人们都在不知不觉地使用面向对象技术。无论是某一型号的手机,还是计算机,厂家都定义了一份该型号的模板,类似于Java中的类,它描述了该型号产品的共同特性。而根据该模板创建出来的每部手机或者每台计算机就类似Java中的对象。每个具体的对象可以存储自己特有的信息,比如颜色、产品序列号,但作为同一类,它们总是具有共同的行为。在后面的章节中我们将详细地介绍Java中的面向对象设计。

1.2.3 UML 简介

正如读者在 1.2.2 节中看到的那样,类的图形化表述就是采用了 UML(统一建模语言)。UML 不但是一种方法,而且是一种图形化语言工具。本书在后续的章节中,会采用 UML 阐述代码设计。UML 的优点在于,作为一种面向对象建模语言,它不依赖于特定的程序语言,可以让其他程序员甚至是客户很快地理解开发者的设计思想。作为一种有效的沟通工具,UML 是有价值并且值得去学习的。

本书在必要的时候会介绍一些 UML 的初步知识,读者也可以从网络中得到 UML 规范的最新文档。

http://www.omg.org/technology/documents/formal/uml.htm

1.3 J2SDK 简介

> 老师,听您这么一说,我都有些等不及了,快教我如何开发Java程序吧!

> "工欲善其事,必先利其器",我们需要先把开发Java的工具和运行环境搭建好!你需要下载Java软件开发包(Java Develop Toolkit,JDK),它提供了以下 3 个主要组件:
> 1)编译器(javac)。
> 2)虚拟机(java)。
> 3)一套类库或者API(应用程序接口)。

编译器是一个程序,用以读取 Java 源文件,并对它们进行语法检查,保证它们包含正确的 Java 代码,然后输出 class 文件。源文件是一个包含代码的文本文件。编译器生成的 class 文件包含字节码(ByteCode)。字节码是一种能被虚拟机快速读取和解析的数据格式。

虚拟机是一个程序,用以执行 class 文件中的代码。之所以称为虚拟机,是由于它的行为如同一台完整的平台或者操作系统。与 C 或者 C++语言直接调用底层 Windows API 进行 Windows 应用开发不同,Java 代码不直接调用操作系统提供的编程 API,绝大多数情况下,它只需针对 JDK 提供的类库 API 进行编程。

下面就来认识一下这个 Java 开发工具包。

1.3.1 认识 J2SDK

Java 历史上有几个重要的版本，第一个正式版本是 Java 1.0，接着是 Java 1.1、Java 1.2，大致每年发布一个新的版本。在版本 1.2 时，为了体现这个版本的重要性，Sun 公司将这个平台的名称从 Java 改成 Java 2，并在后续版本中使用新的版本命名方案。本书以 Java 2 标准版 5.0（简称 J2SE）为基础，同时，也介绍最新 Java 7 的一些实用新特性。

JDK 是 Java 软件开发工具箱（Java Development Kits），里面包括了运行的虚拟机、编译器等所有开发过程中需要的工具。Sun 公司为 Solaris、Linux 和 Windows 提供了 Java 2 标准版（J2SE）最新、最安全的版本，可以从相关网站下载最新的版本。目前最新版本为 JDK 1.7。

1.3.2 J2SDK 下载

> 你可以通过下列地址下载并安装最新的SDK。然后按照下列步骤进行SDK的安装。需要注意的是，Oracle公司还提供了简装的JRE（Java运行环境）版本，它只提供Java程序运行所需的最小环境，如果你只打算运行而不是编译Java程序，可以选择下载安装JRE。单独的JRE版本在部署Java应用程序时非常有用，只需在发布时绑定最小的组件集合。而我们选择安装的SDK版本中包含了JRE，因此无须另行安装JRE。

输入下载地址，打开如图 1-3 所示的下载页面，选择【Accept License Agreement】，接受许可协议。随后，根据自己的操作系统类型选择 JDK 的版本类型。对于 32 位操作系统，需要选择 x86 后缀的 JDK，对于 64 位操作系统，选择 x64 或 64-bit 类型的版本。

http://www.oracle.com/technetwork/java/javase/downloads/index.html

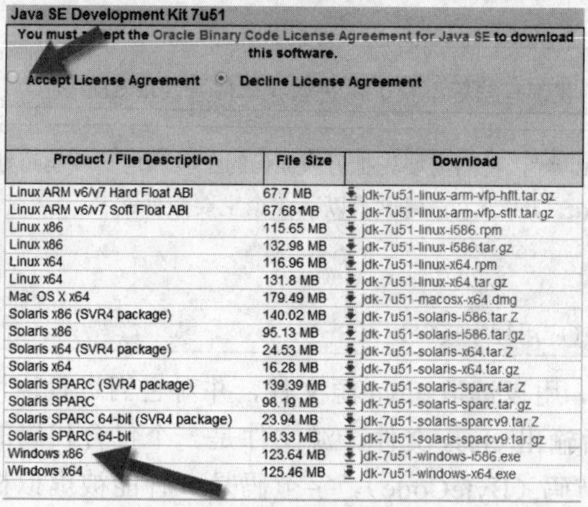

Java SE Development Kit 7u51

You must accept the Oracle Binary Code License Agreement for Java SE to download this software.

Accept License Agreement　　Decline License Agreement

Product / File Description	File Size	Download
Linux ARM v6/v7 Hard Float ABI	67.7 MB	jdk-7u51-linux-arm-vfp-hflt.tar.gz
Linux ARM v6/v7 Soft Float ABI	67.68 MB	jdk-7u51-linux-arm-vfp-sflt.tar.gz
Linux x86	115.65 MB	jdk-7u51-linux-i586.rpm
Linux x86	132.98 MB	jdk-7u51-linux-i586.tar.gz
Linux x64	116.96 MB	jdk-7u51-linux-x64.rpm
Linux x64	131.8 MB	jdk-7u51-linux-x64.tar.gz
Mac OS X x64	179.49 MB	jdk-7u51-macosx-x64.dmg
Solaris x86 (SVR4 package)	140.02 MB	jdk-7u51-solaris-i586.tar.Z
Solaris x86	95.13 MB	jdk-7u51-solaris-i586.tar.gz
Solaris x64 (SVR4 package)	24.53 MB	jdk-7u51-solaris-x64.tar.Z
Solaris x64	16.28 MB	jdk-7u51-solaris-x64.tar.gz
Solaris SPARC (SVR4 package)	139.39 MB	jdk-7u51-solaris-sparc.tar.Z
Solaris SPARC	98.19 MB	jdk-7u51-solaris-sparc.tar.gz
Solaris SPARC 64-bit (SVR4 package)	23.94 MB	jdk-7u51-solaris-sparcv9.tar.Z
Solaris SPARC 64-bit	18.33 MB	jdk-7u51-solaris-sparcv9.tar.gz
Windows x86	123.64 MB	jdk-7u51-windows-i586.exe
Windows x64	125.46 MB	jdk-7u51-windows-x64.exe

图 1-3　JDK 下载页面

1.3.3 JDK 的安装

具体的安装步骤如下：

1）运行 jdk-7u51-windows-i586.exe 可执行文件，在弹出的安装向导中根据提示进行选择，单击“下一步”按钮。

2）选择安装开发工具，可以通过"更改"按钮改变默认安装路径，例如安装到 D:\Java\jdk1.7.0-15，单击"下一步"按钮，如图 1-4 所示。

3）安装运行环境 JRE，把运行环境的目录也设置在 D:\Java\jre7 文件夹下，单击"更改"按钮，再单击"下一步"按钮，如图 1-5 所示。

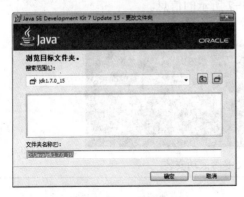 

图 1-4 JDK 安装　　　　　　　　　图 1-5 JRE 安装

因为 JDK 默认自带了 JRE，因此，在完成的默认安装目录 Java 中找到 JDK 和 JRE 两个文件夹，其中 JDK 放置了 Java 开发工具包相关的文件，JRE 放置的是运行环境相关的文件。打开 JDK 的 bin 子目录，可以看到很多扩展名为 exe 的可执行文件（见图 1-6），这些可执行文件都是在开发过程中经常需要用到的工具。

为了可以通过命令的方式来启动这些工具，我们需要设置系统的环境变量，以便操作系统知道这些新安装的可执行工具在逻辑磁盘的哪个位置，进而能够准确地调用它们。

图 1-6 JDK 的 bin 目录

1.3.4 测试安装

安装完成后，如何检查是否安装成功呢？

JDK 安装完成后，可以通过如下步骤测试是否安装成功。

1）按<Win+R>快捷键打开【运行】对话框，在文本框中输入"cmd"，打开命令提示符窗口。

2）在命令提示符窗口中输入如下命令：

Java –version

3）如果安装正确，那么系统将显示如图1-7所示的信息。

图1-7　验证JDK是否成功安装

视频01：JDK的下载安装

要查看JDK的下载、安装过程，请播放教学视频01.mp4。

1.3.5　JDK的配置

1．理解PATH

真厉害！通过在【运行】对话框中输入"cmd"就可以打开命令提示符窗口。

事实上，输入的命令恰好对应了位于C:\Windows\System32\下的cmd.exe可执行命令，虽然你没有指定该命令的完整路径信息，但是操作系统会查找一个叫做PATH的系统环境变量，提取其中的变量值，这些值就是用户或者系统预先设定的搜索路径，操作系统将以此查找各路径下执行该命令的可执行文件。你刚才运行的命令提示符工具cmd.exe就是通过这种方式查找并运行的。你还可以通过在命令提示符中输入如下命令来查看目前系统环境变量中包含哪些路径信息（见图1-8）。

echo %PATH%

图1-8　显示系统环境变量

由于在安装JDK的过程中，安装程序在C:\Windows\System32下自动放了一份java（.exe），因此，我们可以在命令提示符里直接输入Java命令来加以执行（见图1-9）。

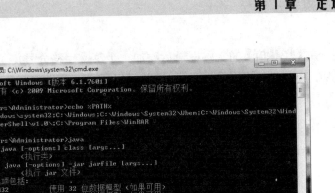

图 1-9 Java 命令

> 操作系统在识别Java命令时,根据图1-8所设的系统环境变量给出的路径,依次查找java(.exe)程序。当搜索C:\Windows\System32 路径时,发现存在java.exe可执行文件,随即加以执行,显示图1-9所示的命令。

> 你说得非常对。如果想要让安装在JDK的bin文件里的开发工具命令都能被操作系统搜索到,一个非常重要的步骤就是需要指定系统的环境变量。

2. 设定 PATH

将常用的可执行工具所在路径设置到 PATH 变量中,以便系统通过 PATH 变量找到你要执行的命令。通常有如下两种方式进行设定:使用 SET 指令和设置系统环境变量值。

(1) SET 指令

在命令提示符中,使用 SET 指令,其命令格式如下:

SET PATH=路径

很多时候,需要一次性设定多个搜索路径,可以在设置时用分号(;)作为分隔。为了保留系统原有的 PATH 变量信息。在最后通常加上%PATH%,这里的%PATH%引用了原有的 PATH 变量值。

SET PATH=新添加的完整路径 1;新添加的完整路径 2;%PATH%

(2) 设置系统环境变量值

在 Windows 7 中右键单击【计算机】,在弹出的快捷菜单中选择【属性】,单击【高级系统设置】,进入【系统属性】对话框,切换到【高级】选项卡,单击【环境变量】按钮。系统提供【用户变量】和【系统变量】的设置。系统变量和用户变量的区别在于:系统变量对所有使用本系统的用户都有效,而用户变量仅对当前登录的用户设置有效。

这里以系统变量设置为例。首先,自定义一个环境变量。选择系统变量中的【新建】按钮,在打开的【新建系统变量】对话框中,输入变量名 JAVA_HOME,其值设置为 JDK 的安装位置,如 D:\Java\jdk1.7.0_15,如图 1-10 所示。

其次,将该变量值追加到 PATH 系统变量中。先找到系统环境变量的 PATH 变量,单击

【编辑】按钮，在【变量值】的文本框最后添加一个英文字符分号（;）以隔开现有的变量值。通过引用%JAVA_HOME%的值得到 Java 安装的根目录。要指定开发工具命令所在目录，只需追加"\bin"，如图 1-11 所示。单击【确定】按钮以完成保存。

图 1-10　新建 JAVA_HOME 环境变量

图 1-11　设置 PATH 环境变量

…;%JAVA_HOME%\bin

3．测试环境变量

打开【命令提示符】窗口，在其中输入如下命令。

javac

如果环境变量设置正确，那么系统将显示如图 1-12 所示的信息，否则将显示：
'javac' 不是内部或外部命令，也不是可运行的程序或批处理文件。

图 1-12　javac 命令

视频 02：JDK 的配置

要查看 JDK 的配置过程，请播放教学视频 02.mp4。

> 需要注意的是，每次对环境变量的修改，需要重启命令提示符才能生效。

1.3.6　理解 CLASSPATH 和 SOURCEPATH

操作系统执行 JavaC 命令时，需要提供 PATH 搜索路径，以正确找到该命令并加以执行。同样的，虚拟机（JVM）就好像 Java 程序的操作系统，也可以执行不同的搜索路径完成特定的目的。例如，用户可以在执行编译源代码命令的同时，通过指定源代码路径（SOURCEPATH），告诉虚拟机你要编译的源代码文件所在的位置；在运行 Java 程序时，还可以指定类路径（CLASSPATH）来告诉虚拟机那些参与运行的字节码文件所在的位置。

表 1-1 展示了 PATH、SOURCEPATH、CLASSPATH 之间的区别。

表1-1 PATH、SOURCEPATH 和 CLASSPATH

操作系统	搜索路径	搜索文件
Windows	PATH	.exe、.bat、msc、cpl 等
JVM	CLASSPATH	.class
JVM	SOURCEPATH	.java

1.4 项目任务1：使用命令行开发 Java 程序

> 了解了以上内容，接下来就不难理解开发Java程序的基本步骤了。你可以很快开发出第一个Java程序，并且习惯于这样的编写模式。

传统的 Java 应用程序主要分为两类：Application（应用程序）和 Applet（小应用程序）。Application 可以独立运行，Applet 只能嵌入到 Web 页面中运行。无论哪种应用程序，它的开发都需要经过如图 1-13 所示的 5 个步骤。

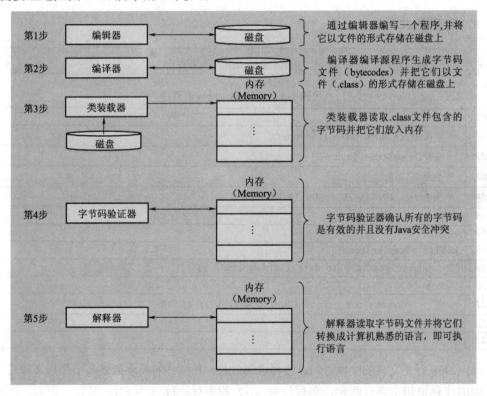

图 1-13 Java 程序的开发步骤

> 这里的第 3～5 步由Java虚拟机（JVM）来完成。因此，总体而言，整个Java语言的开发流程只需 3 个基本步骤：编写源代码程序、编译、运行。

1. 编写源程序

程序员通过编辑器编写一个 Java 程序，并以文件的形式存储在磁盘上，文件的扩展名为.java。

2. 编译生成字节码

通过编译器将编辑好的源文件翻译成字节码文件（.class），并存储在磁盘上。

3. 运行

应用程序 Application 由独立的解释器程序运行，需要调用 Java 的解释器 java.exe。而小应用程序 Applet 不能独立运行，必须嵌入到 Web 页面中，并由负责解释 HTML 文件的浏览器充当其解释器，来运行 Applet 的字节码程序。

Java 为每个不同的操作系统提供了一个专门用来翻译字节码文件的 Java 虚拟机（JVM），它和一些相关的文件组成了 Java 程序的运行环境 JRE（Java Runtime Environment），它里面自带的解释器负责根据字节码文件解释成本机可执行代码。JVM 的实现是建立在不同的主机操作系统之上的。这种设置允许 JVM 隐藏支撑操作系统的实现细节，并创建了一个一致的、抽象的环境以允许 Java 程序能在任何支持 JVM 的平台上运行。这样就解决了可移植性的问题。所以，无论在哪个平台下开发 Java 程序，都必须安装运行环境 JRE。

1.4.1 编辑源文件

可按照如代码 1-1 所示的代码片段，编写Welcome.java的源程序。

代码 1-1　Welcome.java 源程序

#001	/**
#002	* 所属包：cn.nbcc.chap01.snippets
#003	* 文件名：Welcome.java
#004	* 创建者：郑哲
#005	* 创建时间：2014-1-25 下午09:14:54
#006	*/
#007	
#008	public class Welcome {
#009	public static void main (String args[ ])
#010	{
#011	System.*out*.println("Hello world!");//打印输出
#012	}
#013	}

001～006 行是文件的注释语句。注释语句仅是一种文件的辅助描述，不参与文件的执行。Java 中的注释语句主要有两种：单行注释（//）和多行注释（/*与*/）组合。例如，011 行在语句的结束位置上添加了一个单行注释，其中的"打印输出"只作为描述，不参与程序的执行；001～006 行是一个多行注释，包括在/*与*/之间的所有字符被识别为注释内容，不参与程序的执行。更多关于注释的内容可参见 2.5 节。

常见编程错误

错误地使用多行注释的/*和*/会造成程序无法正确编译。

008 行定义了一个公有类，类的名字为 Welcome。类的名字需要符合标识符的定义。类的定义从 008 行开始，到 013 行为止。

009～012 行定义了 Java 应用程序的入口 main 方法（method）。在类似 Java 的面向对象程序语言中，每个方法总是属于某个类的（封装性）。其中 011 行调用默认的输出流的 println 方法在控制台上打印参数信息——一个字符串常量"Hello world！"。

System.out.printf("format-string" [, arg1, arg2, ...]);

格式化字符串（Format String）：

由字符串字面量和格式指示符构成，如果存在若干格式指示符，每个格式指示符需要由后续的参数提供相应的数值

格式指示符：

包括指示标识（flag）、宽度（width）、精度（precision）和转换符，格式如下：

% [flags] [width] [.precision] conversion-character

其中方括号的内容为可选参数

标识：

-：左对齐（默认右对齐）

+：对数值型数值输出一个正（+）或负（-）号

0：指示数值型数值前用 0 来占位（默认以空格占位）

,：逗号用于对数值型数据分组

（空格）：空格将负数显示一个符号，将正数显示一个空格

宽度：

指定参数值在输出时占位的最小字符宽度

精度：

常用来对浮点型数据输出时指定数位的精度，默认的精度为 6 位

转换符：

d：十进制数 [byte、short、int、long]

f：浮点型数值 [float、double]

c 或者 C：字符数值，大写 C 将显示大写字母

s 或者 S：字符串，大写 S 将显示全大写的字符串

h：散列码，散列码像一个地址

n：平台特定的换行字符，建议使用%n 来替代 \n 以获取更好的兼容性

更多关于格式的内容可参见：

http://docs.oracle.com/javase/7/docs/api/java/util/Formatter.html

> 标识符由字母、数字、下画线"_"、美元符号"$"组成，并且首字母不能是数字。

> 方法看起来有点像C语言中的函数。

> 是的，它们的定义语法和作用都非常类似。最大的区别在于方法，通常定义在类中，成为对象的一部分；而函数则与对象无关。通俗地讲，Java只有方法（纯面向对象特性），而C只有函数。

> 如果你对上述的过程不是很理解，没有关系，后续的课程将详细地介绍Java类的设计。这里你只需要简单地模仿，注意代码中关键字和类名的大小写。
>
> 需要特别注意的是：
> 　　1）为了书写的规范和代码的可读性，业界形成了一个约定：将类名的第一个字母以大写形式开始，如果类名由多个单词构成，则每个单词的第一个字母要大写，如Welcome、WindowMenu、PanelColor等。
> 　　2）公有类（含public关键字）需要放在以该类名为文件名的Java源代码中。也就是说，代码1-1中008行定义了一个公有类，名字为Welcome，则需要将该源代码文件保存为Welcome.java，其中文件名Welcome要与公有类名完全一致，包括完整拼写和大小写。
> 　　3）Java源文件的扩展名为.java。

1.4.2 使用 JavaC 编译源文件

> 按照如下步骤，使用JavaC编译工具通过命令行编译源文件。

为方便起见，在 C 盘根目录下新建 workspace 作为工作目录，将 Welcome.java 源代码文件复制到 C:\workspace\chap01\Lab01 目录下。

打开【程序】|【附件】|【命令提示符】，切换当前工作路径到源代码所在的目录下（例如 C:\workspace）。

```
cd c:\workspace\chap01\Lab01
```

在【命令提示符】窗口中输入如下命令：

```
javac Welcome.java
```

系统将根据环境变量设定的 bin 路径找到 javac.exe 工具，对指定的源文件 Welcome.java 进行编译。

如果没有任何错误，系统将回到命令提示状态，并在源代码所在的同一个目录下生成一个 Welcome.class 的字节码文件。

如果存在错误，系统将给出出错信息，可根据编译器的出错信息，修改用户的代码，并再次编译，直至正确。例如，可能看到如下信息：

```
Welcome.java:13: 错误: 需要';'
                System.out.println("Hello world!")
                                                  ^
1 个错误
```

上面给出的错误显示，用户输入的代码存在编译问题，在第 13 行附近可能遗漏了分号。

1.4.3 使用 Java 命令运行程序

> 按照如下步骤，使用Java工具执行生成的字节码文件。

紧接上文，在【命令提示符】窗口中，输入如下命令：

```
java Welcome
```

系统根据环境变量设定的 bin 路径找到 java.exe 工具，并对当前目录生成的字节码文件 Welcome 进行解释执行。如果执行成功，则在控制台窗口中显示如下信息（见图 1-14）：

```
Hello world!
```

> 由于虚拟机运行的总是字节码文件，因此，在执行Java命令时，必须省略文件扩展名.class。

第 1 章　走进 Java 程序

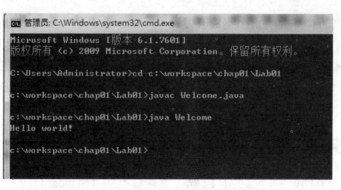

图 1-14　命令行方式编译运行 Java 程序

1.4.4　使用 classpath

通过指定-classpath参数告诉Java工具执行指定目录下的字节码文件。

在启动虚拟机加载指定字节码文件的时候，通过指定-classpath 参数，帮助虚拟机正确地在指定路径下加载相关文件。-classpath 参数也可简写为-cp。

在上节打开的【命令提示符】窗口中，将当前工作路径设为 C 盘根目录。

cd c:\

通过指定-classpath 参数来执行生成的 Welcome 字节码文件（见图 1-15）。

java –cp c:\workspace\chap01\Lab01 Welcome

Java 命令启动 Java 虚拟机，通过指定-cp 参数，并将 C:\workspace\chap01\Lab01 传递给它，以告诉虚拟机到 C:\workspace\chap01\Lab01 目录下，去查找欲加载的字节码文件"Hello world！"。

图 1-15　使用 classpath 指定类路径

JVM预设的加载路径就是当前的工作路径，因此，在加载当前工作路径下的字节码文件时，可以省略-cp参数。

视频 03：使用命令行开发 Java 程序

要查看使用命令行开发 Java 程序过程，请播放教学视频 03.mp4。

1.5　Java 集成开发工具简介

开发 Java 程序时需要快速地生成源代码文件，接着进行编译，生成可执行的.class 文件。除了 Windows 自带的记事本之外，市面上有很多的专用程序编辑器，比如 vi、UltraEdit、NotePad++和 Sublime Text 2 等。但这些还远远不够，为了快速地开发 Java 程序，我们可以选择使用集成开发环境（IDE）。IDE 提供了 Java 开发从配置、编写、调试，到运行及测试的全部内容，典型的有 IntelliJ IDEA、Borland Jbuilder、NetBeans 及 Eclipse。

Eclipse 是著名的跨平台的自由集成开发环境（IDE），最初主要用来进行 Java 语言开发，但是目前亦有人通过插件使其作为其他计算机语言比如 C++和 Python 的开发工具。Eclipse 的本身只是一个框架平台，但是众多插件的支持使得 Eclipse 拥有其他功能相对固定的 IDE 软件很难具有的灵活性。许多软件开发商以 Eclipse 为框架开发自己的 IDE。

本书的代码实践以 Eclipse 集成开发环境为例。

1.6 项目任务 2：使用 Eclipse 开发 Java 应用程序

在 Eclipse 的官方网站中，提供了 Eclipse 最新标准版（Standard）的下载。

http://www.eclipse.org/downloads/

根据用户所使用的操作系统平台，选择合适的版本（32 位或 64 位），如图 1-16 所示。

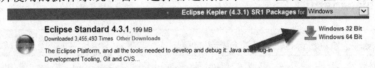

图 1-16　Eclipse 标准版下载

1.6.1　Eclipse 多语言包的安装

下载后将得到一个 Eclipse 的 zip 压缩包，无须安装，解压后即可使用。Eclipse 提供默认的英语版本。也可以通过加装语言包插件，来实现中文操作界面。

在 Eclipse 的官方网站中维护了一个名为 Babel 的多语言项目，在这个项目中，用户可以找到绝大多数国家或地区的语言版本。通过下列地址，可以下载得到相应的简体中文语言包插件。

http://www.eclipse.org/downloads/download.php?file=/technology/babel/babel_language_packs/R0.11.1/kepler/BabelLanguagePack-eclipse-zh_4.3.0.v20131123020001.zip

Eclipse 安装插件的常用方式有如下三种：直接解压法，使用 Dropins 安装，以及使用 links 文件安装。

（1）直接解压法安装插件

每个插件提供了 features 文件夹、plugins 文件夹，或者两者都有。Eclipse 安装目录下同样提供了这两个文件夹，在该目录下安装着 Eclipse 自带的很多插件（plugin）和特性（feature）部件。只需将欲安装的插件相应的文件夹解压到 Eclipse 相应的 features 和 plugins 目录下，即可完成安装。

虽然这种安装方式安装起来比较方便，但是，要想移除插件，需要在 features 和 plugins 文件夹中删除相应文件，找起来比较麻烦。因此，为了更好地对用户扩展插件进行管理，Eclipse 还提供给用户以下两种安装插件的方式。

（2）使用 Dropins 安装插件

从 Eclipse 3.3 版本开始，在 Eclipse 的安装目录下多了一个 dropins 文件夹，专门用来管理用户的自定义扩展插件。用户只需将插件解压到这个目录下，新建一个文件，给插件取合适的英文名，并将插件内容按照如图 1-17 所示组织即可。在这个图示中，安装

图 1-17　Dropins 安装下的插件目录结构

了 netfatjar、SWTDesigner 和 zh_CN 三个插件文件夹，每个文件夹又包含一个 eclipse 文件夹，在这个 eclipse 文件夹中提供了插件的 features 文件夹和 plugins 文件夹。Eclipse 在每次启动时，会自动加载 dropins 目录下安装的这些插件。

（3）使用 links 文件方式安装多语言包

1）首先必须关闭 Eclipse。注意，在安装 Eclipse 各个插件工具时，都需要先关闭 Eclipse。

2）在 Eclipse 的安装目录（如：D:\eclipse）中新建一个名为 language 的子目录。

3）对压缩包进行解压缩，本书将解压缩后获得的文件存放在 language 子目录中。

4）在 Eclipse 安装目录下创建一个名为 links 的子目录，并在该目录中新建一个文本文件，取名为 language.start（文件名可以任意，扩展名必须为.start），在该文本文件中输入如下所示一行信息，来指向多语言包的安装目录。

path=d:\\eclipse\\language

需要注意的是：路径中反斜杠为双写。

在安装完语言包后，再重新启动 Eclipse，此时界面将显示中文环境。如果在此之前曾经启动过 Eclipse，那么有可能会出现在本地化后，部分单词仍为英文的情况，此时可以先删除 Eclipse 安装目录中的 configuration 子目录下面的 org.eclipse.update 目录，以删除原有记录的英文版信息，然后再重新启动 Eclipse 即可。

如果需要将中文环境再恢复到英文环境，则可以删除对应语言包相关的配置文件，即 language.start 即可。为了能够同时删除原有记录的中文版信息，往往同样需要先删除 Eclipse 安装目录中的 configuration 子目录下的 org.eclipse.update 目录。

1.6.2 使用 Eclipse IDE 开发 Java 应用程序

1. 新建项目

启动 Eclipse，在主界面中依次选择【文件】|【新建】|【Java 项目】命令，弹出【新建 Java 项目】对话框，在该对话框中输入项目名 java，如图 1-18 所示。

在创建任何程序文件之前，首先需要新建项目，用以维护和管理所有项目中的资源和代码。项目中的所有资源都物理存储在工作空间指定的相应文件夹中。

然后单击【完成】按钮结束项目新建工作。完成后，在 Eclipse 主界面左侧的包资源浏览器中，可以看到刚才新建的项目。

2. 新建 Java 类

右键单击项目名，在弹出的快捷菜单中选择【新建】|【类】命令，打开一个创建类的向导。类名为 Welcome，并勾选【public static void main(String[] args)】复选框，如图 1-19 所示，单击【完成】按钮。Eclipse 会自动在项目中生成一个类文件，并在其中自动添加一个空的 main()方法。

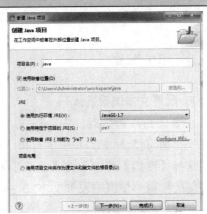

图 1-18　新建 Java 项目

3. 编辑和运行

在 main() 方法内添加一行代码：

System.out.println("Hello world!");

在包资源管理器中展开项目节点，右键单击类名，在弹出的快捷菜单中选择【运行方式】|【Java 应用程序】命令，运行结果显示在下方的控制台中，如图 1-20 所示。

图 1-19　新建 Java 类

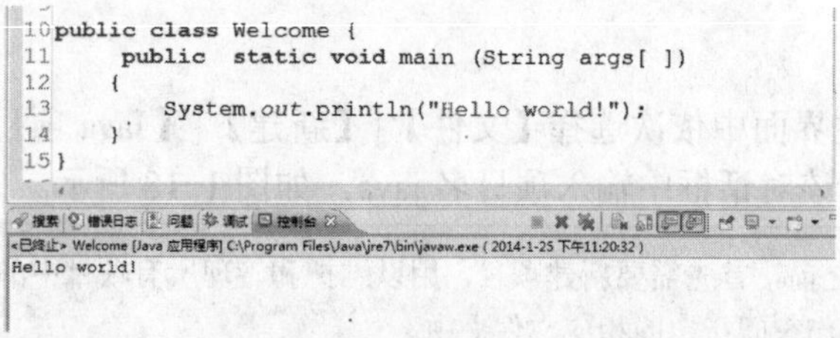

图 1-20　程序源代码及运行结果

1.6.3　相关配置

1. 配置文本编辑器编码

在编写 Java 程序时，Eclipse 文本编辑器的默认字符集类型是 GBK，而很多常用的软件开发平台都习惯使用 UTF-8 字符集。可以通过下面步骤进行设置。

选择【窗口】菜单中的【首选项】命令，在左侧窗格中找到【常规】|【工作空间】项，在右侧的编辑器窗格中设置文本文件编码为 UTF-8，如图 1-21 所示。

2. 链接类库源代码

JDK 中提供了许多系统自带的库文件。为了查看这些库文件的源代码，以便我们正确地

第 1 章 走进 Java 程序

使用并理解它们，可以将系统库文件的源代码链接到 Eclipse 开发平台里。其方法如下：

在包视图中找到项目文件夹，给 JRE 系统库中的 rt.jar 添加源代码链接。右键单击 rt.jar，在弹出的快捷菜单中选择【属性】命令，如图 1-22 所示。在弹出的 Java 源代码连接设置对话框中，单击【外部文件】按钮，把 JDK 安装目录下的 src.zip 添加到系统中即可，如图 1-23 所示。

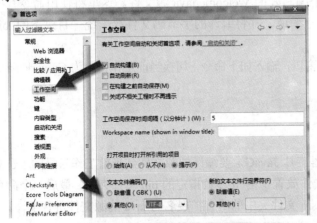

图 1-21　文本文件编码

图 1-22　选择系统库 rt.jar 的【属性】命令

图 1-23　Java 源代码链接

视频 04：Eclipse 的下载安装和配置

要查看 Eclipse 的下载安装和配置过程，请播放教学视频 04.mp4。

1.7 项目任务 3：管理代码

到目前为止，在 C:\workspace\chap01\Lab01 的同一目录中，存在两个文件：源代码文档（Welcome.java）与字节码（Welcome.class）。想象一下，如果程序规模稍大，一堆.java 与.class 文档还放在一起，会有多么混乱，这就迫切需要 Java 提供一种有效管理源代码和输出的字节码的能力。

用户需要有效率地管理源代码和字节码文件。通常，我们会将源代码和生成的字节码分开存放。

1.7.1 使用 sourcepath

> 在JavaC命令中使用-sourcepath参数指定编译的源文件夹位置，使用-d参数指定存放的字节码文件目录。

复制素材库中的 Labs/chap01/Lab02 文件夹到 C:\workspace\chap01 中，其中有两个文件夹：src 和 bin，在 src 文件夹中有一个编写好的 Welcome.java 源文件。这里将使用命令行模式编译，将 src 文件夹中的源文件进行编译，并将编译的字节码文件存于统一目录下的 bin 文件夹中，如图 1-24 所示。

其方法是，先打开【命令提示符】窗口，输入如下命令，切换当前工作目录为 C:\workspace\chap01\Lab02。

```
cd c:\workspace\chap01\Lab02
```

继续输入如下命令：

```
javac -sourcepath src -d bin src/*.java
```

命令中的第一个参数，告诉编译器工具 JavaC，要编译的源文件到当前工作目录的 src 文件夹中去搜索，编译后生成的字节码文件放置于由-d 参数指定的 bin 文件夹中，最后一个命令行参数 src/*.java 告诉编译器工具，对 src 文件夹中的所有扩展名为.java 的源文件进行编译。

图 1-24　sourcepath 的使用

1.7.2 package 包管理机制

现在所编写的类，.java 放在 src 文件夹中，编译出来的.class 放置在 bin 文件夹下。相比以前，代码管理得要好一些了，但随着项目的规模变得越来越大，所有的源代码放在一起，所有的字节码放在一起的代码管理方式还不够好。

正如用户在维护操作系统级别的用户文档时，会希望将所有的视频文件放在 videos 文件夹中，将所有的图片放在 images 文件夹中一样，用户同样希望在维护 Java 源代码时，根据不同文件夹来放置不同功能的 Java 源文档（即将 Java 的类分门别类地加以放置）。例如，经常需要将开发的与网络有关的类放置在 net 文件夹中，将开发的工具类放置在 utils 文件夹中。

> 为了避免不同的厂商提供的类名冲突的问题，Java使用package包管理机制，通常会用组织或单位的网址命名来定义包名。举例来说，如果网址为nbcc.cn，包就会反过来命名为cn.nbcc，由于组织或单位的网址是独一无二的，这样的命名方式，一般不会与其他组织或单位的包名称发生同名冲突。

对源代码添加包的定义，需要使用包定义语句，如下所示。

包定义语法	示例
package 包的完整路径（以圆点分隔）；	package cn.nbcc.chap01.snippets;

📝 创建和使用Java包机制来管理程序代码。

使用 Eclipse 集成开发环境，在创建的 Java 工程项目中，单击工具栏中的 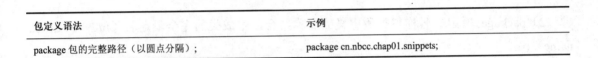 图标，创建 Java 包，在新建包的对话框中，输入"cn.nbcc.chap01.snippets"作为包的名称。

将素材库中的 Labs\chap01\Lab03 文件夹中的源代码文件复制到 Java 工程项目新建好的上述包中。

Eclipse 的即时编译功能立刻显示，复制的源文件没有添加相应的包定义，并在标记栏中显示错误信息（见图1-25），单击该错误信息，可以打开 Eclipse 的快速修复功能。选择添加包声明，在右侧的预览窗口中，可以看到添加包声明以后的代码样式。

用户也可以手工添加包的声明语句。

⚠ 需要注意的是，包声明语句，通常必须作为Java源代码文件中的第一条语句。

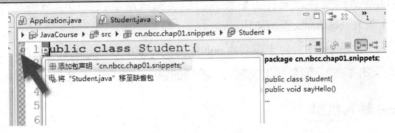

图 1-25 标记栏的快速修复

添加包声明语句以后的程序代码如代码1-2和代码1-3所示。

代码 1-2　定义在包中的 Student 类

#001	`package cn.nbcc.chap01.snippets;`
#002	`public class Student{`
#003	`    public void sayHello()`
#004	`    {`
#005	`        System.out.println("Hello World");`
#006	`    }`
#007	`}`

代码 1-3　定义在包中的 Application 类

#001	`package cn.nbcc.chap01.snippets;`
#002	`public class Application{`
#003	`    public static void main(String args[])`
#004	`    {`
#005	`        Student s = new Student();`
#006	`        s.sayHello();`
#007	`    }`
#008	`}`

当将类的源代码使用 package 进行分类时，就会具有4种管理上的意义：

1）源代码文件要放置在与 package 所定义名称层级相同的文件夹层级中。

2）package 所定义名称与类所定义的名称结合，生成类的完全限定名（fully qualified name）。

3）生成的字节码文档要放置在与 package 所定义名称层级相同的文件夹层级中。

4）要在包间可以直接使用的类或方法（method）必须声明为 public。

代码 1-2 中 001 行演示了包的定义语句，这意味着在管理这个 Student 类时，需要将类放置在与 package 所定义层级相同的文件夹层级中，也就是需要建立如下源代码文件夹层级关系（管理意义第 1 条）：src\cn\nbcc\chap01\snippets。

对于 Student 类来讲，其完整的限定名由包名+类名的形式构成，即 cn.nbcc.chap01.snippets.Student。当存在类名引用冲突的时候，可以指定完整的类限定名加以区分。例如，在项目中需要用到第三方程序库定义的 Student（完整限定名为 cn.xyz.entities.Student），这时候就可以通过类的完全限定名来指定在代码片段中用到的 Student 究竟是哪个类（管理意义第 2 条）。

对于生成的字节码文件，同样需要按包的定义构成层级相同的字节码文件夹层次关系（管理意义第 3 条）：bin\cn\nbcc\chap01\snippets。

默认情况下，在同一包中，对于声明为 public 的类和类中 public 的公有方法，类可以直接相互访问（管理意义第 4 条），但是如果类定义在不同的包中，则需要通过 import 导入机制来使用。

1.7.3 import 导入机制

import 声明语法	示例
import 类的完整限定名;	import java.util.ArrayList;

> 需要注意的是，导入语句的位置通常位于包声明语句之后，类定义语句之前。

> 使用 import 导入机制，在类中引入所需的其他类。

在上述项目中，单击工具栏中的 图标，新建一个包，取名为 cn.nbcc.chap01.snippets.entities。

在包资源管理视图中，将 Student 类拖放至上述新建的包中。此时，Eclipse 自动识别出移动操作，并弹出一个对话框询问是否要更新 Student 的引用（见图 1-26）。单击【确定】按钮以更新引用。

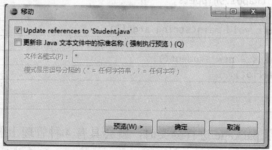

图 1-26 移动操作

观察代码发生的变化，分别如代码 1-4 和代码 1-5 所示。

代码 1-4　移动到新包中的 Student

#001	package cn.nbcc.chap01.snippets.entities;
#002	public class Student{
#003	public void sayHello()
#004	{
#005	System.*out*.println("Hello World");
#006	}
#007	}

代码 001 行显示，Student 类已被移动到新的包 cn.nbcc.chap01.snippets.entities 中，其物理存放的位置也应放置在相应层次的文件夹中。

代码 1-5　使用导入语句的 Application

#001	//包声明语句，将代码定义在指定包中
#002	package cn.nbcc.chap01.snippets;
#003	//在009行的程序代码中使用了Student类，需要使用导入语句导入类的定义
#004	import cn.nbcc.chap01.snippets.entities.Student;
#005	public class Application{
#006	public static void main(String args[])
#007	{
#008	//使用Student类，创建对象
#009	Student s = new Student();
#010	s.sayHello();
#011	}
#012	}

到目前为止，对于 Application 类的代码 002 行，声明显示的包名和 Student 类的包名有所不同，表明这两个类分属不同的包。当在 Application 类中使用 Student 类（009 行）时，需要使用导入机制，以告诉 JVM 关于 Student 的定义。否则，JVM 将无法识别 Student，从而出现"Student 无法解析为类型"的错误。

常见编程错误
1）在不同的包中相互使用类，未正确使用导入语句。
2）将导入语句放置在类文件的不正确位置。

老师，我有个疑问，在Student类代码的 005 行（见代码 1-4），使用了System类，为什么没有使用导入语句呢？

这是一个非常好的问题。在Java SE API中有许多常用类，比如这里使用的System类，其实也是使用包进行管理，其完整限定名应为java.lang.System。由于定义在java.lang包中的类经常被使用，JVM在启动时会默认将其自动导入。因此，用户在使用这些类时不再需要显式导入，这也就是无需import即可使用System的原因。当然，显式地写出"java.lang.System.out.println("Hello world");"也是正确的。

此外，源代码和字节码文件都可以使用 JAR 命令工具进行文档封装，在"命令提示符"模式下，可以使用 JDK 的 jar 工具程序来制作 JAR 文档。更多的内容，可以参考以下文件：
http://developer.51cto.com/art/200509/2770.htm

视频 05：管理代码

要查看包机制及代码导入机制，请播放教学视频 05.mp4。

技巧

良好的程序：具有简洁而不重复的代码逻辑；具有格式良好的代码风格。

1.8 自测题

1. 如果在 Hello.java 中编写以下程序代码：
```
public class Hello {
    public static void main(String[] args) {
        System.out.println("Hello World");
    }
}
```
以下描述正确的是（　　）。

A．执行时显示 Hello World　　　　　　　B．执行时出现 NoClassDefFoundError
C．执行时出现找不到主要方法的错误　　D．编译失败

2. 如果在 Main.java 中编写以下程序代码：
```
public class Main {
    public static main(String[] args) {
        System.out.println("Hello World");
    }
}
```
以下描述正确的是（　　）。

A．执行时显示 Hello World　　　　　　　B．执行时出现 NoClassDefFoundError
C．执行时出现找不到主要方法的错误　　D．编译失败

3. 如果在 Main.java 中编写以下程序代码：
```
public class Main {
    public static void main() {
        System.out.println("Hello World");
    }
}
```
以下描述正确的是（　　）。

A．执行时显示 Hello World　　　　　　　B．执行时出现 NoClassDefFoundError
C．执行时出现找不到主要方法的错误　　D．编译失败

4. 如果在 Main.java 中编写以下程序代码：
```
public class Main {
    public static void main(string[] args) {
```

```
        System.out.println("Hello World");
    }
}
```
以下描述正确的是（　　）。

A．执行时显示 Hello World
B．执行时出现 NoClassDefFoundError
C．执行时出现找不到主要方法的错误
D．编译失败

5. 如果 C:\workspace\Hello\classes 中有以下源代码编译而成的 Main.class：

```
public class Main {
    public static void main(String[] args) {
        System.out.println("Hello World");
    }
}
```

"命令行提示符"模式下用户的工作路径是 C:\workspace，那么执行 Main 类正确的是（　　）。

A．java C:\workspace\Hello\classes\Main
B．java Hello\classes Main
C．java -cp Hello\classes Main
D．以上皆非

6. 如果 C:\workspace\Hello\classes 中有以下源代码编译而成的 Main.class：

```
package cc.openhome;
public class Main {
    public static void main(String[] args) {
        System.out.println("Hello World");
    }
}
```

"命令行提示符"模式下用户的工作路径是 C:\workspace，那么执行 Main 类正确的是（　　）。

A．java C:\workspace\Hello\classes\Main
B．java Hello\classes Main
C．java -cp Hello\classes Main
D．以上皆非

7. 如果有个 Console 类的源代码开头定义如下：

```
package cc.openhome;
public class Console {
    ...
}
```

其完全限定名是（　　）。

A．cc.openhome.Console
B．package.cc.openhome.Console
C．cc.openhome.class.Console
D．以上皆非

8. 如果 C:\workspace\Hello\src 中有 Main.java 如下：

```
package cc.openhome;
public class Main {
    public static void main(String[] args) {
        System.out.println("Hello World");
    }
}
```

"命令行提示符"模式下用户的工作路径是 C:\workspace\Hello，那么编译与执行 Main 类正确的是（　　）。

A．javac src\Main.java
B．javac -d classes src\Main.java

　　　　java C:\workspace\Hello\classes\Main　　java –cp classes Main

C．javac –d classes src\Main.java

D．javac –d classes src\Main.java

　　　　java –cp classes cc.openhome.Main　　java–cp classes/cc/openhome Main

9．如果有个 Console 类的源代码开头定义如下：

```
package cc.openhome;
public class Console {
    ...
}
```

在另一个类中编写 import 正确的是（　　）。

A．import cc.openhome.Console;　　　　　　B．import cc.openhome;

C．import cc.openhome.*;　　　　　　　　　D．import Console;

10．关于包，以下描述正确的是（　　）。

A．要使用 Java SE API 的 System 类，必须使用"import java.lang.System;"

B．在程序中编写"import java.lang.System;"会发生编译错误，因为 java.lang 中的类不用 import

C．import 并不影响执行效能

D．程序中编写了 import cc.openhome.Main，执行 Java 指令时只要使用"java Main"就可以了

第 2 章
Java 语法基础

在这一章中，我们通过 Java 语言来实现一个猜价格游戏。这里我先简单介绍一下该游戏的规则。游戏开始时，系统在指定的数值范围中（如 50~100）生成一个随机的价格，如果用户输入的价格与系统随机生成的价格相同，则显示"恭喜你，猜对了"；如果用户输入价格大于系统价格，则显示"高了，请再试一次"；如果用户输入价格小于系统价格，则显示"低了，请再试一次"。其运行效果如图 2-1 所示。

图 2-1 "猜价格游戏"的运行效果

这个我看到过，也玩过。

熟悉和了解应用程序的需求，是开发程序的前提，而正确地分析和理解业务需求对于编写出正确的程序具有非常大的帮助。你能简单想象一下这个游戏的工作场景吗？

我试试。当我打开这个程序时，程序先在后台产生一个随机的价格（一个整数），然后，提示用户进行输入，程序将用户输入的数据和这个随机价格进行比对，根据比对的不同结果显示相应的提示信息。

非常好！不过在用 Java 语言实现这些功能之前，我们得先学习一下跟本项目有关的 Java 基本语法，例如在 Java 中如何声明整型变量、如何使用 Java 中的整数、如何进行数值的比较、如何表达判断等。否则，就无法实现特定的功能了。

嗯，那我得好好学一下。

2.1 Java 数据类型

要在计算机中使用 Java 语言实现数据的存储、分析和处理,必须先掌握变量的声明方法。先来看一下定义变量的语法格式,然后通过进一步学习,了解这些语句的具体作用。

声明变量语法	示例
数据类型 变量名;	int count; double salary;

变量的声明语法由数据类型和变量名两部分构成。数据类型描述了该变量的存储方式和读写规则,变量名则对应了实际存储计算机内存中的某个存储区域,是对该存储区域的一个名称标识,以方便对该存储区域进行数据的存取访问。通过刚才的分析,我们在猜价格程序中可能需要多次使用到随机价格这个数据。将这个需要多次使用的数据声明在变量里,通过变量名以便我们随时对它进行读写,这是编程语言常用的做法。

通常,在程序中使用变量时,需要注意:①根据自己的业务需求;②声明合适的变量;③选择合适的数据类型;④给变量取易于理解的变量名。

评价一个变量名的好坏,取决于是否满足"见名知义"的标准。正如示例中声明的 count 表示该变量用于计数,而计数时表示的数据使用 int 整数类型;salary 表示该变量存储工资,而工资应保存为浮点数的 double 类型。

良好的编程习惯
变量名的"见名知义"可以增加程序的可读性。

后面我们会详细地介绍 Java 的常用基本数据类型。在此需要注意的是,并不是所有的字母及数字组合都能构成合法的变量名。变量名首先是一个标识符,它需要符合标识符的定义规则。

2.1.1 标识符

对于编程中用到的变量、常量、方法,可以给它指定一个名字,统称为**标识符**。下面给出 Java 标识符的语法规则及使用示例。

Java 标识符语法	
1)标识符由字母、数字、下画线"_"、美元符号"$"组成 2)必须以字母、_(下画线)、$(美元符号)开头 3)不能把 Java 关键字作为标识符 4)标识符对大小写敏感	合法的标识符: button1、getSalary 不合法的标识符: 2button、@btn、public

不合法的标识符示例中,2button 违反了数字不能作为标识符开始的规定;@btn 使用了标识符不允许的特殊字符;而 public 则是 Java 的关键字,这些系统的关键字为 Java 系统所专用,具有特定的含义,在定义自己的标识符时需要避免与它们重名。

需要特别注意的是,因为 Java 的标识符是大小写敏感的(case sensitive),所以 button1 和 Button1 是两个不同的变量。对于由多个单词构成的标识符,为了增加程序代码的可读性,可以使用"驼峰法"来书写。关于它的讨论,可以参考 http://c2.com/cgi/wiki?CamelCase。

驼峰法：字符串中大写字母表示驼峰，整个字符串大小写错落有致，看起来犹如骆驼的驼峰。也就是说，在命名时如果由多个英文单词组成，单词的第一个字母大写，其余部分小写，如 setName、getName。它的好处是读者在阅读代码时可以很容易地识别单词。此外，注意变量名、方法名的第一个英文单词是小写的，如这里的 set、get，这主要是为了和类名（第一个字母大写）相区别。

良好的编程习惯

尽管标识符的大小写规则并不是必须遵守的，但是这已经成为 Java 程序员的一种共同约定。使用约定的大小写规则定义变量名，便于代码的阅读。

2.1.2　Java 关键字

程序语言的关键字（keyword）就是那些具有特殊含义的标识符，它们由系统专用，用户不能用它们来定义变量。表 2-1 列出了 Java 中常用的关键字。

表 2-1　系统关键字表

abstract	default	if	private	this
boolean	do	implements	protected	throw
break	double	import	public	throws
byte	else	instanceof	return	transient
case	extends	int	short	try
catch	final	interface	static	void
char	finally	long	strictfp	volatile
class	float	native	super	while
const	for	new	switch	assert
continue	goto	package	synchronized	

看一下第 1 章中的 Welcome 示例，在 Welcome 中，我们用到的关键词有 public、class、static 和 void，集成开发环境 Eclipse 对于它们的显示，使用了加粗并用蓝色以示区别。

在声明变量时，仅仅给它指定一个名称还远远不够，因为计算机为了在内存中存储这些变量，还需要知道如何为这些变量分配相应的存储空间，用以存放用户的真实数据信息。为应对常用的编程需要，Java 预定义了 8 种基本数据类型，这些数据类型提供了默认的存储空间信息。

2.1.3　Java 基本数据类型

Java 语言预定义了 8 种基本数据类型，表 2-2 显示了这 8 种基本数据类型，它们在内存中所占的位数（bit），以及每种类型能够表示的数值范围。需要注意的是，数据类型的大小是被严格定义的。例如，int 被指定为占有 32 位的数据类型，无论在哪个平台下运行都是如此。这一点和其他程序语言不同，这也就是人们所说的 Java 具有跨平台的主要特征之一。拥有这种优点的原因就是 Java 程序不是直接运行在平台上的而是运行在虚拟机 JVM 上的。底层的平台不能影响每个数据类型的大小和数值范围。因此，程序员在任何平台上编写 Java 程序都是采用统一的规则。换句话说，就是一个程序可以在任何平台上运行，因为它们是独立于平台的。

这也就是 Java 中没有 C 和 C++中专门用来测试数据类型大小的 sizeof()的原因。

表 2-2　8 种基本数据类型

数据类型	大小/bit	最 小 值	最 大 值
byte	8	−128	127
short	16	−32768	32767
int	32	−2147483648	2147483647
long	64	−9223372036854775808	9223372036854775807
float	32	±1.40239846E−45	±3.40282347E+8
double	64	±4.94065645841246544E−324	±1.79769313486231570E+308
char	16	\u0000	\uFFFF
boolean		true或false	

很多情况下，我们编写程序就是操纵的数据，而这些数据是定义在计算机内存中的。Java 中，用户要操纵某一类型数据时，这些数据需要被事先声明。当用户存储一个简单的整数时，可以使用 Java 预定义的 8 种基本类型来指定存储空间。正如我们上面看到的，当用户用 int 基本数据类型来声明一个整型数据时，系统就会分配 32 位（4 字节）的存储空间来存放这个整数值，它能表示的范围就是−2147483648～2147483647。

2.1.4 变量

变量（variable）就是用来存储数据的。在 Java 中，每一个使用的变量都需要事先声明才能使用，因为在声明的过程中，系统会根据它的数据类型为其分配合理的存储空间。例如，下列语句声明了两个变量

```
int x;
int age;
```

很显然，这两个变量的声明都是声明一个整型变量，两个都是用来存放一个整型数值的，前者取名为 x，后者取名为 age。第一个我们取名为 x，那么 x 是什么？坐标还是未知数？应该是整型还是字符型？从字面上很难推测。如果用户是用这个 x 来保存学生的人数的话，为了说明清楚，可能不得不给这个变量加上注释，以防用户在一个月以后，把它当成每个学生收养的宠物个数。但是我们来看一下上面的第二个声明，一看变量名就可以理解该变量是一个存储年龄的变量，而且仅从变量名也可以推测出它应该是一个整型变量。很显然，第二个变量的命名明显要好于第一个变量，因此，在读者开始学习编程的时候，养成良好的命名习惯是非常重要的。

2.1.5 引用变量

基本数据类型并不总能表述我们遇到的所有实际情况。例如，如果在猜价格游戏中增加游戏者账户登录的功能，就需要为游戏者创建一个账户，存储用户的登录名和密码，而 Java 的 8 种基本数据类型无法提供直接的账户声明和处理的快捷方式。对于这些复合数据类型（一个账户包括账户名和密码），只需利用 Java 语言创建一个用户自定义类，便可提供用户自定义数据类型的能力。例如，用户只需要为账户定义一个 Account 类，类中声明每个账户对象需要保存的账户名和密码（见图 2-2）。

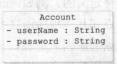

图 2-2　Account 类

Java 允许开发人员通过类来描述业务信息，而这一强大的功能意味着用户可以快速创建

一种新的数据类型（即用户自定义数据类型）。它不事先存在于 Java 语言中，而是根据用户的实际编程需要来自行进行创建。

一旦用户定义好自己的类以后，就可以像使用基本数据类型一样使用它们。

> 因此，编写 Java 程序的核心任务就归结为：
> 1）创建类和对象。
> 2）向对象发送消息（即对数据进行操作）。

既然类就是自定义数据类型，除了定义基本类型变量之外，任何由类声明的变量，称为"引用变量"。

引用变量声明语法	示例
类变量名;	String name; Account player;

示例中的 String 是 JDK 中提供的系统预定义类，而 Account 是我们自定义的类，凡是由类作为数据类型声明的变量（这里的 name 和 player）都是引用变量。

> 老师，由类声明的变量就是引用变量，由基本数据类型声明的变量就是基本类型变量，是不是这样？

> 的确是这样，除了 8 种基本数据类型声明的变量之外，其余都是引用变量。

2.1.6 区分基本类型变量和引用变量

Java 中有 8 种基本类型变量，用户用这些数据类型创建出变量时，系统就会根据表 2-2 所示分配相应的存储空间，而这些存储空间就是直接用来存放数据值的，如图 2-3 所示。

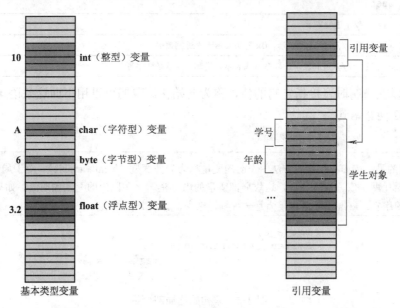

图 2-3 基本类型变量在内存中的存储　　图 2-4 引用变量在内存中的存储

基本类型变量存储具体的值，而引用变量存储（见图 2-4）的只是对象的引用（类似于

C/C++中的指针），有了该引用，用户可以通过引用来访问该对象。例如，现有一个学生对象 student，需要获得学生的年龄，就可以用引用访问方式 student.age 来获取。更多关于类和对象的使用语法，后续的章节中将会详细介绍。

2.1.7 变量的赋值

我们可以对变量中存储的数值进行变动，这一过程通过赋值操作来完成。在 Java 语言中，可以使用赋值操作符=，给一个变量赋上一个特定的数值。下面的示例中给出了常用的赋值语句形式。

变量赋值语法	示例	
变量名=变量值；	示例 1：	count=1;
	示例 2：	count=c;
	示例 3：	count=1+3;
	示例 4：	count=getCount();

赋值语句的右侧（变量值部分）可以是一个具体数值（如示例 1），该数值称为"直接量"或者是字面常量（literal constant），也可以由另一个变量 c 的值提供（如示例 2），甚至可以是一个表达式（如示例 3）或者方法的返回值（如示例 4）。

例如，我们要给一个学生对象指定其年龄为 18 岁，可以声明一个整型变量 age，并赋值为 18。除了十进制表示之外，还可以使用八进制或者十六进制。例如，代码 2-1 给 age 所赋的数值是等价的。

代码 2-1　给 age 赋值

#001	int age;
#002	age= 18;　//十进制表示
#003	age = 0x12;　//十六进制表示，0x 开头表示十六进制数值
#004	age = 022;　//八进制表示，以 0 开头表示八进制，注意是数字零

变量可以在声明时直接指定它的值，称为初始化。我们可以用下面这条语句来替代上面的 001 和 002 两行语句。

　　int age = 18;

> 需要注意的是，我们将在任何方法中声明的变量称为局部变量（local variable）。对于局部变量，Java 不会为其初始化默认值，也就是说，这块局部变量的内存空间存在原先的无法预期值。如果不初始化局部变量便去使用它，Java 编译器将视为是一种编译错误，如图 2-5 所示。

```
int age;
System.out.println(age);
```
　　　局部变量 age 可能尚未初始化
　　　按 "F2" 以获取焦点

图 2-5　未初始化局部变量

常见编程错误

试图使用未初始化的局部变量是一种常见的编译错误。

2.1.8 类型转换

Java 是一个数据类型严格的程序语言，也就是用户在给一个变量赋值时只能把值赋给匹配该数据类型的变量。如果 x 是一个整型，那么用户不能把一个其他数据类型的数据赋值给它（除非使用强制转换）。

例如，下面示例声明一个整型 x，并试图给它赋一个浮点型的数据。

```
int x;
double p = 3.1415;
x = p;        //编译器不能通过
x = (int) p;  //可以顺利编译，因为使用了强制转换功能
```

从上面代码可以看出，强制转换是由一对小括号包含要转换的数据类型组成的。在上面的这个例子中，我们需要把一个浮点型数据 p 强制转换成整型，明确指定只将其整数部分赋值给左侧的 x（整型）。此时，x 将得到 p 的整数部分（也就是 3）。

强制转换语法

（转换类型）要转换的变量

强制转换表示用户已经意识到了赋值语句的数据类型不匹配带来的风险，但是还是想将这个数据的一部分进行赋值。接下来我们再看一个示例。

```
float pi = 3.14;  //编译错误：无法将 double 转换成 float
```

也许读者会惊讶 3.14 为何无法正确地赋值给 pi 变量，因为编译程序设置了一个默认的数据处理类型：对于浮点数，编译程序默认以 double 类型进行处理；对于整数，编译程序默认以 int 类型进行处理。这里的直接量 3.14 被编译器默认识别为一个 double 类型数据。因此，将一个 double 类型放到 float 类型变量中，会因为 8 字节数据要放到 4 字节存储空间，而遗失 4 字节数据，造成精度丢失的问题。于是，编译器需要由程序员来决定由此带来的风险。

解决这类问题，除了使用强制转换语法之外，还可以给字面常量加一个特定的后缀来解决。

```
float pi = (float)3.14;   //强制转换
float pi = 3.14F;         //字面常量后缀 F 指定将 3.14 识别为 float 类型
```

是不是所有赋值两边的类型不一致都要强制转换呢？那岂不是很麻烦！

幸好，Java 设计者考虑到了这点。在下面这种情况下，Java 会实现数据类型的自动提升（promotion），而不需要显式地使用强制类型转换语法。

```
double p;
int x = 3;
p = x;   //可以顺利编译，不需要强制转换
```

这里我们仅仅做了一个相反的操作，把一个整型值赋值给一个浮点型变量。同样是两个不同的数据类型，为什么这次就不需要强制转换了呢？原因就在于，任何时候，只要你想要把一个存储空间比较大的数据赋值给一个存储空间比较小的变量时，将会导致数据精度的丢失，此时，就需要显式地进行强制转换，否则系统就不能正常编译。而这里 x 是 int 类型，

而 p 是 double 类型，将 x 赋值到 double 空间中，不会造成数据精度的丢失，所以 Java 会将 x 的值自动提升为 double 类型。

同样的，将一个 float（4 字节）转换成 double（8 字节）就不需要强制转换，因为这不会造成数据的丢失，系统会自动提升数据类型。

2.2 项目任务 4：定义变量

> 创建一个类名为 GuessGameApp 的应用程序，并声明两个整型变量，分别用来存储用户猜测的价格（guessPrice）和随机生成的价格（randomPrice），为这些变量赋相应的变量值，规格见表 2-3。

表 2-3 变量规格表

变量名	变量类型	变量值
randomPrice	int	示例：50
guessPrice	int	示例：100

为方便读者的练习，我们为随后每个项目的任务，提供了代码框架。读者只需导入配套素材库中相应的项目，便可进行针对性练习。其方法是：

打开 Eclipse，在左侧的【包资源管理视图】中，单击鼠标右键，选择【导入】命令，在弹出的【导入】对话框（见图 2-6）中，导入素材库文件夹中的 Labs/chap02/task01 项目。注意，记得在导入项目的向导中勾选【将项目复制到工作空间中】复选框（见图 2-7）。

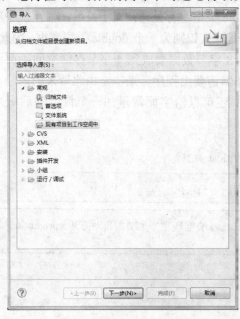

图 2-6 【导入】对话框

图 2-7 导入项目

在【任务】视图中显示项目所需完成的所有任务，任务已用 TODO 字样标识（如果没有打开【任务】视图，可以通过选择主菜单【窗口】|【显示视图】|【任务】命令来打开），如图 2-8 所示。

第 2 章 Java 语法基础

图 2-8 【任务】视图

双击【任务】视图中的任一任务描述，即可定位到所需添加的代码位置。用户的任务就是根据任务描述编写出相应的程序代码。

视频 06：定义变量
要查看任务标签的使用方法，请播放教学视频 06.mp4。

> 进一步了解 Java 数据类型相关的知识可以帮助我们顺利地完成这些任务。下面给出常见 Java 数据类型的典型使用示例。

2.2.1 整型类型

在 8 种基本数据类型中，有 4 种可以用来表示整型数的数据类型：byte、short、int 和 long。它们的区别在于所分配的空间大小不同，所能表示的数值范围也不同。这些数据可以是正数也可以是负数。下面的代码 2-2 所示程序演示了这些数据类型的常用方法。

代码 2-2　整数类型示例

#001	/**
#002	* 所属包：cn.nbcc.chap02.snippets
#003	* 文件名：IntegerDemo.java
#004	* 创建者：郑哲
#005	* 创建时间：2014-1-27 下午10:56:45
#006	*/
#007	package cn.nbcc.chap02.snippets;
#008	public class IntegerDemo {
#009	public static void main(String[] args) {
#010	int a = 18; //声明并初始化变量
#011	short x, y = 10, z = 20; //同时声明多个变量
#012	x = (short) (y + z); //这里为什么要强制转换？
#013	System.*out*.println("x的值是:" + x);
#014	long b = 12345678987654321L; //常量数值后为何要加'L'字符？
#015	System.*out*.println("b的值是:" + b);
#016	b = a; //自动提升现象
#017	byte c;
#018	c = (byte) a; //强制转换
#019	System.*out*.println("c的值是:" + c);
#020	} //end main
#021	} //end class

运行输出结果：
x 的值是：30
b 的值是：12345678987654321
c 的值是：18

上面的例子中包含了对整数类型（int、byte、long）的基本使用。这里需要读者掌握的内容有：

010 行声明了一个 int 型变量 a，并直接初始化为 18。

011 行展示了 Java 同时声明三个变量的语法。注意，在同时声明多个变量时，这些变量之间必须用逗号（,）隔开。

需要尤其注意的是，Java 在计算整数时，默认以 int 方式进行处理，也就是尽管 y 和 z 的数据类型是 short，但是在进行相加计算时，Java 是以 int 类型来处理 y+z 的，并返回一个 int 类型的整数值。由于 int 比 short 存储范围更大，因此 012 行要赋值给一个较小的以 short 方式存储的变量 x 时，需要强制转换。

014 行中，long 比 int 具有更大的存储空间。一个整数到底是以 int 方式存储，还是以 long 方式存储？Java 在默认情况下把整数值作为 int 类型存储，如果用户不显式指定，这个字面常量远远超出了 int 类型表述的范围，会造成编译错误。如果用户要指定它以其他数据类型存储，比如以 long 类型存储，这时需要在后面加上一个"L"字符，则编译器将 12345678987654321 存储为 long 类型而不是默认的 int 类型。

016 行中，注意特殊赋值语句 b=a，这里 b 是一个 long 类型而 a 是一个 int 类型，一个 int 类型的数据存储空间要比 long 类型的存储空间小，赋值给一个存储空间更大的变量（b）是不会有任何的数据丢失。因此，Java 编译器会实现自动提升。

2.2.2 浮点数类型

Java 在 8 种基本数据类型中有两种数据类型是用来保存浮点数的，这两种数据类型分别是 float 和 double。它们的差别在于存储空间大小不一样，所能表示的数值范围也不一样。Java 中用 32 位来存储一个 float 数据类型，用 64 位来存储一个 double 数据类型。

与 short、byte、int、long 都可以存储整数一样，float 和 double 都可以用来存储浮点数，默认情况下 Java 以 double 方式处理浮点数。如果用户要指定某个浮点数的存储方式是 float 而不是 double，需要在书写具体数值时追加一个类型标志符"F"，如 123.321F。代码 2-3 是使用浮点数的示例。

代码 2-3　浮点数示例

#001	/**
#002	* 所属包：cn.nbcc.chap02.snippets
#003	* 文件名：FloatDemo.java
#004	* 创建者：郑哲
#005	* 创建时间：2014-1-28 上午12:02:36
#006	*/

#007	package cn.nbcc.chap02.snippets;
#008	public class FloatDemo {
#009	public static void main(String[] args) {
#010	double pi = 3.14159;
#011	float f = 2.7F; //注意这里指定以float类型存储2.7
#012	System.out.println("pi = " + pi);
#013	System.out.println("f = " + f);
#014	int n = 15, d = 4;
#015	f = n / d; //f里面存储的值是什么？
#016	System.out.println("f的值是：" + f);
#017	int radius = 10;
#018	double area = pi * radius * radius; //area里面存储的值是什么？
#019	System.out.println("area = " + area);
#020	} //end main
#021	} //end class

运行输出结果：

```
pi = 3.14159
f = 2.7
f的值是：3.0
area = 314.159
```

在这个程序中，3.14159 和 2.7F 都是浮点数，前者以双精度（double）来存储，而后者指定以 float 方式存储。如果去掉 F，将不能通过编译，因为系统会默认以 double 来处理 2.7。

读者也许很奇怪 015 行中的 15/4 的结果，因为 15 和 4 都是整数，它们的整除也是一个整数，因此结果是 3，小数部分都被丢弃了。然而，整数 3 赋值给一个浮点数变量 f，因此，f 的输出就是 3.0。

018 行在处理表达式"pi*radius*radius"的过程中，一个浮点型数乘以两个整型数。Java 在进行乘法操作时，将 int 数值提升为 double 类型，所以结果是一个 double 类型。

2.2.3 布尔类型

Java 预定义了一种数据类型——boolean，表示布尔值。布尔变量的取值只可以是 true 或者 false。在 Java 中，true 和 false 都是关键字。

代码 2-4 显示了布尔变量的使用示例。

代码 2-4 布尔变量的使用示例

#001	/**
#002	* 所属包：cn.nbcc.chap02.snippets
#003	* 文件名：BooleanDemo.java
#004	* 创建者：郑哲

#005	* 创建时间：2014-1-28 上午12:12:47
#006	*/
#007	package cn.nbcc.chap02.snippets;
#008	public class BooleanDemo {
#009	public static void main(String[] args) {
#010	boolean t = true;
#011	System.*out*.println("t 的值是 " + t);
#012	int x = 2;
#013	boolean y = (x > 2);
#014	System.*out*.println("y 的值是 " + y);
#015	x = x + 1;
#016	y = (x > 2);
#017	System.*out*.println("在x加1以后，y是" + y);
#018	//y = x; //不能编译!
#019	}
#020	}

运行输出结果：

t 的值是 true
y 的值是 false
在 x 加 1 以后，y 是 true

010 行声明了一个布尔变量 t，并赋值为 true。对它使用 System.out.println 输出方法时，就会打印出相应的字符串 true。

013 行中的 y 也是一个布尔变量，它被赋值为一个表达式的结果，而这个表达式是测试 x 的值是否大于 2。由于这里 x 等于 2，因此表达式的结果应该是 false。打印时我们可以看到打印出 false 字符串。

015 行为对 x 变量进行加 1 的操作，此时，x 的值就变成 3，大于 2。因此，在 016 行再次测试时，表达式的结果就变成 true，结果的输出验证了这一点。

> 在 Java 中，布尔数据类型不是一个整型值，这一点与 C/C++有很大的区别。一个布尔变量值只能是 true 或 false。而 C/C++用 0 表示 false，用非零表示 true。上面的示例告诉我们不能将一个整数赋值给布尔变量。

2.2.4 字符数据类型

在 Java 中，字符（char）数据类型用 16 位来表示，它可以表示 Unicode 字符集，这个字符集可以处理国际通用的字符。

一个字符可以作为无符号的整数值来处理，因此可以进行一些算术操作，如比较两个字符值的大小等。

在描述一个字符时，我们需要给该字符加上一对单引号，如'A'，这样系统就以字符方式识别 A（注意：如果用双引号，则系统将它识别为字符串（String），而不是单个字符）。有些字符是不可打印的,可以用转义符(\)来表示。表2-4列举了常用的转移字符。

表2-4 转义字符表

转 义 字 符	含　　义
\t	tab 键
\b	backspace（退格）
\n	newline（换行）
\r	carriage return（回车）
\'	single quote（单引号）
\"	double quote（双引号）
\\	backslash（反斜杠）

如果用户需要以 Unicode 值的方式指定某个特定的字符的话,可以使用转义符\u 再加上它的 Unicode 字符值（注：这个字符值以十六进制方式来表示）,如'\uF9A4'。

代码 2-5 演示了字符数据类型的使用示例。

代码 2-5　字符数据类型的使用示例

#001	/**
#002	* 所属包: cn.nbcc.chap02.snippets
#003	* 文件名: CharDemo.java
#004	* 创建者: 郑哲
#005	* 创建时间: 2014-1-28 上午12:18:29
#006	*/
#007	package cn.nbcc.chap02.snippets;
#008	public class CharDemo {
#009	public static void main(String[] args) {
#010	char a = 'A';
#011	char b = (char) (a + 1);
#012	System.out.println(a + b);
#013	System.out.println("a + b is " + a + b);
#014	int x = 75;
#015	char y = (char) x;
#016	char omega = '\u03A9';
#017	System.out.println("y is " + y + "and omega is " + omega);
#018	}
#019	}

运行输出结果:

```
131
a + b is AB
y is K and omega is Ω
```

上述示例中，a 和 b 声明为一个 char 类型变量，011 行将 b 赋值为（a+1），字符可以作为符号整数来处理，这是由于本质上，它的值就是该字符相应的 Unicode 6.0 编码值，用整数 int 来表示。因此 a+1 返回的也是一个整数值，它要赋值给字符型变量 b，必须通过显式的强制转换。

012 行中变量 a 所存储的字符'A'所对应的编码值是 65，变量 b 存储的编码值为 66（=65+1），恰好对应的是字符'B'，因此 a+b 打印的结果是 131。

013 行的""a+b is" +a+b"表达式中，第 2 个和第 3 个加号不是数学运算符号，而是一个连字符，作用是将字符串"a+b is"和字符 a 的值进行连接，将连接的结果与字符 b 相互连接，形成了一个新字符串"a+b is AB"。这一点我们在介绍字符串类型时会详细解释。

016 行用\u03A9 方式来指定一个 Unicode 字符，这个字符就是 Ω。

2.2.5 字符串

字符串（string）就是一系列的字符。Java 用 String 类来抽象描述了所有字符串对象的特征。

> 注意，Java 中的字符串不是基本数据类型，它以类的形式存在。该类封装了操作字符串的一些常用方法，这使得用户在使用字符串对象时只要调用相应的方法就能轻松实现对字符串的操作，就好像用遥控器就可以轻松控制家中的电视机一样。

在用户的 Java 程序中，一个字符串对象可以通过给定一系列的字符让系统自动创建出来，如在 println()语句中，经常会这样写：

System.out.println("HelloWorld");

字符序列"HelloWorld"会自动转换成字符串对象，然后这个对象作为参数传递给 println()方法（相关知识可以参考介绍方法的章节）。

int x = 10;
System.out.println("x = " + x);

字符序列"x="自动转换成字符串对象，"+"操作符在这里的作用是字符串连接，连字符的作用就是将其左侧的操作数（"x="字符串）与右侧的操作数（变量 x 的值）进行连接，形成一个新的结果字符串"x=10"，正是这个新的字符串对象传递给 println()方法，由该方法实现控制台的打印操作。

> 老师，如何识别一个"+"是连字符还是数学的加法运算符？

> 其实方法很简单，无论是连字符"+"还是数学运算符"+"，都需要两个操作数，放在运算符左侧的称为左操作数，放置在运算符右侧的称为右操作数。只需判断左、右操作数，如果一侧出现了字符串类型，那么这时的"+"就是连字符；如果两侧都是数据类型，那么这时的"+"就是数学的加法运算符。编译器在分析表达式时，就是采用这样的判断方法而不至于搞混的。

在 Java 中，每一个基本类型和一个字符串连接时都将自动转换成一个字符串对象，而该对象的内容就是该变量里面保存的数据，这样做简化了对基本数据类型的显示和输出。事实上，Java 中的任何对象（不仅仅是内建类型）都可以转换成一个字符串对象，因为 Java 中的每个对象都有一个 toString()方法，而 toString()方法在输出时会被自动调用，这一点在介绍第

4章继承的相关内容时会进一步介绍。

代码 2-6 是字符串的演示示例。

代码 2-6 字符串示例

#001	/**
#002	* 所属包: cn.nbcc.chap02.snippets
#003	* 文件名: StringDemo.java
#004	* 创建者: 郑哲
#005	* 创建时间: 2014-1-28 上午12:44:39
#006	*/
#007	package cn.nbcc.chap02.snippets;
#008	public class StringDemo {
#009	public static void main(String[] args) {
#010	String first = "zheng", last = "zhe";
#011	String name = first + " " + last;
#012	System.*out*.println("Name =" + name);
#013	double pi = 3.14159;
#014	String s = "Hello," + first;
#015	System.*out*.println(s + pi + 7); //这里的输出结果是什么?
#016	System.*out*.println(pi + 7 + s); //这里的输出结果又是什么?
#017	}
#018	}

运行输出结果:

Name = zheng zhe
Hello, zheng3.141597
10.14159Hello, zheng

这里创建了 5 个字符序列: "zheng"、" "、"zhe"、"Hello"、"Name=",它们都会自动转换成字符串对象,"first+" "+last" 表达式将前三者字符串对象连接起来。同样,"Name=" 和 name 连接成了一个新的字符串。

015 和 016 行的两个输出语句,看起来它们差别就在于书写顺序的不同,其实不然。程序运行到 014 行语句时,s 保存的字符串对象里的信息是 "Hello, zheng",它与 pi 通过 "+" 号相连,这时 "+" 号的左右操作数分别是: 左边是字符串 s, 右边是双精度数 pi。此时, "+" 号的作用是字符串的连接。形成一个新的字符串对象 "Hello,zheng3.14159",新的字符串对象再和整数 7 相连接,形成 "Hello,zheng3.141597"。

016 行语句的情况就不太相同了,我们先来看 pi+7。此时 "+" 号左右两侧分别是 pi 和 7,它们都是数值,也就是这时的 "+" 是数学运算的加号。当然,pi 是双精度数,7 是一个整型常量,两者相加时系统自动将 7 进行提升,和 pi 相加后得到的是一个双精度数。10.14159 这个结果再和 s 通过 "+" 号连接,这时 "+" 号的左侧是双精度数 (10.14159), "+" 号的右侧是字符串,这时的"+"是连字符,作用是将左右两侧连接成一个新的字符串"10.14159Hello,zheng"。

> 通过这个例子,可以知道"+"运算符的结合性是自左向右的。

对于 Java 字符串来说,还有一些必须要注意的特性:
- 字符串常量和字符串池。
- 不可变动(immutable)字符串。

> 如果用户要修改 first 引用变量所引用的字符串对象的信息。用"first="郑"",系统不是通过修改原来的字符串对象信息"zheng",而是生成了一个新的字符串对象"郑",并用 first 引用该新对象。如果原来的字符串对象"zheng"没有任何其他引用变量引用它的话,Java 的垃圾回收器就会及时地回收这个不再被使用的字符串对象所占据的内存空间。字符串特性示例如代码 2-7 所示。

代码 2-7 字符串特性示例

#001	/**
#002	* 所属包:cn.nbcc.chap02.snippets
#003	* 文件名:StringDemo2.java
#004	* 创建者:郑哲
#005	* 创建时间:2014-1-28 上午12:58:49
#006	*/
#007	package cn.nbcc.chap02.snippets;
#008	public class StringDemo2 {
#009	public static void main(String[] args) {
#010	//字符串使用示例
#011	String s1, s2;
#012	s1 = s2 = "helloworld";
#013	System.*out*.println("改变前S1:" + s1);
#014	System.*out*.println("改变前S2:" + s2);
#015	s1 += "this is";
#016	System.*out*.println("改变后S1:" + s1);
#017	System.*out*.println("改变后S2:" + s2);
#018	}
#019	}

运行输出结果:

改变前 S1:helloworld
改变前 S2:helloworld
改变后 S1:helloworldthis is
改变后 S2:helloworld

这个例子中,我们声明了两个引用变量 s1、s2,最初它们引用的是同一个字符串对象"helloworld"。015 行中"s1+="this is""将生成一个新的字符串对象,而不是对原字符串的修改,这一点我们通过 016 和 017 行的输出可以看出,因为 s2 引用变量的内容未发生任何变化。

第 2 章 Java 语法基础

😀 学习了这些 Java 基本数据类型的知识，试着完成本章代码 2-15 任务清单中的 TODO01 和 TODO02 吧！

🤔 好！

2.3 项目任务 5：生成随机价格

📋 让程序生成一个 50～100 的随机整数。

😀 随机生成整数的方法有很多，这里我们介绍一种常用的方法，即利用 java.lang.Math.random()静态方法。可以查阅一下在线的 API 文档，了解它的使用方法。

public static double random()

返回大于或等于 0.0 且小于 1.0 的随机的双精度正数。也可以通过如下网址查看最新的 JDK 开发 API 文档：

http://docs.oracle.com/javase/7/docs/api/

🤔 API 文档上说，使用 java.lang.Math 类的 random()方法可以产生一个[0.0，1.0)之间的一个双精度数。那么我们如何转换到[50，100]之间的数呢？

😀 我们可以利用数学中的不等式，并使用 Java 的强制转换特性完成如下推断：
　　0.0<=Math.random()<1.0
-> 0.0<=Math.random()*51<51
-> 50.0<=Math.random()*51+50<101
-> 50<= (int)(Math.random()*51+50)< =100

这里的 51 通常称为"缩放因子"，50 称为"偏移量"。经过一定的缩放和偏移，可以得到指定范围的随机数值。

😀 java.util.Random 类提供了更加全面的生成伪随机数的方案。它还提供生成各种类型的伪随机序列方法，包括 boolean、byte、int、long、float 以及 double。

在创建 Random 实例的时候，可以指定种子，如果不指定，Random 类将使用系统时钟作为种子（一个纳秒级数值）。种子是生成一组随机序列的唯一标识符，如果用同一个种子创建两个 Random 对象，那么这两个对象有着相同的序列。

int java.util.Random.nextInt(int n);
参数：
　　n 必须是一个正数，表示产生随机值的上界。
返回：
　　下一个随机值。该值分布于[0, n)，即包括零，不包括 n 的一个随机数序列。
抛出：
　　如果 n 不是正数，那么将抛出 IllegalArgumentException 异常。

> 让我想想，使用 Random 类如何生成[50，100]的随机数，只要一个 nextInt（51）+50 就可以了吧？

> 非常正确！现在，你应该可以独立完成本章代码 2-15 任务清单中的 TODO03 了。

> 老师，我已经理解了这些基本数据类型的使用方法了。接下来，如何让程序比较猜测价格和随机价格，并根据不同的价格判断正误，并打印出相应的信息呢？

> 正如我们可以在四则运算中对数字进行运算操作一样，Java 程序也提供了用户进行变量之间操作的运算符。下面我们介绍一下 Java 的操作符和程序控制流。

2.4　Java 操作符

程序的目的就是运算，程序语言中提供运算功能的就是运算操作符（operator）。表 2-5 展示了 Java 中常用的操作符。

表 2-5　常用操作符

操 作 符	语 法
前缀/后缀自增/自减	++、--
一元运算符	+、-、~、!、(cast)
乘/除/求模	*、/、%
加/减/连接	+、-、+
移位操作符	<<、>>、>>>
比较操作符	<、<=、>、>=、instanceof
相等操作符	==、!=
"与""或""异或"位操作符	&、|、^
条件"与""或"	&&、||
三元运算符	?:
赋值运算符	=
复合赋值运算符	*=、/=、%=、+=、-=、<<=、>>=、>>>=、&=、^=、|=

上述操作符按照优先级的先后顺序自上而下排列。

> 代码 2-8 通过一些典型的示例演示了一些常用操作符的使用。

代码 2-8　常用操作符的使用

#001	/**
#002	* 所属包：cn.nbcc.chap02.snippets
#003	* 文件名：ArithmeticDemo.java
#004	* 创建者：郑哲
#005	* 创建时间：2014-1-28 上午01:06:38

#006	*/
#007	package cn.nbcc.chap02.snippets;
#008	public class ArithmeticDemo {
#009	public static void main(String[] args) {
#010	System.*out*.println(5 + 4 * 6 / 3 - 2);
#011	System.*out*.println((5 + 4) * 6 / (3 - 2));
#012	int x = 5, y, z;
#013	y = x++;
#014	System.*out*.println("x = " + x + " y = " + y);
#015	x = 5;
#016	z = ++x;
#017	System.*out*.println("x = " + x + " z = " + z);
#018	int m = 15 % 4;
#019	System.*out*.println("m = " + m);
#020	m = 29;
#021	System.*out*.println("m << 2 = " + (m >> 2));
#022	double d = 5.0;
#023	d *= 4.0;
#024	System.*out*.println("d = " + d);
#025	System.*out*.println("Ternary: " + (x == 5 ? "yes" : "no"));
#026	}
#027	}

运行输出结果：

```
11
54
x = 6 y = 5
x = 6 z = 6
m = 3
m << 2 = 7
d = 20.0
Ternary: no
```

要弄明白这些输出的含义，我们需要学习一些常见操作符的使用。下面依次介绍这些操作符的使用规则。

2.4.1 自增/自减操作符

自增操作符"++"对一个数字实现加 1 的效果，自减操作符"– –"对一个数字实现减 1 的操作，它们可以作为任何变量的前缀或者是后缀字符。当它们作为前缀来使用时，会立刻给这个变量增加或减少 1，在该行语句中使用这个加或减 1 以后的新值。当它们作为后缀来使用时，先用该变量原来的值执行这条语句，然后对该变量的值进行加 1 或者减 1。

例如，在上面的例子中，x 赋值了一个整数值 5，然后执行下面这条语句：

```
y = x++;
```

这是一个自增的后缀表述方式，根据我们刚才的说明，x 在使用原有的值（5）来执行这条语句，将这个值赋值给变量 y，因此，y 中保存的值是 5，然后执行完这条语句以后，系统将 x 中的值实现一个自增的效果（即变成 6）。

x 被重新赋值为 5，然后执行下面这条语句：

```
z = ++x;
```

这是一个自增的前缀表达方式，根据我们刚才的说明，x 先自增 1（即变成 6），再使用新值对 z 进行赋值操作。因此，变量 z 中保存的值是 6。

如果两个操作符在同一条语句中具有同样的优先级，Java 规定从左到右依次来求值。例如下面这条语句，加操作和减操作的优先级是相同的，因此计算时从左往右依次求值。

```
int x = 5 + 4 – 3;
```

先计算 5+4 得出结果 9，然后再减去 3，得到最终结果 6。

2.4.2 复合赋值操作符

Java 提供了类似 C++的复合赋值操作符以简化赋值语句的书写。对一个变量的操作和结果的赋值用一条语句实现。

例如，下面这条语句使用*复合赋值操作符。

```
d *= 4.0;
```

d 先乘上一个浮点数 4.0，然后相乘的结果保存到变量 d 中，它与下面的语句是等效的。

```
d = d * 4.0;
```

2.4.3 移位操作符

在 Java 中有三种移位操作：一个左移位（<<）和两个右移位（>>和>>>）。移位操作通过对一个整型数相对应的二进制数值的移动来实现。

将一个整型数向左移一位将使二进制的最低位补上一个 0。

例如，下面示例表示 45 的二进制形式在向左移动一位的情况：

```
00101101
```

现在向左移动一位，就得到了下面的值：

```
01011010
```

它所对应的值就是 90，向左移动一位的效果就是将值翻倍。这很容易理解，在十进制中向左移动一位就是乘上 10，在二进制里，就是增大两倍。同样，向右移动操作符将二进制数据向右移动。这两种向右移动的操作符的区别在于，">>"是带符号右移，而">>>"是不带符号右移。不带符号右移在数值向右移动的时候，无论符号位是什么，总是以 0 来填补。

例如，下面是 45 用二进制表示的形式。

```
00101101
```

最高位符号位 0，因此，">>"和">>>"移动的结果都是一样的。

00010110

如果最高位符号位值为1,如–4用二进制形式表达时用下面的方式描述:

11111100

向右移位">>"是带符号的,因此它得到的值是–2,即

11111110

向右移位">>"移动一位的效果相当于将数值除以2。

使用">>>"向右移位操作是不带符号的,它的结果如下所示,就没有什么数学上的含义了。

01111110

代码2-9演示移位操作的使用。

代码2-9 移位操作的使用

#001	/**
#002	* 所属包:cn.nbcc.chap02.snippets
#003	* 文件名:ShiftDemo.java
#004	* 创建者:郑哲
#005	* 创建时间:2014-2-3 下午09:43:04
#006	*/
#007	package cn.nbcc.chap02.snippets;
#008	public class ShiftDemo {
#009	public static void main(String[] args) {
#010	byte b = 11;
#011	System.out.println(b << 1); //左移1位
#012	System.out.println(b >> 1); //带符号右移1位
#013	System.out.println(b >>> 1); //不带符号右移1位
#014	byte c = -10;
#015	System.out.println(c << 3); //左移3位
#016	System.out.println(c >> 1); //带符号右移1位
#017	System.out.println(c >>> 1);
#018	}
#019	}

运行输出结果:

```
22
5
5
-80
-5
2147483643
```

2.4.4 布尔逻辑

布尔逻辑就是将两个以上的布尔表达式合成一个完整的布尔表达式的过程。在组合过程

中用户可以使用以下 4 种方式来组合它们。

1）与（and）：只有当 and 左右两侧的布尔表达式都成立时，该布尔逻辑才成立（true），否则不成立（false）。

and	true	false
true	true	false
false	false	false

2）或（or）：只要 or 两侧的布尔表达式中有一个成立的话，该布尔逻辑就成立（true）。只有当两侧布尔表达式都不成立时，该布尔逻辑才为 false。

or	true	false
true	true	true
false	true	false

3）异或（exclusive or）：当左右两侧布尔表达式一个成立（true），另一个不成立（false）时，该布尔逻辑为成立（true），否则不成立（false）。

exclusive or	true	false
true	false	true
false	true	false

4）取反（not）：对一个布尔表达式的值进行取反操作。原来是成立的（true）变成不成立（false），反之亦然。

2.4.5 布尔操作符

布尔操作符用来连接两个或者更多的布尔表达式，以生成一个完整的布尔表达式。条件操作符（&&）表示"与"的含义，条件操作符（||）表示"或"的含义，它们被用来连接多个布尔表达式。逻辑运算符见表 2-6。

表 2-6　逻辑运算符

运算符	运算	示例	运算规则
&	与	x&y	x、y 都真时结果才为真（检查 x、y）
|	或	x|y	x、y 都假时结果才为假（检查 x、y）
!	非	!x	x 真时为假，假时为真
^	异或	x^y	x、y 同真或同假时结果为假
&&	短路与	x&&y	x、y 都真时结果才为真（x 为假即为假）
||	短路或	x||y	x、y 都假时结果才为假（x 为真即为真）

&&与&的区别在于，对于"短路与"运算（&&），如果第一个操作数被判定为"假"，系统不再判定或求解第二个操作数。因为对于"与"运算，只要有一个操作数为假（false），其结果即为假（false）。而对于"非短路与"运算（&），无论第一个操作数是真还是假，都会求解第二个操作数，然后根据两个操作数的值计算最终的结果。同理，对于"短路或"运算（||），如果第一个操作数被判定为"真"，系统不再判定或求解第二个操作数，因为对于"或"运算，只要有一个操作数为真（true），其结果即为真（true）。而对于"或"运算（|），无论第一个操作数是真还是假，都会求解第二个操作数。

第 2 章 Java 语法基础

 常见编程错误

误用 "&&" 为 "&"，或误用 "||" 为 "|"。

代码 2-10 展示布尔操作符 "非短路与" 和 "短路与" 的示例代码。

代码 2-10 "非短路与" 和 "短路与" 的示例

#001	/**
#002	* 所属包：cn.nbcc.chap02.snippets
#003	* 文件名：AndDemo.java
#004	* 创建者：郑哲
#005	* 创建时间：2014-2-3 下午11:09:09
#006	*/
#007	package cn.nbcc.chap02.snippets;
#008	public class AndDemo {
#009	public static void main(String[] args) {
#010	int n1 = 1, n2 = 2, n3 = 3, n4 = 4;
#011	boolean x = true, y = true;
#012	boolean z = (x = n1 > n2) && (y = n3 > n4);
#013	System.out.println("&&: x=" + x + ",y=" + y + ",z=" + z);
#014	x = true;
#015	y = true;
#016	z = (x = n1 > n2) & (y = n3 > n4);
#017	System.out.println("&: x=" + x + ",y=" + y + ",z=" + z);
#018	}
#019	}

运行输出结果：

&&: x=false,y=true,z=false

&: x=false,y=false,z=false

对于 "短路与" 运算，由于 x=false，则可以得出 z=false，不再求解 y 的值，所以 y=true。但对于 "非短路与" 运算，则要把 x 和 y 的值都求解出来，再求解 z 的值，所以 y=false。

这个特性可以使用到一些特定的情况中。例如，考虑下面的表达式：

(x != 0) && (y/x < 1)

如果 x 是 0，那么程序一发现 x!=0 条件不成立，就不会再计算 y/x 是否小于 1，这也防止了除零的运行期错误。如果 x 的值是非 0 值，那么就会计算 y/x 是否小于 1。总之，能够保证程序正常工作。

但是在有些情况下，你可能希望程序要强制检测后面部分的内容，例如下面的示例中，在后面的表达式中有一个对 x 变量进行自增的操作：

(x != 0) && (x++ > 10)

尽管这种写法不值得提倡，也很容易出错，但是它表明了当 x 为 0 时，x++ 就不会发生。而你可能希望无论 x 是否为 0，x++ 都需要发生，这个时候就可以使用"&"：

(x != 0) & (x++ > 10)

这样无论 x 是否是 0，x++>10 都会被执行并测试。也就是说，单个"&"能够强制让系统对左右两侧逻辑表达式进行测试。

下面我们来看一个综合的练习。

int x = 5, y = 6, z = -3;
boolean b = ((x + 3 > y) ^ (z >= y)) && !(x == 5 | ++x == y);

这是一个综合的布尔表达式。我们从左向右分析，系统首先对（x+3>y）进行求值，因为 x 等于 5，x+3 也就是 8，而 y 为 6，因此，8>6 条件成立（true）。接着系统测试表达式 z>=y，因为 z 为-3，y 为 6，因此 z>=y 不成立（false），这样表达式简化为（true^false）&& !(x==5|++x==y)。

可知 true^false 为 true，因此，需要对!(x==5|++x==y)表达式求值。因为 x==5 成立（true），而++x==y 也成立（true），所以可以简化为：

true&&!(true|true)

因为（true|true）结果为 true，用"!"取反以后，结果变成 false，这时，结果就简化为 true&&false，所以最终结果为 false。

2.4.6 关系运算符

表 2-5 给出了 Java 中所有可用的关系运算符。Java 中的关系运算符有 6 个，用于大小关系比较的运算符有 4 个：<、<=、>、>=；用于相等关系的运算符有两个：==、!=。尤其要注意的是，"等于"（==）和"不等于"（!=）的写法，这两个操作对基本类型变量和引用变量都可以使用。

> 需要特别注意的是，当使用引用变量时，它表示两个比较的引用变量是否引用的是同一个对象（比较的是对象的地址）。因此，对两个引用变量比较大小是没有意义的。

大小关系运算符的优先级别高于相等关系运算符。关系运算是比较两个表达式大小关系的运算，关系运算的结果都是布尔型的量，即 true（真）或 false（假）。例如：

int a=4,b=6;
boolean y,c=true;
y=a>b!=c;

结果 y 的值为：true。

2.4.7 三元运算符

与 C++的三元运算符用法一样，它在使用时需要 3 个操作数，是一个 if /else 控制结构的简写方式。

三元运算符语法	示例
(boolean expression) ? x : y	int x=5; System.out.println("%s" ,(x==5)? "Yes" : "No");

第一部分是一个布尔表达式，以一个问答的方式出现（注意后面的问号），如果这个布尔表达式成立（也就是 true），则 x 语句被执行，如果布尔表达式不成立（也就是 false），则 y 语句被执行。

2.5 Java 注释语句

在前面的例子中，我们已经使用了一些注释语句，以方便程序员和其他读者阅读程序代码。注释有以下 3 种描述的方式：

1）//：使用双斜杠来注释一行文字。

2）/* 和 */：使用/* 来打开注释，直到碰到关闭注释的标记*/为止，中间所有的字符都是注释语句。通常用于注释多行语句。

3）/** 和 */：这是 Java 的一种特殊注释方式，它可以利用 Javadoc 工具来生成 HTML 文档，用以包含用户的注释信息。用户可以打开 Java API 文档看一下，就会发现所有上面的参数、返回值信息都是用 Javadoc 和这些特殊的注释信息产生的。这样，用户可以对自己的程序快速地进行发布。更多关于 Javadoc 工具的使用，可以参考如下网址：

http://en.wikipedia.org/wiki/Javadoc

2.6 项目任务 6：价格比较

我们再来修改一下上面的例子，这次希望实现如下功能：对猜测的结果进一步进行细分，如果猜测价格等于随机价格，显示"恭喜你，猜对了"；如果猜测价格大于随机价格，显示"高了，请再试一次"；如果猜测价格小于随机价格，则显示"低了，请再试一次"。编写不同的数据测试程序，使之打印出 3 种不同的情况。

在前面的所有示例中，程序从声明为 public 的 main()方法开始执行，这些程序从 main 开始依次顺序执行 main 中的每一条语句，直到运行到 main 的大右括号为止，它表明了整个程序的结束。

但是在很多情况下，用户需要根据自己的需要让程序做不同的事情，这时用户就需要改变程序的流程。一个很简单的例子就是，假设用户正在统计学生的测验成绩，并且想要实现如下功能：如果学生的成绩大于或等于 60 分，就显示"通过"；如果学生的成绩小于 60 分，则显示"未通过"。这时用户就需要组织程序流程，让它按照用户的期望在碰到某种情况下执行某些特定的语句，在另一种情况下执行另外一些语句。Java 有以下 3 种基本的改变程序控制流的方法。

1）调用一个方法：当用户调用一个方法时，程序的控制流离开原先执行的方法转而进入到新的方法中去执行，在执行完调用方法后再返回到原方法中。这就好比你在看书的时候，突然电话铃响了，你去接了电话（执行调用方法），当你接完电话以后，又重新从刚才打断的位置继续看下面的内容（返回原方法继续执行）。

2）条件选择：当学生成绩大于或等于 60 分时，应该显示"通过"；当成绩小于 60 时，应该显示"未通过"。在不同的成绩测试情况下，做不同的工作，这是我们在处理日常事务中经常碰到的。Java 通过 if/else 语句和 switch 语句来实现这种操作（还记得三元运算符吗？它也具有同样的功效）。

3）循环：当用户需要重复地执行某个操作，直到某个条件满足时，就是循环的处理。日常生活中，我们也会碰到大量的这样的例子。例如，你在 ATM 机上使用银行卡的时候，机器在进行存取款操作前需要用户输入密码，用户可以尝试输入密码，直到输入的密码正确或者输入的次数已经超过限制的次数（通常是 3 次）为止。Java 中提供了三种循环机制：for、while 和 do/while。

通常我们把条件选择结构、循环结构统称为控制结构（control structure）。有些书上也可能包括顺序结构。利用这些基本结构，我们可以灵活地控制程序的流程。

> 需要注意的是，在这两种控制结构中，都需要布尔表达式（随后会详细介绍）。

2.6.1 if 语句

if 语句语法	示例

if（布尔表达式）
{
　//条件成立时系统执行的语句
}
	int grade=60;
	if（grade>=60）
	{
	　System.out.println（"Pass"）;
	}

我们注意到，if 关键字后面紧随的是一对小括号，这对小括号中存放的是一个布尔表达式，表示用户要测试的内容。在小括号后面是一对大括号，在大括号内部存放的是当条件成立时系统应该执行的语句。如果 if 后的小括号内的布尔逻辑不成立（false），则大括号内的程序语句将跳过而不执行。右侧的示例具体说明了它的使用方法。

> 记得前面提到过，当猜测价格等于随机价格时，需要显示"恭喜你，猜对了"这一信息。

我们可以用自然语句描述这一过程：
如果猜测价格==随机价格
　　打印"恭喜你，猜对了"

这种使用程序格式来描述算法的自然语言，称为伪代码。尽管它们不能执行，但是很清楚地描述了解决该问题的算法，同时它能很容易地转换成相应的程序语句。

转换后的程序语句如下：
if(guessPrice= =randomPrice)
　　System.out.println("恭喜你，猜对了");

我们在设计一个比较复杂的算法时，常常先用自然语言表示问题解决的过程，再将它用具体的程序语言进行书写。这样做的好处是既屏蔽了算法的具体实现，同时也能让算法显得通俗、易懂。它是一个很好的算法描述工具。

> 老师，这里的大括号到哪里去了？

对了，这里有个规则需要特别注意：当你的程序的 if 条件成立，只执行随后的一条语句时，这时程序的大括号可以省略。当然，用下面的方式来书写同样是正确的。

```
if( guessPrice = = randomPrice )
{
    System.out.println("恭喜你，猜对了");
}
```

良好的编程习惯
无论何时都加上大括号，可以提高程序的可读性，也不容易出错。

另一种直观的算法描述工具就是流程图。下面我们用流程图来描述上述的过程。

首先需要解释一下流程图的表达规则。我们注意到这里的每一条线都带有一个箭头，它所指示的方向表示程序流转的方向。程序从一个黑的实心点开始进入，该实心点称为入口。所有的箭头都汇总到一个圆中，该圆的特点是，中间实心，外层添加了一个环，称为出口。中间的菱形表示判断，圆角矩形表示程序块。这里只有一条打印"恭喜你，猜对了"的语句。在菱形判断到圆角矩形的程序流转线上，可以看到有一个方括号包含的测试条件。它表示当测试条件成立时，执行该程序流转。

这里可以看到，只有当成猜测价格等于随机价格时，才有相应的操作，因此称这种结构为单分支结构，如图 2-9 所示。

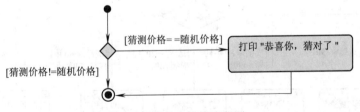

图 2-9　单分支结构流程图

现在我们的需求如果发生了变化，当猜测价格等于随机价格时，希望显示"恭喜你，猜对了"，当猜测价格不等于随机价格时，希望显示"错了，请再试一次"。

这同样可以使用伪代码来书写它的算法过程：
如果 guessPrice == randomPrice
打印"恭喜你，猜对了"
否则
打印"错了，请再试一次"

用流程图来描述的话，它应该是如图 2-10 所示的样式。

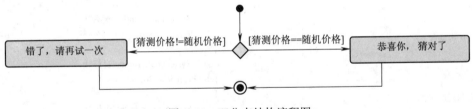

图 2-10　双分支结构流程图

它所对应的程序语句可以用 if/else 来实现。

if/else 语句语法	示例

if(布尔表达式)
{
    //当条件成立时执行该程序块
}
else
{
    //条件不成立时执行该程序块
}
	if(guessPrice = = randomPrice)
	{
	    System.out.println("恭喜你，猜对了");
	}
	else
	{
	    System.out.println("错了，请再试一次");
	}

与前一种只有 if 的语句的单分支结构相比，if/else 语句称为双分支结构。该结构无论条件是否成立，都有合适的相应语句块来加以处理。

常见编程错误

else 总是跟在 if 之后，单独的 else 是无法正常工作的。而 else 总是和最近的 if 相配套，错误地进行 if/else 配对是一种常见的错误。

如果读者碰到的问题是包含多个情况（多分支），由于 else 块可以包含另一个 if 语句，因此，可以创建一系列相互包含的 if/else if 语句来实现多路分支结构。例如，已知某学生的成绩保存在 grade 变量中，根据学生成绩的范围，打印不同的评语，如图 2-11 所示。

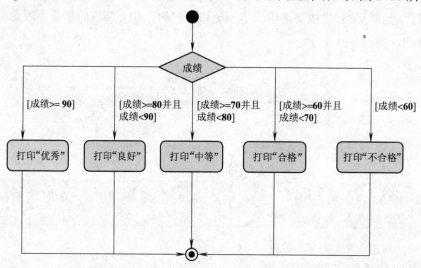

图 2-11　多分支结构流程图

if/else if 语句语法（最后的 else 是可选的）	示例

if(布尔表达式 1)
{
    …
}
else if(布尔表达式 2)
{
    …
}
else if(布尔表达式 3)
{
	if(grade>=90)
	{
	    System.out.println("优秀");
	}else if(grade>=80)
	{
	    System.out.println("良好");
	}else if(grade>=70)
	{
	    System.out.println("中等");

```
…                                          }else if(grade>=60)
}                                          {
…//直到                                         System.out.println("合格");
else                                       }else{
{                                              System.out.println("不合格");
    …                                      }
}
```

> 此外，if 语句还可以实现 if 块内部的嵌套，即在 if 条件成立的代码块中添加其他的 if 语句。

2.6.2 switch 语句

对于多分支结果，除了使用学过的 if/else 嵌套结构之外，Java 语言还提供 switch 语句来实现多分支效果。

例如，当学生的成绩为 A 时，显示"非常棒！"；当学生成绩为 B 和 C 时，显示"好极了！"；当学生成绩为 D 时，显示"继续努力！"；当学生成绩为 E 时，显示"要加油了！"；否则，显示默认值"无效成绩"。可以使用 switch 语句来实现。

switch 语句语法	示例
| ```
switch(变量)
{
   case 值 1：
       //语句
   break; //可选
   case 值 2：
       //语句
   break; //可选
   …//这里可以有任意个 case 语句
   default : //可选
       //语句
}
``` | ```
switch(grade)
{
  case 'A' :
      System.out.println("非常棒！");
      break;
  case 'B' :
  case 'C' :
      System.out.println("好极了！");
  break;
  case 'D' :
      System.out.println("继续努力！");
  break;
  case 'E' :
      System.out.println("要加油了！");
  break;
  default :
      System.out.println("无效成绩");
}
``` |

从上面示例可以看到，switch 语句包含一个要测试的变量，放置在紧随 switch 关键词的小括号内。随后的一个大括号内有多个 case 语句，每一个 case 后有该测试变量的一种可能取值，也就代表了一个分支。所有运行该分支的语句就放置在冒号后。用户可以建立任意多个 case 语句，如果执行一个分支以后不希望程序继续判断是否符合下面的分支，此时可以用 break 语句跳出整个 switch。除了用户指定的 case 情况外，用户还可以设定一个默认情况，当程序接收到一个用户指定值之外的值时，该默认情况将会被执行。

switch 语句的使用规则如下：

1）在 switch 语句中使用的变量只能是一个整型值（32 位或者更小）。这也就是说，测试变量的数据类型只能是 byte、short、int 和 char。

2）用户可以建立多个 case 语句，每个 case 语句有一个需要比较测试的值和一个冒号。

3）每个测试值的数据类型必须和测试变量的数据类型一致，而且测试值必须是数值常量或字符常量。

4）当一个测试变量中的值恰好等于该 case 数值时，紧随该 case 后的语句将被执行直到碰到 break 语句。

5）当碰到一个 break 语句时，switch 将终止，程序跳转到 switch 后面的语句，并开始执行。

6）不是所有的 case 语句都包含 break，如果某个分支没有 break，程序将执行所有后续的 case 情况，直至碰到 break。

7）switch 语句允许有一个可选的 default 情况，它必须出现在 switch 的最后。当前面的 case 情况都不满足的时候，default case 将被执行。default case 中就不再需要 break 语句了，因为它作为 switch 语句的最后一种情况，该情况分析完成后系统就已经运行到了整个 switch 语句的结束部分了。

在这个例子中，我们先用一个字符型变量 grade 保存用户的成绩等级字符，然后用下述方法进行处理：

当 grade 变量里的值是"A"时，满足第一个 case 情况，那么系统就会打印"非常棒！"，打印完这行信息以后，系统遇到 break 语句，就跳出整个 switch 语句了。

当 grade 变量里的值是"B"时，第一个 case 条件不成立，就不会执行，系统自动自上而下检测匹配 grade 的 case 项，这里第二个 case 恰好和 grade 相匹配，但是 B 后没有任何执行语句，因此，系统向下执行，尽管"case 'C'"不是满足要求的情况，但是它仍旧会被执行，直到碰到 break 或整个 switch 结束为止。这里打印出"case 'C'"中的"好极了！"后，系统就碰到了 break 语句，也就跳出了整个 switch 语句。

当 greade 变量里面存放的字符是"A"、"B"、"C"、"D"、"E"之外的其他字符时，系统将找不到 case 匹配项，因此就会执行 default 默认情况，打印出"无效成绩"。

2.6.3 while 循环

while 语句语法	示例

while(逻辑表达式)
{
    //循环体部分
}
	int x = 1;
	while(x <= 10)
	{
	    System.out.println(x);
	    x++;
	}

当程序第一次运行到 while 语句时，它的逻辑表达式部分首先进行测试，如果条件成立，则 while 的循环体部分，也就是紧跟在 while 后的大括号内的语句将被执行。当语句执行完后，while 的逻辑部分将再次被测试，如果仍然为 true，则循环体部分将再次得到运行。这样循环直到逻辑测试条件为 false 为止。当逻辑测试不再成立时，系统将跳过循环部分，把控制流转移到 while 语句之后的第一条语句上。

上述的示例中，在进入 while 之前，变量 x 初始化为 1，接着执行 while 语句。首先，逻辑表达式 x<=10 被测试，由于第一次运行时 x 的值为 1，因此条件成立，进入循环体，执行输出 x 和 x++操作。执行完成后控制流回到 while 测试语句上，进行第二次测试，此时，由

于 x 的值变成了 2，因此 2<=10 仍然成立，继续循环，输出 x 并对 x++。重复这样的操作，一直到 x=10 时，系统测试逻辑条件时仍然成立，进入循环，这次在输出 x 和执行 x++ 以后，x 变量的值变成了 11，当程序控制回到 while 测试时，我们发现此时条件 11<=10 不再成立，因此，系统将跳过 while 循环体，也就是退出了整个循环。

这里，变量 x 用来控制何时需要循环，何时不需要循环，在循环的过程中它们的值发生变化，我们称这些变量为循环变量。

就这个例子而言，系统共循环 10 次，每次循环均输出 x 的当前信息。运行输出结果：

```
1
2
3
4
5
6
7
8
9
10
```

注意，退出循环后，循环变量 x 最终保存的值是 11。

如果循环测试条件一开始就不成立，那么它的循环体就永远也无法执行。例如：

```
int i =-10;
while(i > 0)
{
    System.out.println("程序永远都不会到达这里");
}
```

同样，也可以书写一个无限循环的 while 语句。例如：

```
int i = 1;
while(i > 0)
{
    System.out.println("程序永远循环下去");
}
```

当你的程序处于无限循环的时候，就无法做其他的事情了，要停止无限循环就必须停止 JVM。你只需要在运行程序的命令提示符窗口中按<Ctrl+C>组合键来终止 JVM 的操作。

2.6.4 do/while 循环

do/while 循环和 while 循环的使用方法非常类似。

do/while 语句语法	示例

do
{
    //循环体语句
}while(布尔表达式);
	int y = 10;
	do
	{
	    System.out.println(y);
	    y += 10;
	}while(y <= 100);

注意到 do/while 和 while 最大的区别在于，测试逻辑放在了后面，而循环体放在了前面。这样带来的影响就是无论测试语句成立与否，系统至少要执行一次循环体。然后，循环测试才会决定是否要进行下一次循环。如果条件成立，就进行下一次循环，否则，跳出整个 do/while 结构，执行 do/while 之后的第一条语句。

常见编程错误

遗漏 do/while 语句结束的分号。

上述示例中，这里的循环变量是 y，初始值是 10，每次循环先输出 y 的当前值，接着再对 y 的值增加 10，整个循环直到 y 的值超过 100 为止。

因此，它总共循环 10 次，运行输出结果：

```
10
20
30
40
50
60
70
80
90
100
```

2.6.5 for 循环

for 循环结构可以让用户非常快速地书写一个需要有循环变量的循环程序。

for 语句语法	示例

for（初始化；逻辑测试；更新）
{
    //循环体语句
}
	for(int j = 1; j <= 32; j = j * 2)
	{
	    System.out.println(j);
	};

下面是 for 循环结构的执行过程：

1）当程序第一次执行 for 语句时，首先执行的是初始化工作。用户可以在初始化区域声明和初始化循环控制变量。如果有多个这样的变量，需要用逗号将它们分隔。

2）接着，循环条件将被测试。如果条件成立，循环体部分将被执行。否则，循环体就不会被执行，程序控制流将跳过整个 for 语句，而执行 for 语句之后的第一条语句。

3）如果程序进入循环体，在执行完循环体以后，程序控制回到更新区域，执行对控制变量的递增或递减的操作。

4）在以后每次循环时，不再执行初始化工作（初始化只在第一次执行），而是先进行循环条件的测试，如果条件成立，则进入循环体执行循环体语句，并在执行完成后执行更新区域，直到逻辑表达式不成立为止。

下面来看看上述示例中 for 的执行过程。当程序运行到这个 for 语句，开始第一次执行这个 for 循环时，变量 j 初始化为 1。接着，测试逻辑表达式 j<=32，由于当前 j 等于 1，因此，

条件成立，执行循环体：输出 j 的当前值。执行完循环体语句后，系统转到更新区域，执行"j=j*2"，完成后 j 的值变成 2。随后，系统不再进行初始化，而直接进入逻辑表达式的测试，此时 2<=32，条件成立，继续循环，直到条件不成立为止（也就是 j=64），退出整个 for 循环，程序控制流跳转到 for 语句后的第一条语句继续执行。运行输出结果：

```
1
2
4
8
16
32
```

当然，上述的功能也可以用 while 语句实现：

```
int j = 1;
while(j <= 32)
{
    System.out.println(j);
    j = j * 2;
}
```

for 循环与 while 语句能实现同样的效果，它们之间没有孰优孰劣的关系。

常见编程错误

for 中声明的局部循环变量在 for 语句之后继续访问和使用是一种常见的错误。如果要继续使用，需将循环变量的声明语句放置在 for 语句之前。

2.6.6 break 关键字

我们在学习 switch 语句的时候，已经接触过这个关键字了，通常情况下，在执行完 case 语句以后，如果不需要继续执行，可以在 case 语句的最后加上一个 break 语句，作用是跳出整个 switch 语句，将程序的控制跳转到 switch 之后的第一条语句。

break 关键字可以用在所有的循环语句中，它的作用是无论此时的循环变量是多少，循环条件是什么，跳出整个循环，将程序的控制跳转到循环语句之后的第一条语句，如代码 2-11 所示。

代码 2-11　break 示例

#001	/**
#002	* 所属包：cn.nbcc.chap02.snippets
#003	* 文件名：BreakDemo.java
#004	* 创建者：郑哲
#005	* 创建时间：2014-2-4 上午12:46:05
#006	*/
#007	package cn.nbcc.chap02.snippets;
#008	public class BreakDemo {

#009	`public static void main(String[] args) {`
#010	`    //显示break的使用`
#011	`    int count;`
#012	`    for (count = 1; count <= 10; count++) { //循环10次`
#013	`        if (count == 5) //如果count等于5`
#014	`            break; //跳出循环`
#015	`        System.out.println(count);`
#016	`    } //end for`
#017	`    System.out.println("使用break跳出循环时count = " + count);`
#018	`}`
#019	`}`

这个 for 循环中的循环变量 count 从 1 开始，循环结束条件是小于或等于 10，每次循环 count 自增 1。但是，当 count 自增到 5 的时候，满足条件表达式 "count==5"，开始执行 break 语句，跳出整个循环。尽管此时的循环变量 count 的值只有 5，还未到达循环结束条件 10，但是 break 强制系统跳出整个循环。因此，实际系统只输出 1、2、3、4 这 4 个数字，并且退出时 count 的变量值为 5。运行输出结果：

```
1
2
3
4
使用 break 跳出循环时 count =5
```

2.6.7 continue 关键字

continue 关键字只能用在循环语句中，它执行时会让系统直接进入到下一次循环。它的用法如下：

1）在 for 循环中，continue 关键字将让控制流立即跳转到更新区域。

2）在 while 循环和 do/while 循环中，控制流立即跳转到循环测试表达式。

代码 2-12 的示例演示了 continue 的用法，注意和 break 加以区别。

代码 2-12　continue 示例

#001	`/**`
#002	`* 所属包: cn.nbcc.chap02.snippets`
#003	`* 文件名: ContinueDemo.java`
#004	`* 创建者: 郑哲`
#005	`* 创建时间: 2014-2-4 上午12:48:12`
#006	`*/`
#007	`package cn.nbcc.chap02.snippets;`
#008	`public class ContinueDemo {`

#009	public static void main(String[] args) {
#010	//continue使用示例
#011	for (int count = 1; count <= 10; count++) { // 循环10次
#012	if (count == 5)　//如果count等于5
#013	continue;　//跳过循环中的剩余代码，直接转到下一次更新区域
#014	System.*out*.println(count);
#015	} //end for
#016	}
#017	}

这个 for 循环中的循环变量 count 从 1 开始，循环结束条件是小于或等于 10，每次循环 count 自增 1。但是，当 count 自增到 5 的时候，满足条件表达式"count==5"，开始执行 continue 语句，它强制让系统跳过后面的所有循环语句，直接跳转到 for 语句的更新区域，进行自增操作，这样 count 就变成了 6，随后进行循环终止条件的测试，这里 6<=10 成立，继续执行，直到循环变量中保存的数值超过 10 为止。

良好的编程习惯

尽量不要过多地使用 continue 和 break，它会让读者产生跳跃感，过多的跳跃可能会造成理解上的困难。很多情况下，你只要重新设计调整程序就可以避免 break 和 continue 的使用。

2.6.8 嵌套循环

嵌套循环就是在循环体中再使用另一个循环语句。代码 2-13 所示的程序利用嵌套 for 循环实现字符表的打印。

代码 2-13　利用嵌套 for 循环实现字符表的打印

#001	/**
#002	* 所属包：cn.nbcc.chap02.snippets
#003	* 文件名：NestedLoopDemo.java
#004	* 创建者：郑哲
#005	* 创建时间：2014-2-4 上午12:50:34
#006	*/
#007	package cn.nbcc.chap02.snippets;
#008	public class NestedLoopDemo {
#009	public static void main(String[] args) {
#010	char current = 'a';
#011	for (int row = 1; row <= 3; row++) {
#012	for (int column = 1; column <= 10; column++) {
#013	System.*out*.print(current + " ");
#014	current++;

#015	}
#016	System.*out*.println();
#017	}
#018	}
#019	}

外层循环执行 3 次，每一次内层循环执行 10 次，因此，总共执行内部循环体的次数为 3×10=30 次。由于每次内部循环打印一个当前的字符值，因此，共打印出 30 个字符值，每执行完一次内部循环（10 次）就打印一个换行符，这也就意味着，每打印 10 个字符，系统将换一行。运行输出结果：

abcdefghij
klmnopqrst
uvwxyz{|}~

学完了这些内容以后，独立完成本章代码 2-15 任务清单中的任务 TODO04 对你来说应该不是问题。

看来是不难，我已经写好了。

```
...
if( guessPrice == randomPrice )
 System.out.println("恭喜你，猜对了");
else if( guessPrice>randomPrice )
 System.out.println("高了，请再试一次");
else
 System.out.println("低了，请再试一次");
...
```

可以再试试使用三元运算符来实现。

2.7 项目任务 7：猜测次数统计

假设要增加猜测次数的统计，当玩家猜测次数超过设定的上限（比如 3 次）时，则显示游戏失败。

要实现这些功能，需要了解 Java 语言的静态变量和常量等相关概念。

2.7.1 静态变量

静态变量（static）就是类变量，它并不属于类的实例，仅属于类本身。在所有能访问该类的地方，也就可能访问或修改该变量。因此，静态变量常用来标识某个变量是一个公共资源。

假设在我们的猜价格程序中，无论用户打开多少个游戏实例（对象），它们都拥有同一个猜测次数上限（比如 3 次），我们就可以用类的静态变量来实现（如示例所示）。

静态变量定义语法	示例
static 数据类型 变量名;	static int limit = 3;
调用静态变量语法	示例
类名.静态变量名	GuessGameApp.limit

静态变量的定义，只需在一般变量之前，加上 static 关键字；而对它的访问，推荐使用"类名.静态变量名"的形式，尽管很多场合也可以使用"引用变量.静态变量名"的方式访问，但这种做法无法与一般实例变量的访问相区别。

 无须创建对象即可对类的静态变量进行访问，这是类的静态变量的最大特点。

 良好的编程习惯
使用"类名.静态变量名"的形式访问静态变量可以增加程序的可读性。

2.7.2 常量

如果一个变量的值不能改变，就要使用常量（constant）了，如 Pi=3.14 是一个常量，它不能变成 4.32。在我们需要声明某个变量是一个常量时，可以使用 final 关键字来限定。

常量定义语法	示例
final 数据类型 变量名;	final int DAYS_OF_WEEK =7;

示例代码如下：

```
final double PI = 3.14159;
PI = -5.0;      //不能编译!
final int x     //空常量值
x = 12;         //只能初始化一次
x = 100         //不能编译!
```

 良好的编程习惯
约定使用全大写的形式定义常量是一种良好的编程习惯（如示例所示），如果该常量由多个单词构成，可使用下画线（_）间隔。

 常见编程错误
1）试图修改一个常量的值会造成编译错误。
2）常量只能初始化一次。

 static 关键字和 final 关键字可以一起使用，表示该变量是一个静态的常量，其含义是它的值固定不变，而且属于定义该变量的类（而不是这个类的实例）所有，即所有实例共享了该静态值，不仅可以作用于变量，也可以作用于后面我们介绍的方法。

2.7.3 变量的作用域和生命周期

使用 Java 语言编写程序时，正确理解和掌握变量的作用域和生命周期非常重要。作用域（示例见代码 2-14）是指变量的作用范围；而生命周期是指变量在内存中存在的时间。

Java 中变量的作用域主要有 3 种：类作用域、方法作用域和块作用域。

1）类作用域变量在整个类的所有方法中均可使用。

2）方法作用域变量仅在本方法中可用。

3）块作用域的标志为一对大括号{ }，仅在本块中可用。

代码2-14 作用域

#001	/**
#002	* 所属包：cn.nbcc.chap02.snippets
#003	* 文件名：ScopeDemo.java
#004	* 创建者：郑哲
#005	* 创建时间：2014-2-4 上午11:49:05
#006	*/
#007	package cn.nbcc.chap02.snippets;
#008	public class ScopeDemo {
#009	static int *count*=0;
#010	int x = 1;
#011	public static void main(String[] args) {
#012	//int x=1;　　//编译出错，x不能重名
#013	{
#014	int x=2;
#015	System.*out*.println(x);
#016	}
#017	{
#018	int x=3;
#019	System.*out*.println(x);
#020	}
#021	ScopeDemo s = new ScopeDemo();
#022	System.*out*.println(s.x);
#023	System.*out*.println(ScopeDemo.*count*);
#024	}
#025	private void someMethod() {
#026	System.*out*.println(x);
#027	}
#028	}

上述代码中，009行声明了一个静态变量count，初始值为0。对于静态变量的访问，使用"类名.变量名"的形式，如023行所示。静态变量的生命周期从JVM加载该ScopeDemo便开始，直到程序结束为止。

与静态变量属于类相对应，通常，我们将每个对象实例所拥有的变量，称为实例变量。它们的作用域属于类作用域，也就是说，它的作用范围为整个类，即从类的定义左大括号"{"开始（008行），到类的定义结束右大括号"}"（028行）为止。010行声明了一个实例变量x，初始值为1，021行通过new操作创建了一个ScopeDemo实例对象，可以使用"引用变量.实例变量"的形式来访问实例变量，如022行所示。需要注意的是，实例变量可以在任何类方法中访问它，如026行，在方法someMethod()中可以直接打印输出实例变量x的值。实例变量的生命周期从创建它的对象开始（即运行到 021 行），随着对象的消亡而消亡。至于 Java 对象何时被释放回收，Java 提供了一整套动态回收机制，称为 GC（Garbage Collection，垃圾回收）机制，由它来动态执行。它主要完成 3 件事：确定哪些内存需要回收，确定什么时候需要执行 GC，如何执行 GC。由 JVM 的垃圾回收机制对对象进行回收时终止。

还有些变量需要定义在某个方法中，只在方法内部使用，如 021 行定义的引用变量 s，它属于方法作用域，也就是，它的作用范围从方法中定义它的位置开始（021 行），到该方法的结束（024 行）为止。它的生命周期从执行方法的 021 行开始，直到执行方法 main 运行结束（024 行）时，该变量就消亡了。

去掉 012 行注释符，系统将显示 x 已重复定义的编译错误。这告诉我们，在 Java 编译器中，是不允许嵌套作用域中使用同名变量这种情况存在的。但是，如果不是嵌套形式，而是并列的块作用域，却是可行的。如 013～020 行，定义了两个并列层级的块作用域，在每个块作用域中定义了一个同名的整型变量 x，之所以不影响它们的共存，是因为它们的作用域都是块作用域，对于值为 2 的 x，作用范围从 014～016 行，而它的生命周期从 014 行开始，到执行到 016 行时该变量被回收。对于值为 3 的 x，作用范围为 018～020 行，而它的生命周期从 018 行开始，到执行到 020 行时该变量被回收。

常见编程错误
在 Java 语言中，即使作用域不同，在不同作用域范围内使用相同变量名定义也是一种编译错误。

良好的编程习惯
使用不同的变量名，可以增加 Java 代码的可读性，防止程序出现混淆。

无论是程序块中定义的变量，还是方法块中定义的变量，它们有一个共同特点，那就是只有当执行到该变量定义语句时，该变量才被创建；当执行到块结束时，该变量便消亡。通常，我们将这些定义在局部范围内的变量称为局部变量。

学完了这些内容之后，回过头来，分析我们该如何实现猜价格游戏。

导入项目文件，请根据任务列表TODO的相关描述，完成相应程序代码。

代码 2-15　任务清单

#001	package cn.nbcc.chap02.tasks;
#002	import org.eclipse.jface.action.Action;
#003	…
#004	public class GuessGameApp extends ApplicationWindow {
#005	…
#006	public static int *highPrice*=100;
#007	public static int *lowPrice*=50;
#008	//TODO:01添加一行代码，定义limit静态变量，用以保存用户猜测次数上限
#009	…
#010	@Override
#011	protected Control createContents(Composite parent) {

#012	...
#013	confirmButton = new Button(container, SWT.*NONE*);
#014	confirmButton.addSelectionListener(new SelectionAdapter() {
#015	public void widgetSelected(final SelectionEvent e) {
#016	//TODO:02 添加一行语句，定义一个用于保存猜测价格的整型变量guessPrice，并初始化为0
#017	try {
#018	//TODO:03添加一行代码，读入文本框的值，转换成整数类型，并保存到guessPrice中
#019	} catch (NumberFormatException nfe) {
#020	MessageDialog.*openConfirm*(getShell(), "格式错误", "输入的数字格式不正确，请重试");
#021	return;
#022	}
#023	//TODO:04添加一段代码，比对价格，输出相应信息
#024	//TODO:05添加一行代码，向list列表框中添加历史信息
#025	count ++;
#026	//TODO:06添加下列逻辑判断条件
#027	if (true/*改成猜测次数检查*/) {
#028	getStatusLineManager().setMessage("游戏失败");
#029	enableInput(false);
#030	}
#031	}
#032	});
#033	...
#034	return container;
#035	}
#036	private void createActions() {
#037	newGameAction = new Action("新游戏") {
#038	public void run() {
#039	//TODO:07下列代码只能生成50-100之间的整数，请修改成基于lowPrice和highPrice的形式
#040	randomPrice = (int)Math.*random*()*51+50;
#041	...
#042	}
#043	};
#044	...
#045	}

2.8 自测题

一、选择题

1. 如果有以下的程序代码：
   ```
   int number;
   System.out.println(number);
   ```

以下描述正确的是（　　）。
A．执行时显示 0
B．执行时显示随机数字
C．执行时出现错误
D．编译失败

2．如果有以下的程序代码：
　　System.out.println(10/3);

以下描述正确的是（　　）。
A．执行时显示 3
B．执行时显示 3.33333…
C．执行时出现错误
D．编译失败

3．如果有以下的程序代码：
　　float radius = 88.2;
　　double area = 3.14*radius*radius;
　　System.out.println(area);

以下描述正确的是（　　）。
A．执行时显示 24426.8136
B．执行时显示 24426
C．执行时出现错误
D．编译失败

4．如果有以下的程序代码：
　　byte a=100;
　　byte b=200;
　　byte c=(byte)(a+b);
　　System.out.println(c);

以下描述正确的是（　　）。
A．执行时显示 300
B．执行时显示 127
C．执行时出现错误
D．编译失败

5．如果有以下的程序代码：
　　System.out.println(Integer.MAX_VALUE+1==Integer.MIN_VALUE);

以下描述正确的是（　　）。
A．执行时显示 true
B．执行时显示 false
C．执行时出现错误
D．编译失败

6．如果有以下的程序代码：
　　System.out.println(-Integer.MAX_VALUE+1==Integer.MIN_VALUE);

以下描述正确的是（　　）。
A．执行时显示 true
B．执行时显示 false
C．执行时出现错误
D．编译失败

7．如果有以下的程序代码：
　　int i=10;
　　int number=i++;
　　number=--i;

以下描述正确的是（　　）。
A．执行后 number 为 10，i 为 10
B．执行后 number 为 10，i 为 11
C．执行后 number 为 11，i 为 10
D．执行后 number 为 11，i 为 11

8. 如果有以下的程序代码:
   ```
   int i=10;
   int number=++i;
   number=++i;
   ```
   以下描述正确的是（　　）。
   A. 执行后 number 为 11，i 为 11
   B. 执行后 number 为 11，i 为 12
   C. 执行后 number 为 12，i 为 11
   D. 执行后 number 为 12，i 为 12

9. 如果有以下的程序代码:
   ```
   for(int i=1; i<10; i++){
   if (i==5){
   continue;
   }
   System.out.printf("i=%d%n", i);
   }
   ```
   以下描述正确的是（　　）。
   A. 显示 i=1～4，以及 6～9
   B. 显示 i=1～9
   C. 显示 i=1～4
   D. 显示 i=6～9

10. 如果有以下的程序代码:
    ```
    for(int number=0;number!=5;number=(int)(Math.random()*10)){
    System.out.println(number);
    }
    ```
    以下描述正确的是（　　）。
    A. 执行时显示数字永不停止
    B. 执行时显示数字 0 后停止
    C. 执行时显示数字 5 后停止
    D. 执行时显示数字直到 number 为 5 后停止

二、编程题

1. 如果有 m 与 n 两个 int 变量，分别存储 1000 与 495 两个值，编写程序算出最大公因子。
2. 在三位的整数中，例如 153，可以满足 $1^3+5^3+3^3=153$，这样的数称为阿姆斯特朗（Armstrong）数，试编写一个程序找出所有三位数的阿姆斯特朗数。

第 3 章
Java 面向对象基础

在第 2 章中，介绍了 Java 的基本数据类型之后，本章主要讨论用户自定义类型（即类类型）。使用 Java 编写程序几乎都在使用对象（Object），要产生对象必须先定义类（Class），类是对象的模板，对象是类的实例（Instance）。

> 为了了解如何使用Java语言设计自定义的类，本章我们通过设计一个时钟应用程序来介绍Java类的相关概念及设计方法。

3.1 对象和实例

对于一个时钟应用程序来讲，最关键的就是要定义自己的时间类，并根据该类创建不同的时间对象。这里需要明确类（Class）、对象（Object）以及实例（Instance）的概念和它们之间的关系。

对象通常泛指一切有具体状态和行为的数据集合。例如，上课时间 classBegin（08:15:00），下课时间 classOver（16:30:00）就是具体的对象，如图 3-1 所示。

类是具有相同特性的对象的一种抽象表述。它类似一个模板，或者蓝本，可以根据类的定义来创建新的对象。

我们通常将遵从某个 Class 描述的对象称为这个 Class 的实例。对象和实例，这两个术语基本上没有什么区别，可以互相替换。如果非要区别，那么一般实例是特指某个 Class 的对象；对象则代表广泛，不一定说明是哪个类的实例。例如，我们画出一个具体长方形，那么这个长方形的长和宽都有具体数值。因此，我们可以称呼这个长方形是一个对象，而且是长方形类的一个实例。

图 3-1 所示的 UML 对象图表示两个实例 classBegin、classOver，它们遵从类 Time 的定义。需要注意的是，实例名和所从属的类之间用冒号间隔。

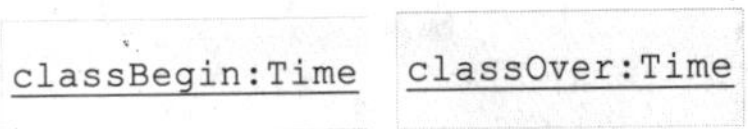

| classBegin:Time | classOver:Time |

图 3-1 Time 对象图

3.2 使用 UML 设计类

> 要设计一个时间类，首先需要抽象出时间对象的共同特征。你会发现这些时间对象在数据状态的存储上都有一些共同特性。

您是说它们都保存3个数据信息，即时（hour）、分（minute）、秒（second）？

很好，设计类的首要任务就是分析这个类的属性（attribute），即它们用于存储对象的状态。对于时间类来讲，它所需要保存的基本属性就是时、分、秒。所有的这些属性在类的定义中就表现为类的实例变量。了解了这一点，接下来考虑使用什么数据类型来保存这些属性。

可以使用整型，因为时、分、秒的信息都是整数值。

我们可以用UML类图直观地表现这些类的设计，如图3-2所示。

图3-2描述了本例中所有Time对象具有的共同特性，所有的Time对象都有时（hour）、分（minute）、秒（second）3个数据。

除了类的数据之外，组成一个应用系统，我们更关注它的行为（behavior），面向对象的核心概念就是让对象之间通过相互发送消息，从而调用对方的行为方法，形成系统对象间的互动。这里我们再给类添加3个方法：tick()用来表示时钟的滴答，toMiliString()将时间显示为军用格式（如 08:00:00 AM、09:10:30 PM），toStdString()将时间显示为标准格式（见图3-3）。

图3-2　Time类图

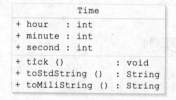

图3-3　添加了方法的Time类图

UML类图使用一个由三行组成的矩形来表现类。在矩形的第一行，显示类的名字；第二行显示类的属性（attribute），属性定义了类的数据特征；第三行显示类的行为，行为由类的方法（method）构成。

3.3　类的定义

类的定义语法

```
[public][abstract][final]  class  类名  [extends  父类名]  [implements  接口1，接口2，…]
{
    变量声明；
    方法声明；
};
```

其中方括号所示关键字为可选项，包含关键字 class 的一行称为类的声明头部，大括号内的部分称为类体。类声明使用关键词 class，后跟类名，类名必须是合法的标识符，在 class 关键词前面可以使用修饰符。类的修饰符说明了类的属性，主要有 public 修饰符、abstract 修饰符、final 修饰符等。

public：访问控制修饰符，不仅针对类，类的变量、方法的访问也有该项的限制，后面内容会专门介绍。

abstract：抽象修饰符，声明该类不能被实例化，即抽象类不能创建类的实例。抽象类中主要包含一些静态属性和抽象方法，可以由非抽象子类继承。

final：最终修饰符，声明该类不能被继承，即没有子类。

class 类名：关键字 class 表示类声明，类名必须是合法的标识符。

extends 父类名：关键字 extends 声明该类的父类。

implements 接口名表：关键字 implements 声明该类要实现的接口，如果实现多个接口，则各接口之间用逗号分隔。

Java 代码的命名模式，对于绝大多数 Java 元素都有效，如成员变量（实例变量）、形式参数、方法、局部变量。所有这些 Java 元素的定义必须是一个合法的标识符。

良好的编程习惯

1）类名、实例变量名通常都用名词，能准确描述该变量用做什么或者表示什么，如 Time、hour。

2）方法名表示行为，因此多用动词，或者动宾结构的词组，如上面的 toStdString。

3.4 实例变量

在业务领域理解时，我们将类中用于描述类所持有的数据，称为类的属性。从代码实现的角度来看，它们反映到程序中，就定义为一个个实例变量。从"实例"二字可以看出，该变量的特点是：每个从该类中实例化出来的实例对象，都持有一套该变量数据。

如图 3-4 所示，系统在根据类实例化对象的时候，会根据类中的实例变量定义，为对象分配相应的内存，以存放用户的数据。

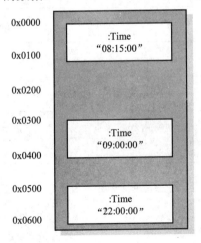

图 3-4　内存中的对象

良好的编程习惯

再次强调一下，应该用名词来为实例变量命名，名字要能够描述该实例变量用做什么或表示什么，而不是如何实现。例如，email、fullName、address 等就是很好的实例变量名。

3.5 项目任务 8：添加类的属性

📖 代码 3-1 定义一个 Time 类，规格说明见表 3-1，同时注意代码的缩进，保持良好的代码风格。

表 3-1　Time 类规格说明表

类　名　称	Time		模　块　编　号	T01
功能描述	所定义的 Time 类，可对时、分、秒信息分别进行设定，并以军用时间格式和标准时间格式显示			
属性描述	名称	变量名	类型	范围
	时	hour	int	[0～24)
	分	minute	int	[0～60)
	秒	second	int	[0～60)
测试数据	输入		输出	
	20 30 50		20:30:50	
	8 0 0		8: 0: 0	
	12 30 0		12:30: 0	

代码 3-1　Time 类

#001	/**
#002	* 所属包：cn.nbcc.chap03.exercise
#003	* 文件名：Time.java
#004	* 创建者：郑哲
#005	* 创建时间：2014-2-4 下午10:57:51
#006	*/
#007	package cn.nbcc.chap03.exercise;
#008	public class Time {
#009	
#010	int hour;
#011	int minute;
#012	int second;
#013	}

👨 很不错，你现在就已经描述了一个类，并设定了三个实例变量（instance variable）。计算机已经能够了解你所定义的时间了，还不赶快创建一个时间对象试试。

❓ 这么容易呀，那我怎么创建一个应用程序来测试呢？

👨 可执行的应用程序需要提供一个 main 方法，它表示程序的入口，我们可以直接创建一个应用程序类 App 来表示我们的主程序，并在创建的同时，选中自动生成 main 方法的功能。

3.6 项目任务 9：创建类的实例

创建一个名为 App 的类，并在【新建 Java 类】的对话框中，勾选【public static void main（String args[]）】方法，系统将自动生成带有 main 入口的程序框架，如图 3-5 所示。

第 3 章　Java 面向对象基础

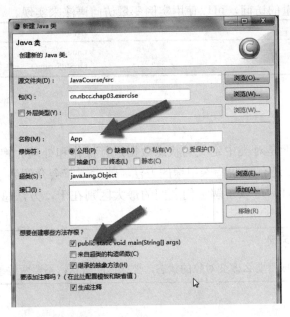

图 3-5　创建带有 main 方法的主程序

使用 new 操作符，即可创建类的实例。通常为便于以后对对象的访问，将创建的对象保存到一个引用变量中。然后，通过圆点运算符来获取对象的成员，如代码 3-2 所示。

代码 3-2　Time 类的测试

#001	/**
#002	* 所属包：cn.nbcc.chap03.exercise
#003	* 文件名：App.java
#004	* 创建者：郑哲
#005	* 创建时间：2014-2-4 下午11:10:42
#006	*/
#007	package cn.nbcc.chap03.exercise;
#008	public class App {
#009	public static void main(String[] args) {
#010	Time t = new Time();
#011	System.*out*.println(t.hour);
#012	System.*out*.println(t.minute);
#013	System.*out*.println(t.second);
#014	}
#015	}

代码中 010 行使用自定义类 Time，创建一个引用变量 t，并引用了使用 new 操作符创建的 Time 实例对象，new 操作符后的 Time() 称为类的构造函数，它是一种特殊的方法，后面会详细介绍。

对于类的实例变量的访问，可以使用实例变量访问语法来实现。

对象成员的访问语法	示例
引用变量. 实例变量;	t.hour;
引用变量. 方法;	t.toStdString()

3.7 方法

方法的主要作用就是对类中定义的状态数据进行操作和处理。换句话说，方法可以改变对象的状态。此外，还有一些特殊用途的方法（随后章节会介绍）。如果读者学过 C 语言等面向过程的程序语言，可以了解它们之间的最大区别在于，方法总是从属于某个特定的类，属于类的成员。

 良好的编程习惯

把方法设计成：要么改变对象的状态，要么返回信息，不要两件事都做。

3.7.1 方法的定义

定义方法语法	示例

修饰符返回值类型方法名(参数列表) {
//方法体;
}
	public static int max(int num1, int num2) {
	　　int result;
	　　if (num1 > num2)
	　　　　result = num1;
	　　else
	　　　　result = num2;
	　　return result;
	}

一个方法的完整定义由方法头部（method header）和方法体（method body）两部分构成。

修饰符：告诉编译器如何来访问这些方法，定义了方法的访问类型，可以分成如下两大类。

1）访问权限控制符（access specifier）：最先书写的是访问权限控制符，它可取的值是 private、public、protected 和 default（当用户不写任何访问权限控制符时，默认就是 default 访问权限）。public 访问权限允许任何人在任何地方访问该方法；private 访问权限只允许在声明该方法的类中访问，除此之外，任何人都不能访问；protected 允许继承的子类可以访问；default 允许同一包中的都能访问。关于它们的具体介绍，后面还会讲到。

2）可选控制符（optional specifier）：在访问权限控制符之后就是可选控制符，可以是 static、final、abstract、native 和 synchronized。native 方法是用来把一个用 Java 编写的方法映射到其他语言编写的方法，具体做法可以参考有关书籍。关于其他的可选控制符的使用，后面会详细介绍。需要注意的是，可选控制符不必全部出现，也不是只能出现一个，要根据用户的需要来定，这也就是可选的含义。

返回值（return value）类型：通常情况下，方法都必须有返回值，如果没有返回值，那么就用 void 表示，否则，用户就需要指定返回值的数据类型。返回值可以是 8 种基本数据类型，也可以是对象的引用。

方法名（method name）：紧跟在返回值类型之后的就是方法名。方法名可以是任何符合 Java 标识符定义的字符串。

参数列表（parameter list）：在方法名之后的一对小括号中包含的就是参数列表。参数就如同一个占位符（placeholder），用户在调用该方法时，向参数传递数据，这些参数将引用传递数值，或生成一份它的副本。参数列表涉及了该方法一些相关信息，包括每一个参数的数据类型、参数名称和参数个数（多个参数之间用逗号隔开）。参数是可选的，也就是说，一个方法可以不带任何参数。

常见编程错误

多个参数之间用逗号隔开，但是要注意的是，声明参数时必须每个参数都要显式指定它的数据类型，也就是说，不能像定义变量一样简单地写成 fun(int a, b)，而必须写成 fun(int a, int b)。

良好的编程习惯

尽管先写可选控制符再写访问权限控制符，如 static public void main(String[] args)，系统仍能正常工作，但我们约定的规范写法是先写访问权限控制符，再写可选控制符。

> 方法签名（method signature）：由修饰符、返回值类型、方法名、参数共同构成了方法签名。方法签名与参数的变量名称无关。示例中的方法签名就是：
> public static int max(int, int)
> 方法签名是进行方法调用的依据。

方法体以一对大括号 {} 表示。在方法体内，包含实现该方法的具体代码语句。如果有返回值的话，那么必须书写 return 语句。

3.7.2 方法的调用

定义好的方法，就可以通过调用语法来执行。在同一个类中调用方法，可以直接使用如下的格式来调用方法。调用不同类的方法，或者对不同包的类的方法访问，将受制于方法的修饰符。

方法的调用语法	示例
方法名(实际参数列表);	max(1,3)

3.7.3 方法的调用栈

方法的调用意味着定义在方法体中的代码块的一次执行。

为了更好地理解这句话，先来看代码 3-3。

代码 3-3　方法的调用

#001	/**
#002	* 所属包: cn.nbcc.chap03.snippets
#003	* 文件名: MethodDemo.java
#004	* 创建者: 郑哲
#005	* 创建时间: 2014-2-7 下午12:48:00
#006	*/
#007	package cn.nbcc.chap03.snippets;
#008	public class MethodDemo {
#009	/**
#010	* @param args
#011	*/
#012	public static void main(String[] args) {
#013	int ret=0;
#014	ret = max(1,3);
#015	System.out.println(ret);
#016	}
#017	public static int max(int num1, int num2) {
#018	int result;
#019	if (num1 > num2)
#020	result = num1;
#021	else
#022	result = num2;
#023	return result;
#024	}
#025	}

在代码 3-3 中，JVM 对程序的执行总是从包含"public static void main(String[] args)"的语句开始执行。执行到 013 行，定义一个整型变量 ret 并初始化为 0。随后执行到 014 行，产生一次 max() 方法的调用，此时，程序的控制流会发生一次改变，也就是程序暂时中断 main() 方法的执行，转到 max() 方法中去执行（017 行），并将实际参数 1、3 分别传递给形式参数 num1、num2。当执行 018~023 行的语句后，程序将保存在局部变量 result 中的结果通过 return 语句返回（023 行）。完成 max() 的调用，再返回到 main() 方法中，从刚才中断的位置（014 行）继续向下执行，将返回的值赋值给 ret。最后，将返回的值通过 System.out.println() 语句打印到控制台上（015 行）。至此，完成整个 main() 方法的执行。

方法的调用意味着控制流的切换。

事实上,这个切换工作由系统提供的方法调用栈(call stack)来维护完成。我们当前在执行的方法是处于栈顶位置的方法,如果在执行该方法的过程中调用了一个新方法,新方法就会被添加到栈中,成为栈顶元素。如果该方法完成了它的执行操作,那么它将从栈中退出,程序控制流就返回到栈中保存的上一个方法,整个过程如图3-6所示。

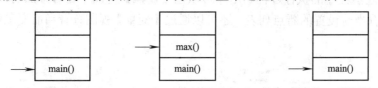

图 3-6　方法调用栈

在一个方法被调用执行时,它就会添加到调用栈中成为栈顶元素,并开始执行,直到它完成。有以下3种情况会导致方法执行的完成。

1)方法执行时被 return 语句返回了,此时方法的执行就完成了,它向调用者返回一个基本类型数值或一个引用。

2)当方法没有返回值时,在执行完方法体的最后一条语句后,该方法就执行完成了,并从调用栈中删除,进而获取新的栈顶方法来处理。

3)方法抛出一个异常,该异常将告知调用者,该方法也执行完毕。关于异常的内容,后面的章节中会有介绍。

3.7.4　静态方法

有时,某个方法接收参数,只对这些参数处理,然后返回一个值,该方法不需要操作对象的状态,这样的方法叫做工具方法。工具方法是全局的,任何客户编写的代码都可以访问它。它的实现方法就是增加 static 修饰符,因此,也称为静态方法。

静态方法定义语法	示例

static 方法原型 {
　　//方法体
}
	//java.lang.Math 中 random 的定义
	public static double random() {
	　　Random rnd = randomNumberGenerator;
	　　if (rnd == null) rnd = initRNG();
	　　return rnd.nextDouble();
	}

静态方法调用语法	示例
类名.静态方法名	Math.random()

静态属性和静态方法在高级 OOP 编程的设计模式(Design Pattern)中经常用到,比如应用广泛的工厂模式、享元模式,以及著名的 Singleton 模式等。

 技巧

使用静态属性集中管理数据,使用静态方法实现工具类。

3.7.5 程序代码的调试

可以通过给程序代码设置断点（break point），并利用【调试】模式执行程序，打开【调试】透视图，即可观察程序的执行过程。用户可以在【调试】视图中查看方法的调用栈，通过【断点】视图查看当前设置的断点列表，还可以通过【变量】视图查看当前变量值的变化，如图 3-7 所示。

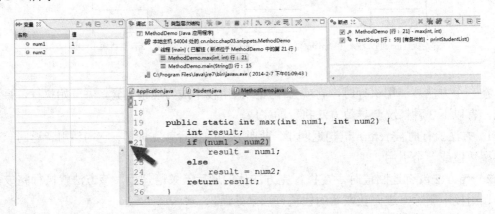

图 3-7 代码调试

3.7.6 递归方法

通常，方法的调用语句，在任何可以执行语句的代码块中进行，绝大多数情况就是在另一个方法中。当然也可以是该方法自己，这种方法自身调用自己的形式，称为递归（recursion）方法，它在很多程序设计算法中有着广泛的应用。

例如，当我们计算 n! 的时候，可以把问题转变成对 (n-1)! 的求解，注意到 n! 和 (n-1)! 的关系：n!= (n-1)!×n。同理，求 (n-1)! 时，可以把问题转换成对 (n-2)! 的求解，依此类推，最终可以推到基本情况 0! 是 1。

代码 3-4 所示的程序就是用递归方法来解决阶乘问题。

代码 3-4 使用递归求阶乘

#001	/**
#002	* 所属包：cn.nbcc.chap03.snippets
#003	* 文件名：Fac.java
#004	* 创建者：郑哲
#005	* 创建时间：2014-2-7 下午02:01:53
#006	*/
#007	package cn.nbcc.chap03.snippets;
#008	public class Fac {

#009	`public static void main(String[] args) {`
#010	`    long ret = 0L;`
#011	`    ret = factorial(3);`
#012	`    System.out.println(ret);`
#013	`}`
#014	`public static long factorial( long number )`
#015	`{`
#016	`    //基本情况`
#017	`    if ( number <= 1 )`
#018	`    return 1;`
#019	`    //递归步骤`
#020	`    else`
#021	`    return number * factorial( number - 1 );`
#022	`} //end method factorial`
#023	`}`

图 3-8 所示为使用方法调用栈演示求解 factorial(3)时的图解过程。

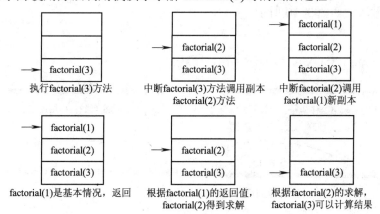

图 3-8　递归方法求阶乘图解

综上所述，我们可以看到编写递归程序的一般规律是，首先把问题的求解分解成两个部分：基本情况部分和一般情况部分。程序体中对这两个部分进行分别处理。注意，为了防止上面造成的循环调用自己的情况，我们一定要保证递归时把问题规模缩小，而且缩小后所有的基本情况都进行了必要的处理并返回。如果有一个条件没有得到有效的保证，就会造成循环调用的恶劣后果。

3.7.7　汉诺塔问题

汉诺塔（Hanoi）问题是指由很多放置在三个塔座上的盘子组成的一个古老的难题（见图 3-9），所有盘子的直径是不同的，并且盘子中央都有一个洞以使它们刚好可以放到塔座上。

所有的盘子刚开始都放在塔座 A（源塔座）上。这个难题的目标是将所有的盘子都从塔座 A 移动到塔座 C（目标塔座）上。每一次只可以移动一个盘子，并且任何一个盘子都不可以放在直径比自己小的盘子之上。

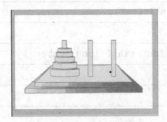

图 3-9　汉诺塔问题

假设想要把所有的盘子从源塔座（称为 S）上移动到目标塔座（称为 D）上，有一个可以使用的中介塔座（称为 I）。又假设在 S 上有 n 个盘子。算法如下：

1）从 S 移动包含上面的 n-1 个盘子到 I 上。
2）从 S 移动剩余的盘子（也就是所剩的一个最大的盘子）到 D 上。
3）从 I 移动所有 n-1 个盘子到 D 上。

当开始的时候，我们指定源塔座是 A，中介塔座是 B，目标塔座是 C，下面演示了这 3 个递归步骤的做法，如图 3-10 所示。

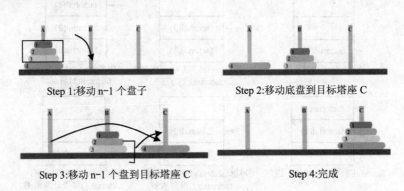

图 3-10　汉诺塔问题递归步骤

首先，包括盘子 1、2 和 3 的子树被移动到中介塔座 B 上，然后，最大的盘子 4，移动到目标塔座 C 上，最后子树从中介塔座 B 移动到目标塔座 C 上。

当然，这个方法没有解决如何把包括盘子 1、2 和 3 的子树移动到中介塔座 B 上的问题，因为不能一次性移动一个子树；每次只能移动一个盘子。移动 3 个盘子的子树不是那么容易的。但是，这比移动 4 个盘子要容易。

从塔座 A 上移动 3 个盘子到塔座 B 可以通过像移动 4 个盘子时一样的 3 个步骤来完成，也就是说，从塔座 A 上移动包括最上面的两个盘子的子树到塔座 C（注意，此时塔座 C 作为中介）上。接着从塔座 A 上移动盘子 3 到塔座 B 上。然后把子树从塔座 C 移回塔座 B。

如何把一棵有两个盘子的子树从塔座 A 上移动到塔座 C 上呢？从塔座 A 上移动只有一个盘子（盘子 1）的子树到塔座 B 上。这是基本情况：当移动一个盘子的时候，只要移动它就可以了，不需要做其他事情。然后从塔座 A 移动更大的盘子（盘子 2）到塔座 C，并且把这个子树（盘子 1）重新放置在这个更大的盘子上。

汉诺塔问题程序如代码 3-5 所示。

代码 3-5　汉诺塔问题程序

#001	/**
#002	* 所属包：cn.nbcc.chap03.snippets
#003	* 文件名：Hanoi.java
#004	* 创建者：郑哲
#005	* 创建时间：2014-2-7 下午02:17:43
#006	*/
#007	package cn.nbcc.chap03.snippets;
#008	public class Hanoi {
#009	public static void main(String[] args) {
#010	int count = 4;
#011	tower(count,"A","B","C");
#012	}
#013	/**
#014	* @param count:盘子数目
#015	* @param pole1:原始位置
#016	* @param pole2:移动辅助塔座
#017	* @param pole3:目标塔座
#018	*/
#019	public static void tower(int count, String pole1,String pole2, String pole3) {
#020	if (count == 1)
#021	System.out.println("从" + pole1 + "搬动到" + pole3);
#022	else {
#023	tower(count - 1, pole1, pole3, pole2);
#024	System.out.println("从" + pole1 + "搬动到" + pole3);
#025	tower(count - 1, pole2, pole1, pole3);
#026	}
#027	}
#028	}

3.8　构造方法

3.8.1　默认构造方法

在前面的任务中，我们创建了一个 Time 类，可以使用 new 语法创建 Time 对象。

Time t1 = new Time();

为了便于理解这条语句的作用，我们可以将这条语句等价地分解为如下两条语句：

Time t1 ;

```
t1 = new Time();
```

　　第一条语句，根据类 Time，定义一个引用变量，取名为 t1。第二条语句，通过 new 关键字创建一个 Time 对象，并通过赋值语句，将新创建的对象赋值给 t1 引用变量。这时，引用变量就真正引用了该新建的对象。将来可以通过这个引用变量对这个对象进行访问和操作。

> 构造方法（constructor）是一种特殊的方法，也称为构造函数，它总是在构造对象的时候被调用。

> 老师，为什么在代码 3-1 中没有定义任何构造方法，却能在代码 3-2 中使用不带参数的构造方法 Time() 呢？

> 你观察得很仔细。对于一个新建的类，如果用户没有定义任何自定义构造方法，Java 会非常人性化地提供一个不带任何参数的默认构造方法。这就是我们为什么能在代码 3-2 中创建 Time 对象的原因。

> 为什么使用默认构造方法构造出来的 Time 对象，它的属性值都是 0、0、0 呢？

> 这是一个非常好的问题。在第 2 章中，我们曾经讲过，Java 编译器要求程序员保证对于局部变量的初始化，但对于这些定义在类中的实例变量而言，在执行默认的构造函数之前，Java 虚拟机会对所有实例变量执行初始化操作。不同数据类型，被赋予不同的初始化值。

　　下面给出不同数据类型的初始值，见表 3-2。

表 3-2　数据类型的初始化表

域数据类型	初　始　值
byte	0
short	0
int	0
long	0
float	0.0
double	0.0
char	null 字符
boolean	false
Reference of any type	null

> 有了对象以后，你可以通过对象成员访问语法，来设定 Time 对象的值，如代码 3-6 所示。

代码 3-6　访问对象的成员

#001	...
#002	Time t1 = new Time();
#003	t1.hour=20;
#004	t1.minute=30;
#005	t1.second=40;
#006	System.out.println(t1.hour);
#007	System.out.println(t1.minute);
#008	System.out.println(t1.second);
#009	...

3.8.2 对象初始化

可以通过在定义实例变量的同时,给这些变量赋初值,以改变默认的初始化值,如代码 3-7 所示。

代码 3-7 实例变量初始化

#001	package cn.nbcc.chap03.exercise;
#002	public class Time {
#003	
#004	int hour=20;
#005	int minute=30;
#006	int second=40;
#007	}

考虑到构造方法将在创建对象的时候被调用,因此,将自定义的初始化语句放在构造方法内,就可以在构造对象时被执行,如代码 3-8 所示。

代码 3-8 构造方法初始化

#001	/**
#002	* 所属包: cn.nbcc.chap03.exercise
#003	* 文件名: Time.java
#004	* 创建者: 郑哲
#005	* 创建时间: 2014-2-4 下午10:57:51
#006	*/
#007	package cn.nbcc.chap03.exercise;
#008	public class Time {
#009	int hour;
#010	int minute;
#011	int second;
#012	public Time() {
#013	hour = 20;
#014	minute = 30;
#015	second = 40;
#016	}
#017	}

技巧

注意,创建对象时初始化的顺序是,先执行实例变量的初始化,然后再执行构造方法。

3.8.3 自定义构造方法

> 但是，这两种方法，只能保证每次创建出来的Time对象不再是默认的（0，0，0），而是指定的（20，30，40）。如果我想在运行时，定义更多的Time对象，如何实现呢？

> 这就需要用户根据实际需要自定义构造方法了。

创建构造方法的基本语法与 Java 中创建普通方法的语法大致是相同的，只是为了与一般方法相区别，构造方法还需具有一些不同的特征。

定义构造方法语法	示例

1）构造方法的方法名必须和类名相同，这里的相同包括大小写
2）构造方法的没有返回值
3）构造方法仅在创建对象的时候被调用
	public Time(int h)
	{
	   hour = h;
	}

假设我们设计一个拥有一个整型参数的构造方法，当用户提供一个整型数时，就意味着它希望指定整点时钟，代码如上述语法示例所示。需要注意的是，用户在构造对象时传递进来的整点时钟数值，通过形式参数 h 来获得，在执行该构造方法时，将其赋值给 hour 实例变量，以此改变了 Time 对象的状态。

3.8.4 方法重载

不仅如此，Java 允许类的设计者提供多个构造方法，以方便用户通过调用不同的构造方法构建对象。

> Java允许在一个类中定义多个同名方法，称为方法重载。只要这些方法满足后续条件的一种即可：①方法的参数类型不同；②方法参数的个数不同。JVM在调用方法时，总是通过区分方法签名来执行正确的方法体。

3.9 项目任务 10：添加类的构造方法

> 根据图 3-11 的设计，为Time类添加 4 个重载的构造方法和 3 个普通方法，代码如代码 3-9 所示。

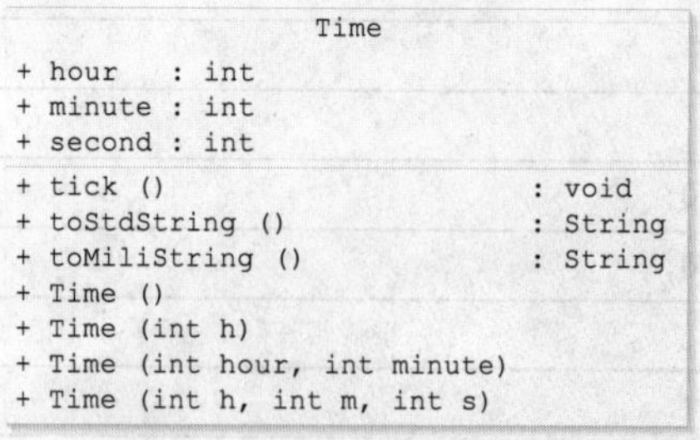

```
                    Time
+ hour    : int
+ minute  : int
+ second  : int
+ tick ()                        : void
+ toStdString ()                 : String
+ toMiliString ()                : String
+ Time ()
+ Time (int h)
+ Time (int hour, int minute)
+ Time (int h, int m, int s)
```

图 3-11 添加构造方法的 Time 类

需要注意的是，类图中的 "+" 是访问权限修饰符的图标化表示，它表示 public。方法的返回值写在方法签名的右侧，并以冒号隔开。

代码 3-9　构造方法重载

#001	`/**`
#002	`* 所属包：cn.nbcc.chap03.exercise`
#003	`* 文件名：Time.java`
#004	`* 创建者：郑哲`
#005	`* 创建时间：2014-2-4 下午10:57:51`
#006	`*/`
#007	`package cn.nbcc.chap03.exercise;`
#008	`public class Time {`
#009	`    int hour=1;`
#010	`    int minute;`
#011	`    int second;`
#012	`    public Time() {`
#013	`        hour = 20;`
#014	`        minute = 30;`
#015	`        second = 40;`
#016	`    }`
#017	`    public Time(int h ) {`
#018	`        hour = h;`
#019	`    }`
#020	`    public Time(int hour, int minute) {`
#021	`        this.hour = hour;`
#022	`        this.minute = minute;`
#023	`    }`
#024	`    public Time(int h, int m, int s) {`
#025	`        this.hour = h;`
#026	`        this.minute = m;`
#027	`        this.second = s;`
#028	`    }`
#029	
#030	`    public String toStdString() {`
#031	`        return null;`
#032	`    }`
#033	`    public String toMiliString() {`
#034	`        return null;`
#035	`    }`
#036	`    public void tick() {`
#037	`        //添加Tick实现`
#038	`    }`
#039	`}`

代码中的 012～028 行，添加了 4 个重载的构造方法，分别提供 0～3 个参数。需要注意的是，当用户调用不带参数的构造方法时，将调用 013～015 行代码块，实例变量将分别初始化为 20、30 和 40；当用户传入 1 个整型参数时，将调用带 1 个参数的构造方法，执行 017～019 行代码块，以此类推。

031 行和 034 行对于时间的字符串显示未加以实现，返回 null 作为空引用。空引用表示不引用任何对象。

技巧

Java 中允许方法的形式参数和实例变量名重名，如代码 3-9 中的 020 行。为区别形式参数和实例变量，可通过对象自身的 this 关键字来引用实例变量，如 021 和 022 行所示。

> this 作为引用变量使用时，总是引用当前对象自身，它是类对象自带的一个特殊引用变量。

当一个对象创建后，Java 虚拟机（JVM）就会给这个对象分配一个引用自身的指针，这个指针的名字就是 this。因此，this 只能在类中的非静态方法中使用，静态方法和静态的代码块中绝对不能出现 this。并且 this 只和特定的对象关联，而不和类关联，同一个类的不同对象有不同的 this。在类中指定当前对象的时候，this 可以省略。

也就是说，在方法中直接使用实例变量的写法只是对象成员访问语法的一种简化形式。例如，018 行的 "hour=h;" 的完整写法应该是 "this.hour = h;"，后者的写法就是标准的对象成员访问语法。

常见编程错误

1）对于存在与实例变量同名的形式参数，不使用 this 引用加以区分，将出现重复赋值的警告，例如 hour = hour，这两个 hour 指的都是参数 hour。

2）Java 只为没有提供任何构造方法的类提供默认构造方法。一旦用户定义了自己的构造方法，Java 将不再提供不带参数的默认构造方法。如果需要一个不带参数的构造方法，需要显式添加。

3.10 实现方法

> 现在的测试程序要查看 Time 对象，必须通过 3 条输出语句来完成。可以实现 Time 类的 toStdString() 方法来显示标准时间格式。

> 修改 toStdString() 方法，显示 08:20:30 这样的时间格式。

要实现两位有效数字显示时、分、秒，不足两位以零补齐的字符串形式，有很多 API 可以实现这个功能。例如，java.text 包中的 DecimalFormat 类提供的 format 方法，可以提供数字格式化的能力；也可以直接使用 String.format 方法来格式化一个字符串。下面以 String.format 为例，实现 toStdString() 方法。读者也可以通过查阅 API 文档实现 DecimalFormat 版本。

String String.format("format-string" [, arg1, arg2, ...])

(1) 对整数格式化时：%[index$][标识][最小宽度]转换方式

%[index$]：表示引用的参数序号，序号从 1 开始。

标识：

1) '-'：在最小宽度内左对齐，不可以与"用 0 填充"同时使用。

2) '#'：只适用于八进制和十六进制，八进制时在结果前面增加一个 0，十六进制时在结果前面增加 0x。

3) '+'：结果总是包括一个符号（一般情况下只适用于十进制，若对象为 BigInteger，才可以用于八进制和十六进制）。

4) ' '：正值前加空格，负值前加负号（一般情况下只适用于十进制，若对象为 BigInteger，才可以用于八进制和十六进制）。

5) '0'：结果将用零来填充。

6) ','：只适用于十进制，每 3 位数字之间用","分隔。

7) '('：若参数是负数，则结果中不添加负号而是用小括号把数字括起来（同'+'具有同样的限制）。

转换方式：d 表示十进制，o 表示八进制，x 或 X 表示十六进制。

(2) 对浮点数进行格式化：%[index$][标识][最少宽度][精度]转换方式

标识：

1) '-'：在最小宽度内左对齐，不可以与"用 0 填充"同时使用。

2) '+'：结果总是包括一个符号。

3) ' '：正值前加空格，负值前加负号。

4) '0'：结果将用零来填充。

5) ','：每 3 位数字之间用","分隔（只适用于'f'、'g'、'G'的转换）。

6) '('：若参数是负数，则结果中不添加负号而是用小括号把数字括起来（只适用于'e'、'E'、'f'、'g'、'G'的转换）。

转换方式：

1) 'e'、'E'：结果被格式化为用计算机科学计数法表示的十进制数。

2) 'f'：结果被格式化为十进制普通表示方式。

3) 'g'、'G'：根据具体情况，自动选择用普通表示方式还是科学计数法方式。

4) 'a'、'A'：结果被格式化为带有效位数和指数的十六进制浮点数。

根据上述 API 的描述，不难实现标准格式的时间字符串，如代码 3-10 所示。

代码 3-10 标准时间字符串

#001	...
#002	public String toStdString() {
#003	String s = String.*format*("%02d:%02d:%02d",hour,minute,second);
#004	return s;
#005	}
#006	...

视频 07：DecimalFormat 的实现

要查看 DecimalFormat 的实现，请播放教学视频 07.mp4。

3.11 项目任务 11：实现类的方法

除了标准时间显示为 20:30:09，同样的时间，还可以用军用格式显示为 08:30:09 PM。请读者试着为 Time 类提供 toMiliString() 方法，显示军用格式的时间。

3.12 访问权限

有时，这种将实例变量直接暴露给用户的情况，在操作上会带来很大的风险。看下面的代码 3-11，在 005~007 行，分别给 t1 对象设置了小时、分钟、秒钟为 25、69、70。程序照样输出了时间，而我们知道，小时的范围是[0~24]，分钟和秒钟的范围是[0~60)。

代码 3-11　代码风险

#001	package cn.nbcc.chap03.exercise;
#002	public class App {
#003	public static void main(String[] args) {
#004	Time t1 = new Time();
#005	t1.hour=25;
#006	t1.minute=69;
#007	t1.second=70;
#008	System.*out*.println(t1.toStdString());
#009	}
#010	}

运行输出结果：

25:69:70

良好的编程习惯

根据最低访问权限原则，实例变量通常需要设置较低的访问权限，以便对这些私有数据进行保护。

技巧

为保证这些实例变量数据的安全，一般采用如下的策略：

1）私有化你的实例变量。

2）提供实例变量的存取方法。

可以通过将实例变量设为私有（private），以禁止客户程序代码的直接访问。同时，通过提供一些公开的访问方法，使客户程序代码能对实例变量安全地进行获取和设置，这些用于存取实例变量的方法，通常称为"Getters 和 Setters 方法"。

之所以公开方法，而不是实例变量，是因为方法可以添加"防卫"语句来提高状态数据访问的安全性。

Java 提供了 4 种访问权限修饰符，分别是 public、protected、default 和 private，它们之间的区别见表 3-3。

表 3-3 访问权限修饰符之间的区别

修饰符关键字	同一个类中	同一个包中	派生类中	其他包中
public	√	√	√	√
protected	√	√	√	
default（无访问修饰符关键字）	√	√		
private	√			

当前的 Time 类中没有为实例变量添加任何的访问权限修饰符，却能在 App 类中访问这些实例变量，正是因为不添加任何访问权限修饰符时，Java 提供了默认的访问权限（default）。只要 App 类和 Time 类同属于一个包（cn.nbcc.chap03.exercise），则在 App 中生成的 Time 类对象 t1 就能通过圆点运算符访问它的成员：hour、minute、second。

3.13 项目任务 12：限定数值范围

需确保 Time 对象的数值始终是一个有效的时间。用户传入一个非法数值时，对象将忽略用户的设置。

根据前面的分析，首先，需要将所有的实例变量设置为私有（private），以关闭外界对类的实例变量的直接访问；其次，提供用于修改和访问实例变量的公有方法，在这些修改变量的公有方法中添加"防卫"语句，以保证数据的安全性。

原来是这样，这个应该不难，我试试。

添加"防卫"语句的 Time 类示例如代码 3-12 所示。

代码 3-12 添加"防卫"语句的 Time 类

#001	/**
#002	* 所属包：cn.nbcc.chap03.exercise
#003	* 文件名：Time.java
#004	* 创建者：郑哲
#005	* 创建时间：2014-2-4 下午10:57:51
#006	*/
#007	package cn.nbcc.chap03.exercise;
#008	public class Time {
#009	private int hour;
#010	private int minute;
#011	private int second;
#012	public Time() {
#013	}
#014	public Time(int h) {
#015	if (h>=0&&h<24) {
#016	hour = h;
#017	}

#018	`}`
#019	`/**`
#020	`  * 设置小时`
#021	`  * @param hour, the hour to set`
#022	`  */`
#023	`public void setHour(int hour) {`
#024	`    if (hour>=0&&hour<24) {`
#025	`        this.hour = hour;`
#026	`    }`
#027	`}`
#028	`/**`
#029	`  * 设置小时`
#030	`  * @return the hour`
#031	`  */`
#032	`public int getHour() {`
#033	`    return hour;`
#034	`}`
#035	`…`
#036	`}`

009~011 行将 Time 类的实例变量设置为私有（private）。此时，外界（App 类的 Time 对象）就无法访问修改这些实例变量了。为此，我们提供公有的 getHour()方法供用户查询小时数据，提供公有的 setHour()方法供用户设置小时数值，而在设置小时数值的方法中（023~027 行），通过添加一个 if 语句判断用户设定的小时数值是否是一个有效时间，只有有效，才进一步修改实例变量，否则不做任何修改，从而保证实例变量中的数据始终有效。Getters 和 Setters 方法如图 3-12 所示。

```
                   Time
+ hour   : int
+ minute : int
+ second : int

+ tick ()                            : void
+ toStdString ()                     : String
+ toMiliString ()                    : String
+ Time ()
+ Time (int h)
+ Time (int hour, int minute)
+ Time (int h, int m, int s)
+ getHour ()                         : int
+ setHour (int newHour)              : void
+ getMinute ()                       : int
+ setMinute (int newMinute)          : void
+ getSecond ()                       : int
+ setSecond (int newSecond)          : void
```

图 3-12　Getters 和 Setters 方法

视频 08：Getters 和 Setters

要查看完整的 Getter 和 Setter 设置方法，请播放教学视频 08.mp4。

不仅要在setters方法中使用"防卫"语句，在所有的构造方法中也要添加一遍，源代码中的代码行数一下子增加了不少，感觉很有成就感！

增加代码行数并不是一件值得高兴的事情，重复的代码很快会使你的程序变得难以维护。你会发现当你要改动一些代码的时候，将需要在所有该代码出现的地方都进行更改，否则就会造成代码的不一致。这会造成很大的维护成本（时间和精力上）。

良好的编程习惯
要避免"复制/粘贴"的陋习，将可以重用的代码封装成一个独立的方法。通过调用方法的形式来避免代码重复的问题。

3.14 项目任务 13：代码重构

将容易变动的程序语句封装在一个方法中，通过对方法的调用来避免代码的重复。例如，下面的代码在重构前，所有的 Time 构造方法都需要提供对参数 h 的合法性判断，而 setHour() 方法同样要对参数 h 提供合法性判断，它们的功能和代码都是一样的。显然，可以通过在 Time 构造方法中调用 setHour()方法来避免重复。

重构前：
```
public Time(int h ) {
    if (h>=0&&h<24) {
        hour = h;
    }
}
```

重构后：
```
public Time(int h ) {
    setHour(h);
}
```

同样，还可以使用 this 语法来调用重载的构造方法，进一步解决多个构造方法中代码重复的问题。

完成重构后的程序代码如代码 3-13 所示。

代码 3-13　重构后的 Time

#001	/**
#002	* 所属包：cn.nbcc.chap03.exercise
#003	* 文件名：Time.java
#004	* 创建者：郑哲
#005	* 创建时间：2014-2-4 下午10:57:51
#006	*/

#007	`package cn.nbcc.chap03.exercise;`
#008	`public class Time {`
#009	`    private int hour;`
#010	`    private int minute;`
#011	`    private int second;`
#012	`    public Time() {`
#013	`        this(0,0,0);`
#014	`    }`
#015	`    public Time(int h ) {`
#016	`        this(h,0,0);`
#017	`    }`
#018	`    public Time(int hour, int minute) {`
#019	`        this(hour,minute,0);`
#020	`    }`
#021	`    public Time(int h, int m, int s) {`
#022	`        setHour(h);`
#023	`        setMinute(m);`
#024	`        setSecond(s);`
#025	`    }`
#026	`    /**`
#027	`     * 设置小时`
#028	`     * @param hour, the hour to set`
#029	`     */`
#030	`    public void setHour(int hour) {`
#031	`        if (hour>=0&&hour<24) {`
#032	`            this.hour = hour;`
#033	`        }`
#034	`    }`
#035	`    /**`
#036	`     * 获得小时`
#037	`     * @return the hour`
#038	`     */`
#039	`    public int getHour() {`
#040	`        return hour;`
#041	`    }`
#042	`    /**`
#043	`     * 获得分钟`
#044	`     * @return the minute`

#045	`    */`
#046	`    public int getMinute() {`
#047	`        return minute;`
#048	`    }`
#049	`    /**`
#050	`     * 设置分钟`
#051	`     * @param minute, the minute to set`
#052	`     */`
#053	`    public void setMinute(int minute) {`
#054	`        if (minute>=0&&minute<60) {`
#055	`            this.minute = minute;`
#056	`        }`
#057	`    }`
#058	`    /**`
#059	`     * 获得秒钟`
#060	`     * @return the second`
#061	`     */`
#062	`    public int getSecond() {`
#063	`        return second;`
#064	`    }`
#065	`    /**`
#066	`     * 设置秒钟`
#067	`     * @param second, the second to set`
#068	`     */`
#069	`    public void setSecond(int second) {`
#070	`        if (second>=0&&second<60) {`
#071	`            this.second = second;`
#072	`        }`
#073	`    }`
#074	`    public String toStdString() {`
#075	`        String s = String.format("%02d:%02d:%02d",hour,minute,second);`
#076	`        return s;`
#077	`    }`
#078	`    public String toMiliString() {`
#079	`        return null;`
#080	`    }`
#081	`}`

所有对实例变量的修改,都封装在 3 个独立的 set 方法中。事实上,Java 程序的快速开发、代码重构能力非常强大,借助 Eclipse 的集成开发平台,可以快速地实现 Setters/Getters 方法的生成、方法抽取等功能。例如,要为客户添加一个 setTime 的方法,提供同时设定时、分、秒的能力,只需在 Eclipse 中选择 022~024 行代码,单击右键,在弹出的快捷菜单中选择【重构】|【抽取方法】命令(见图 3-13),打开【抽取方法】对话框。输入方法名"setTime",选择正确的访问权限修饰符,这里选择"公有的"(public)。系统自动识别出 3 个形式参数 h、m、s,可以单击右侧的【编辑】、【向上】、【下移】按钮调整这些参数的名称和顺序,如图 3-14 所示。

图 3-13 抽取方法

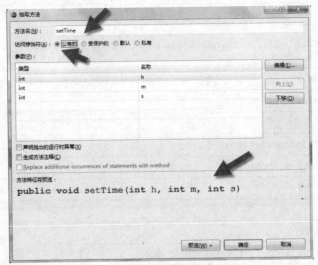

图 3-14 【抽取方法】对话框

技巧

通过使用 Eclipse 的【重构】|【抽取方法】命令,可以快速地将相关代码封装成方法,其相应快捷键是<Alt+Shift+M>。

需要注意的是,到目前为止,我们介绍了 this 的两种用法:
1)当 this 作为引用变量时,引用对象自身。
2)当 this()调用同名构造方法时,该调用语法必须成为构造方法中的第一条语句。

3.15 实现 tick 方法

如果要实现 Time 对象每隔 1 秒更新一下自己的状态,我们可以为 Time 类添加一个 tick 方法,表示滴答一秒。思考一下,每滴答一秒后,Time 对象的状态会发生哪些变化?

 这个难不倒我,只需在现有的时间值上加 1 即可,当然还需要考虑进位问题。

tick 方法的实现如代码 3-14 所示。

代码 3-14　tick 方法实现

#001	...
#002	public void tick() {
#003	second = (second+1)%60;
#004	if (second==0) {
#005	minute=(minute+1)%60;
#006	if (hour==0) {
#007	hour=(hour+1)%24;
#008	}
#009	}
#010	}
#011	...

3.15.1　Timer 和 TimerTask

Timer 和 TimerTask 是 JDK 开发工具中 java.util 包提供给用户的两个常用类，Timer 表示计时器，TimerTask 就是计时器执行的任务。至于它们的详细使用方法，可以查看在线的帮助文档。

http://java.sun.com/javase/reference/api.jsp

下面是关于计时器 Timer 的 API 文档简要描述，其中 schedule 方法表示"执行和调用"，有几个重要方法的使用如下：

timer.schedule(task, time)

task 为计划执行的任务对象；time 为 Date 类型：在指定时间执行一次。

timer.schedule(task, firstTime, period)

task 为计划执行的任务对象；firstTime 为 Date 类型；period 为从 firstTime 时刻开始，每隔 period 毫秒执行一次。

timer.schedule(task, delay)

task 为计划执行的任务对象；delay 为 long 类型：从现在起过 delay 毫秒执行一次。

timer.schedule(task, delay, period)

task 为计划执行的任务对象；delay 为 long，period 为 long：从现在起过 delay 毫秒以后，每隔 period 毫秒执行一次（period 的意思是周期，long 是周期转换为毫秒的类型）。

3.15.2　内部类和匿名内部类

上述 timer 所带的第 4 个 schedule 方法中，接收 3 个参数，其中第一个参数是一个 TimerTask 类型的对象，第二个参数为 delay 延迟的毫秒数，第三个参数是周期的时间毫秒数。

由于 TimerTask 是一个抽象类，它不能被直接实例化，而必须由它的子类负责实现其中定义的抽象方法 run，只需把要执行的任务语句填写到该方法当中，便能在计时器调用（shedule）时运行。关于抽象类，可以参考后续相关章节。

在类的内部除了描述定义实例变量和方法之外，还可以定义其他类。根据类定义的相对位置关系，这种定义在其他类内部的类称为内部类（Inner Class）。

例如，当需要描述一个 Student 类，记录学生的学校地址与家庭地址信息，而每个地址又要包含城市和邮编等相关信息的描述，利用内部类的写法实现如下：

```
public class Student{
    ...
    public Address homeAddress;
    public Address schoolAddress;
    class Address{
        String city;
        String postCode;
        Address(String c,String pCode)
        {
            city = c;
            postCode=pCode;
        }
    }
    ...
}
public class StudentApp {
    public static void main(String[] args) {
        Student s = new Student();
        Student.Address sAddr = s.new Address("浙江宁波","315000");
        s.schoolAddress=sAddr;
    }
}
```

上面代码定义了 Student 类，并在其中实现了一个 Address 内部类。相应地，我们将包含内部类 Address 的 Student 称之为外部类。内部类作为一种代码隐藏机制，可以避免由于定义过多的类而造成的代码灾难。可以通过对内部类使用不同的访问权限控制符，来控制外界代码对内部类的访问。

技巧

1）如果想从外部类的非静态方法创建某个内部类对象，可以通过 OuterClassName.InnerClassName 的形式来指定这个对象的类型。如上面代码的 Student.Address 的写法。

2）使用.new 的方式，可以在外界创建某个内部类的对象，例如在 StudentApp 中使用外部类对象 s 提供的.new 表达式来创建一个内部类对象。

常见编程错误

外界代码直接使用 new 创建内部类对象，而不是通过外部类的对象来创建内部对象是一种常见错误。

到目前为止，定义内部类都需要提供名字，称为有名内部类。在 Java 语法中，甚至还可以提供无需类名的形式，称为匿名内部类。当创建继承自抽象类的对象时，为每个实现类取类名会显得麻烦。例如，TimerTasker 是一个抽象类，为了让每个计时器任务对象负责自己要做什么事，需要继承于它的所有子类实现其中的抽象方法 run。也就是说，如果要创建一个任务对象，必须先创建一个类。想象一下，如果有 10 个任务，就要创建 10 个类，而且还要保证每个类名不同，这是非常麻烦的事。为方便创建具体类对象，而不关心这个具体类叫什么类名，Java 提供了匿名内部类的写法。关于抽象类的更多内容详见第 4 章，这里只需了解它的基本用法。

匿名内部类语法	有名内部类语法
| ```java
public class App{
    ...
    TimerTask task = new TimerTask() {
        @Override
        public void run() {
            //需要周期性执行的任务
        }
    };
    ...
}
``` | ```java
public class App{
    ...
    private class TickTask extends TimerTask {
        @Override
        public void run() {
            // 时间对象滴答 1 秒
        }
    }
    ...
    TimerTask task = new TickTask();
    ...
}
``` |

右侧有名内部类的写法，在 App 类中定义了一个私有内部类 TickTask，它继承于 TimerTask，并实现了其中的 run 方法，通过 new TickTask() 创建任务对象。它等价于左侧匿名内部类的写法。

常见编程错误

匿名内部类的写法中遗漏最后的分号是一种常见的错误。

在 App 主程序中，创建一个 TickTask 对象，并作为参数，传入到 Timer 对象的 schedule 方法中。

```
Timer timer= new Timer();
TickTask tickTask = new TickTask();
timer.schedule(tickTask,1000);
```

技巧

匿名内部类，顾名思义，是一种将有名内部类的创建过程隐去的简写手法。
通常用于使用次数较少的类对象生成，如某个按钮、某个菜单动作对象的实现。

3.16 项目任务 14：时钟功能的实现

修改 App 测试程序，创建一个可周期运行的时钟，实现每隔 1 秒更新一次，分别用军用格式、标准格式输出时间信息（见代码 3-15）。

代码 3-15　测试周期执行时间

#001	/**
#002	* 所属包：cn.nbcc.chap03.exercise
#003	* 文件名：App.java
#004	* 创建者：郑哲
#005	* 创建时间：2014-2-4 下午11:10:42
#006	*/
#007	package cn.nbcc.chap03.exercise;
#008	import java.util.Timer;
#009	import java.util.TimerTask;
#010	public class App {
#011	public static void main(String[] args) {
#012	final Time t = new Time();
#013	TimerTask task = new TimerTask() {
#014	@Override
#015	public void run() {
#016	t.tick();
#017	System.out.println(t.toStdString());
#018	System.out.println(t.toMiliString());
#019	}
#020	};
#021	Timer timer = new Timer();
#022	timer.schedule(task, 0,1000);
#023	}
#024	}

我们可以像 012 行那样，通过 new 关键字创建一个 Timer 对象。但是，需要注意的是，Timer 定义在 java.util 包中。因此，需要使用它的话，必须在类 App 定义之前加入导入语句，如 008 行所示。

创建好的定时器，需要周期性地执行某个任务，定义任务的工作由 TimerTask 来完成。013～020 行定义了一个名为 task 的任务。这里通过匿名内部类的定义方式来创建一个 task 任务。

由于匿名内部类中的方法无法直接访问局部变量或者方法参数，当匿名内部类对象实例化时，外部对象的 final 本地变量和 final 方法参数将存于对象的实例变量中，匿名内部类对象方法能访问这些隐藏的实例变量。因此，这里必须在 012 行中将时间对象 t 定义为一个 final 对象，final 是表达常量的关键字。

常见编程错误
试图在匿名内部类的方法访问外部类的局部变量或者方法参数。

3.17 自测题

一、选择题

1. 如果有以下程序片段:
   ```
   public class Some{
   private Some some;
   private Some(){}
   public static Some create(){
   if(some==null){
   some=new Some();
           }
   return some;
         }
   }
   ```
   以下描述正确的是(　　)。
   A． 编译失败
   B． 客户端必须用 new Some()产生 Some 实例
   C． 客户端必须用 new Some().create()产生 Some 实例
   D． 客户端必须用 Some.create()产生 Some 实例

2. 如果有以下程序片段:
   ```
   public class Some{
   public int x;
   public Some (int x){
   this.x=x;
         }
   }
   ```
   以下描述正确的是(　　)。
   A． 创建 Some 时，可使用 new Some()或 new Some(10)形式
   B． 创建 Some 时，只能使用 new Some()形式
   C． 创建 Some 时，只能使用 new Some(10)形式
   D． 因为没有无自变量构造方法，所以编译失败

3. 如果有以下程序片段:
   ```
   public class Some{
   public int x;
   public Some (int x){
   x=x;
         }
   }
   ```
   以下描述正确的是(　　)。
   A． 利用 new Some(10)创建对象后，对象成员 x 值为 10
   B． 利用 new Some(10)创建对象后，对象成员 x 值为 0
   C． 利用 Some s=new Some(10)后，可使用 s.x 取得值
   D． 编译失败

4. 如果有以下程序片段：
```
public class Some{
public Some (int x){
this.x=x;
    }
}
```
以下描述正确的是（   ）。

A. 利用 new Some(10)创建对象后，对象成员 x 值为 10

B. 利用 new Some(10)创建对象后，对象成员 x 值为 0

C. 利用 Some s=new Some(10)后，可使用 s.x 取得值

D. 编译失败

5. 如果有以下程序片段：
```
package cn.nbcc.util
class Some{
public int x;
public Some (int x){
this.x=x;
    }
}
```
以下描述正确的是（   ）。

A. cn.nbcc.util 包中其他程序代码可以使用 new Some(10)

B. cn.nbcc.util 包外其他程序代码可以使用 new Some(10)

C. 可以在其他包使用"import cn.nbcc.util.Some;"

D. 编译失败

6. 如果有以下程序片段：
```
public class Some {
private final int x;
public Some (){}
public Some (int x){
this.x=x;
    }
}
```
以下描述正确的是（   ）。

A. 利用 new Some(10)创建对象后，对象成员 x 值为 10

B. 利用 new Some(10)创建对象后，对象成员 x 值为 0

C. 利用 Some s=new Some(10)后，可使用 s.x 取得值

D. 编译失败

二、改错题

找出下列程序代码片段的错误，并改正。

1）片段 1
```
int g()
{
System.out.println( "Inside method g" );
```

```
int h()
  {
System.out.println( "Inside method h" );
  }
}
```

2）片段 2
```
int sum( int x, int y )
{
int result;
result = x + y;
}
```

3）片段 3
```
void f( float a );
{
float a;
System.out.println( a );
}
```

4）片段 4
```
void product()
{
int a = 6, b = 5, c = 4, result;
result = a * b * c;
System.out.printf( "Result is %d\n", result );
return result;
}
```

三、编程题

1. 编写一个球类（Sphere），在控制台中提示用户输入球的半径（radius），为球类提供计算球体积的方法 sphereVolume。提示：计算球体积的示例如下。

double volume = (4.0 / 3.0) * Math.PI * Math.pow(radius, 3)

2. 试编写一个程序，显示如下所示的一个数字金字塔。

```
1
121
12321
1234321
123454321
12345654321
1234567654321
123456787654321
12345678987654321
```

3. 现有一个 Light 类，设计如下所示，需要保存一个灯的状态的属性信息，取名为 status，用 true 表示灯处于工作状态，用 false 表示灯处于熄灭状态。根据设计完成程序代码，并编写一个测试类 App，在该类中生成一个 light 实例对象，并且控制该对象的开关，验证它是否能正常工作。

第 4 章 继承和多态

本章将通过学生信息管理系统项目来介绍 Java 程序设计中的继承、接口和多态等高级主题。

4.1 项目背景简介

在学校中，开设了很多课程，如课号为 031J33A00 的 "Java 程序设计"、课号为 033B14A00 的 "办公软件高级应用" 等。每个学年，这些课程的基本信息都是一样的，如课名、课号、学分、课程描述等。

一次课程安排即一次授课，存储了上课时间和教师信息，同时还需要保留这门课程的学生清单。

4.2 类间关系

每个学期，教务通过排课设定下学期开设的课程列表，学生需要注册才能成功开课。每门课程安排（CourseSession）需要维护一个学生名单。在这些需求中，CourseSession 和 Student 是学生信息管理系统的关键类，这两个类的关系可以用 UML 图表示（见图 4-1）。

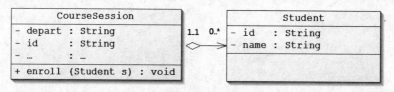

图 4-1 课程安排和学生类图

> 在实际项目中，很多类不总是孤立存在的，总是直接或间接地同其他类进行协作和交互。

常见的类和类之间的关系有如下几种：

1. 关联（association）关系（hold-a）

关联是类与类之间的连接，它使一个类知道另一个类的属性和方法。关联可以是双向的，也可以是单向的。在 Java 语言里，关联关系是使用实例变量实现的。例如，要表达每个人（Person 类）都必须有一个家庭住址（Address 类），则这两个类之间就具有关联关系，如图 4-2 所示。

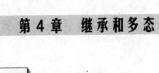

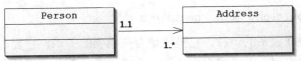

图 4-2　关联关系

2. 依赖（dependency）关系（use-a）

依赖也是类与类之间的连接。依赖总是单向的，依赖关系表示一个类依赖于另一个类的定义。例如，一个人（Person 类）会开车（Car 类），但他并不一定需要拥有一辆车，如果仅仅表达人会开车，那么 Person 类只需依赖于 Car 类。一般而言，依赖关系在 Java 语言中体现为局部变量、方法的参数，以及对静态方法的调用。

图 4-3　依赖关系

3. 继承（inheritance）关系（is-a）

继承指的是一个类（称为子类、子接口）继承另外的一个类（称为父类、父接口）的功能，并可以增加新的功能。例如，形状（Shape 类）和圆（Circle 类），形状（Shape 类）和三角形（Triangle 类）之间就是典型的继承关系。继承是类与类或者接口与接口之间比较常见的关系，通常表达一种"is-a"的关系。例如，圆是一种图形，三角形也是一种图形。关于继承关系的更多介绍，可以参见 4.8 节。

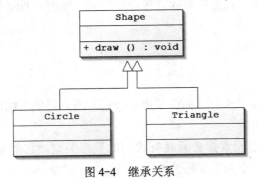

图 4-4　继承关系

4. 聚合（aggregation）关系（has-a）

聚合是关联关系的一种，是强的关联关系，指的是整体与部分的关系。例如，球队（Team 类）和球员（Player 类）之间的关系便是整体和个体的关系（见图 4-5）。聚合关系通常表述了"包含""组成""分为……部分"等意思。聚合关系也是通过实例变量实现的。

关联关系所涉及的两个类是处在同一层次上的，而在聚合关系中，两个类是处在不平等层次上的，一个代表整体，另一个代表部分。

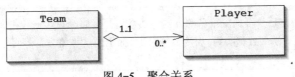

图 4-5　聚合关系

5. 合成（composition）关系（contain-a）

合成关系也是关联关系的一种，它是比聚合关系强的关系。它要求普通的聚合关系中代表整体的对象负责代表部分对象的生命周期。合成关系是不能共享的，此时的整体和部分是不可分的，代表整体的对象需要负责部分对象的生命周期，即整体的生命周期结束也就意味着部分对象的生命周期结束。例如，订单和订单项（见图4-6）是典型的合成关系（见图4-7）。

图4-6　订单和订单项

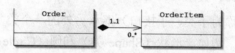

图4-7　合成关系

图4-1描述了类CourseSession和类Student的一种"聚合关系"，要让每个CourseSession对象保存选课的学生名单，这就需要保存多个学生对象信息。Java提供了数组和集合来对多个对象进行存储和维护。

4.3　数组

数组（array）为连续存放数据提供了可能。它为用户提供连续的内存空间，而这些空间就可以用来存放数组元素。

数组中的每一个数组元素都必须具有相同的数据类型，它们通过使用不同的下标来区分。注意，数组中的第一个元素下标为0。

 技巧
Java中数组是一个类。因此，在Java中创建和使用数组的时候都要遵循对象的操作方法。

创建一个数组时，要遵循对象的创建方法，包括两个步骤。

定义数组语法	示例
1）声明一个数组的引用	int array[]; //声明数组的引用
2）用new关键字初始化一个数组，并且指定数组的大小	array = new int[10];

在Java中，也可以用方括号再加变量名的方式声明数组。例如，int[] array和上面的声明是等效的，这似乎更符合引用变量的写法（数据类型 引用变量名），而上面这种将方括号写在变量名之后的写法主要是因为和C/C++兼容。

常见编程错误
如果只声明数组的引用而没有创建数组对象，便想要访问数组元素，将抛出 java.lang.NullPointerException 异常。

array 作为数组的引用变量，可以引用任何数组对象。数组的大小只有在实例化数组的时候才能确定。下面的示例就是告诉用户如何指定一个数组的大小。

由于数组是一个连续的内存空间，在初始化分配以后，它的大小就不能再改变了。在 Java 中，如果需要一个更大的数组的话，只需要实例化一个更大的数组，原来的数组就会被垃圾回收机制回收，而用户不需要对此做出任何额外的操作，这就是 Java 使用数组的优势。

例如，下面语句给 array 重新赋一个具有 30 个整型元素的数组，原来那个具有 10 个元素的数组就会自动被当成垃圾回收了，当然前提是没有任何的引用变量引用该数组了。

array = new int[30];

可以把声明数组引用变量和实例化数组写在一起，形成一条语句。

int [] array   = new int [31];

上述语句为 array 开辟 31 个整数单元（每个整数单元 4 字节，总共 124 字节）。在学 C/C++ 语言时，可能经常会有人提醒你："声明变量的同时进行初始化！"因为，在 C/C++ 语言中，如果不对变量初始化的话，那么里面的初始内容将不可预期。

但是，如果使用的是 Java 语言，在忘了初始化的时候，系统会自动进行初始化。表 4-1 就是针对各种类型变量，系统所进行的初始化操作。

表 4-1 数组初始化

数 据 类 型	初 始 化 值
byte	0
short	0
int	0
long	0
float	0.0
double	0.0
char	null
boolean	false
reference	null

良好的编程习惯
尽管在用户忘了初始化的时候系统会自动对数组进行初始化，但在声明变量时显式地初始化变量依然是一个良好的编程习惯。

4.3.1 访问数组

声明完一个数组以后，就可以通过数组引用变量和下标的配合使用来访问数组中的指定元素。需要注意的是，数组中的第一个元素下标是 0，第二个数组的下标是 1，依次类推。以下示例通过声明并实例化一个具有 20 个整型元素的数组，并通过数组名和下标访问第 1

个元素（下标 0），第 2 个元素（下标 1）和最后一个元素（下标 19），如图 4-8 所示。

```
int [] array = new int[20];
array[0] = 1;
array[1] = 2;
array[19] = 191;
```

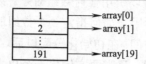

图 4-8　数组元素下标访问

注意数组的下标值，必须是一个正整数，不能超过数组的大小。例如，对于上述的具有 20 个元素的数组而言，array[20]=101 是不允许的，尽管在编译时，可以正常通过，但是在运行时，将会抛出数组下标越界的异常（ArrayIndexOutOfBoundsException）。

我们前面已经提过，Java 数组区别于其他语言最大的特点就是 Java 中数组是一个对象。既然如此，它就应该是一个包含数组相关数据和功能的封装实体。那么好处就是，在 Java 中每一个数组有一个包含该数组大小的属性 length，利用它，可以降低数组越界的可能性。还有一个经常使用 length 的地方就是，我们在进行遍历数组元素的时候，它的上界就可以写成 array.length，而不需要具体指定了。下面就是一个利用 length 遍历数组元素的操作。

```
for(int I = 0; I <array.length; i++)
{
    System.out.println("array[" + i + "] = " + array[i]);
}
```

注意：如果这里的 array 是我们前面声明过的具有 20 个元素的整型数组，那么 array.length 将返回 20，因此，在 for 循环中指定上界时不能用 "<=array.length"。

 常见编程错误
下标元素必须是非负整数，试图访问无效索引的数组元素（如 array[-1]、array[20]），将得到数组下标越界的异常（ArrayIndexOutOfBoundException）。

JDK 5.0 以后，提供了一种增强的 foreach 循环，可以快速遍历数组，用法如下：

```
for(int i: array){
    System.out.println(i);
}
```

需要注意的是，foreach语法中的i是循环变量，而不是数组下标。

4.3.2　引用数组

数组可以是整型、字符型、布尔型、浮点型等 8 种基本类型，当然也可以是第 9 种数据类型——引用数组，也就是存放引用变量的数组。每一个数组元素就是一个引用变量，该引用变量可以引用一个指定的对象。用户可以用任何类作为引用数组的数据类型，下面给出一个引用数组的声明并实例化的示例：

```
Student [] s = new Student[20];
```

这条语句首先声明了一个 Student 类型的引用数组，s 是该数组的数组名（s 也是一个引用变量，它引用的是这个 new 创建出来的数组对象），这个数组大小是 20，这就意味着用户可以向数组里存放 20 个 Student 对象。由于数组中的每一个元素都是 Student 引用变量，因此每一个数组元素可以引用一个 Student 对象。如果不初始化数组元素，则这些数组元素（都是引用变量）将初始化为 null，也就意味着不指向任何对象。

同基本数据类型数组的使用一样，引用数组的访问和使用也是通过数组名和下标的配合来访问和使用的。下面为引用数组中的第一个元素指定一个新建的对象：

```
s[0] = new Student("王希",21);
```

> 注意：引用数组的每一个元素都是一个引用，需要引用一个对象实例，如这里的Student数组中每个元素都需要引用一个学生实例对象。

由于数组元素是一个引用，可以通过该引用来调用对象的方法，因此，就需要在访问数组元素的时候，同时使用圆点操作符（.）来调用该对象的方法。

例如，调用 Student 对象的 getMajor()方法可以写成：

```
s[0].getMajor()
```

4.3.3 数组初始化

在 Java 中，可以用一行语句来声明一个数组引用，实例化一个数组，并填充数组元素，这就是数组初始化（array initializer）。它常常在用户创建一个较小的数组，并且有事先预定的数值时使用。它的使用方法如下：

```
int [] earnings = {1000, 3000, 5000, 7000, 9000};
```

 这里没有出现new操作符？

> 在使用初始化列表方式创建数组的时候，可以不使用new关键字，所有用来初始化数组的元素放置在一对大括号中。

常见编程错误

只有当一个新的数组引用声明时，数组初始化才能使用。例如：

```
String [] weekend = {"Saturday", "Sunday"}; //可行的
```

但是，如果把声明和初始化操作分成两步来操作，就会出现问题，如：

```
String [] weekend;
weekend = {"Saturday", "Sunday"}; //不能编译
```

4.3.4 多维数组

到目前为止，我们已经学会的都是一维数组的操作。Java 可以创建任意维的数组，例如我们熟悉的行列表就可以用一个二维数组来表示。和一维数组一样，二维数组也是一个对象，

因此，它也需要一个数组引用来引用它。在声明时，可以通过加两个方括号来指定它是一个二维数组的引用变量。例如，下面语句声明一个二维整型数组：

    int [] [] multiArray;

当实例化一个二维数组的时候，必须给出两个整数来指定行和列的数目。下面语句用来实例化一个数组对象，指定它为 10 行 8 列：

    multiArray = new int[10][8];

通过 new 关键字，现在这个数组就拥有 80 个元素空间，即 10 个一维数组，每个一维数组有 8 个元素空间（见图 4-9）。multiArray 指向一个含有 10 个一维数组引用变量的数组，而该一维数组中的每一个元素又是一个指向一维数组的引用，而该一维数组含有 8 个整数单元。

multiArray[0]	→	multiArray[0][0]	multiArray[0][1]	…	multiArray[0][7]
multiArray[1]	→	multiArray[1][0]	multiArray[1][1]	…	multiArray[1][7]
multiArray[2]	→	multiArray[2][0]	multiArray[2][1]	…	multiArray[2][7]
multiArray[3]	→	multiArray[3][0]	multiArray[3][1]	…	multiArray[3][7]
⋮		⋮	⋮		⋮
multiArray[9]	→	multiArray[9][0]	multiArray[9][1]	…	multiArray[9][7]

图 4-9 多维数组

二维数组的每一个元素，需要通过两个下标值来指定（一个用来指定行，另一个用来指定列）。例如，"multiArray[2][3] = 5;"，将二维数组中的第 2 行、第 3 列元素（也就是第 6 个元素）的值指定为数值 5。

对二维数组操作通常需要包含一个嵌套的循环，因为一个循环用来遍历行，另一个循环用来遍历行中的每一列元素。代码 4-1 是一个二维数组操作的示例，读者可仔细研读，并尝试推测它的输出。

代码 4-1 二维数组应用示例

#001	/**
#002	* 所属包：cn.nbcc.chap04.snippets
#003	* 文件名：MultiArraySnippet01.java
#004	* 创建者：郑哲
#005	* 创建时间：2014-2-8 下午12:04:09
#006	*/
#007	package cn.nbcc.chap04.snippets;
#008	public class MultiArraySnippet01 {
#009	public static void main(String[] args) {
#010	System.*out*.println("Instantiating a double array");
#011	int[][] mutliArray = new int[10][12];
#012	System.*out*.println("填充二维数组");
#013	for (int row = 0; row < 10; row++) {
#014	for (int col = 0; col < 12; col++) {

#015	`        mutliArray[row][col] = row + col;`
#016	`    }`
#017	`}`
#018	`System.out.println("显示每一个数组中的元素");`
#019	`for (int row = 0; row < mutliArray.length; row++) {`
#020	`    for (int col = 0; col < mutliArray[row].length; col++) {`
#021	`        System.out.print(mutliArray[row][col] + "\t");`
#022	`    }`
#023	`    System.out.println();`
#024	`}`
#025	`}`
#026	`}`

注意：在填充二维数组元素的时候，我们在上界条件使用硬编码（hardcoding）10 和 12 来控制循环变量，在这里它能正常工作，但是，使用数组时，应尽量使用 length 属性而不是硬编码。

技巧

使用 length 而不是具体数值，可以增加程序的可维护性。

4.3.5 数组类

java.util.Arrays 类提供了若干通用的操作数组的类方法。使用数组类，可以快速进行如下处理。

1）执行折半查找：BinarySearch（假定数组是事先排好序的）。
2）对数组排序：sort。
3）将数组转换成实现接口 List 的对象：asList。
4）和另一个相同类型的一维数组对象进行比较：equals。
5）获取散列值：hashcode。
6）用指定值填充数组的所有元素或子集：fill。
7）获取数组的可打印形式：toString。

代码 4-2 为 Arrays 数组类的使用示例。

代码 4-2　Arrays 数组类的使用示例

#001	`/**`
#002	` * 所属包：cn.nbcc.chap04.snippets`
#003	` * 文件名：ArraysSnippets01.java`
#004	` * 创建者：郑哲`
#005	` * 创建时间：2014-2-8 下午12:31:38`
#006	` */`
#007	`package cn.nbcc.chap04.snippets;`

#008	`import java.util.Arrays;`
#009	`public class ArraysSnippets01 {`
#010	`    public static void main(String[] args) {`
#011	`        int [] a = {1,2,3};`
#012	`        int [] b = {1,2,3};`
#013	`        System.out.println(a==b);`
#014	`        System.out.println(a.equals(b));`
#015	`        System.out.println(Arrays.equals(a, b));`
#016	`    }`
#017	`}`

无论数组中包含的是基本类型还是引用类型，数组本身都是引用类型。这里的 a、b 就是两个引用数组对象的引用类型，Java 虚拟机会将它们存储在两个不同的内存位置，这意味着对两个数组引用使用比较运算符"=="，实际比较的是这两个引用的内存地址，结果为 false。

由于数组是引用，因此可以使用任何对象自带的 equals()方法比较两个数组。但是，即使两个数组具有相同的维度和相同的内容，比较的结果仍然是 false，因为继承自 Object 的 equals 默认实现比较的就是引用地址，关于这点可参考继承相关内容。

正确比较数组的方法是使用 Arrays 类的静态方法 equals()，它提供了两个数组内容的比较，而不是内存位置。

4.4 ArrayList

数组的局限在于，一旦生成，其大小便固定下来。Java 还提供了集合 Collection，相对数组，它的代码更简单，更接近纯面向对象，用法也更加灵活。

ArrayList 是 Java 提供的集合类中的一个实现，它是一个可以改变大小的数组，也就是说，当有元素添加到 ArrayList 中时，它的大小可动态改变，还可以直接通过 get()和 set()方法进行访问。关于集合类的详细介绍，可参考 4.10 节。

4.5 项目任务 15：学生注册代码实现

按照代码 4-3，编写 CourseSession.java 的源程序。

代码 4-3 学生注册课程代码

#001	`package cn.nbcc.chap04.entities;`
#002	`import java.util.ArrayList;`
#003	`import java.util.Date;`
#004	`public class CourseSession {`
#005	`    private String id;`
#006	`    private String depart;`

#007	`private ArrayList<Student>students = new ArrayList<Student>();`
#008	`public CourseSession(String id, String dep) {`
#009	`    super();`
#010	`    this.id = id;`
#011	`    this.depart = dep;`
#012	`}`
#013	`public void enroll(Student s) {`
#014	`    students.add(s);`
#015	`}`
#016	`}`

007 行使用 ArrayList 类作为容器维护学生清单，由于 ArrayList 使用范型定义，因此，在使用时需要使用<String>表示数组列表中存放的元素类型；声明的引用变量 students，引用了一个通过 new 创建的实际数组列表对象。

014 行通过调用 students 数组列表的 add()方法，可以向数组列表中添加学生对象，也可以通过 students.get (int index) 方法来获取某个指定下标的对象。

ArrayList对象的内部实现维护着一个数组对象，其起始下标也是从 0 开始。

4.6 枚举

如果现在需要为所有学生提供成绩单，并且对于给定某个学生，还能够计算出他的平均成绩（GPA）。为实现这一目的，学生对象需提供addGrade方法，该方法以成绩作为参数（成绩是"A、B、C、D、F"中某个字符）。计算平均成绩时，需将成绩转换成可计算的整数，其中A对应 4 分，B对应 3 分，C对应 2 分，D对应 1 分，F不给分。想一想，在学生类中应该选择什么数据类型保存这些成绩？

成绩可以有多个，如果大小固定的话，则可以使用整型数组，如果不固定，就可以使用ArrayList数组列表。

这里的成绩不限定个数，我们就采用ArrayList来实现（见代码 4-4）。

代码 4-4 学生平均成绩

#001	`package cn.nbcc.chap04.entities;`
#002	`import java.util.ArrayList;`
#003	`public class Student {`
#004	`    String name;`
#005	`    String id;`
#006	`    private ArrayList<String> grades= new ArrayList<String>();`
#007	`    public Student(String id,String name) {`

#008	`        this.id = id;`
#009	`        this.name = name;`
#010	`    }`
#011	`    public void addGrade(String grade ) {`
#012	`        grades.add(grade);`
#013	`    }`
#014	`    public double getGPA() {`
#015	`        if (grades.isEmpty())`
#016	`            return 0.0;`
#017	`        double total = 0.0;`
#018	`        for (String grade : grades) {`
#019	`            if (grade.equals("A")) {`
#020	`                total+=4;`
#021	`            }elseif (grade.equals("B")) {`
#022	`                total+=3;`
#023	`            }elseif (grade.equals("C")) {`
#024	`                total+=2;`
#025	`            }elseif (grade.equals("D")) {`
#026	`                total+=1;`
#027	`            }`
#028	`        }`
#029	`        return total/grades.size();`
#030	`    }`
#031	`}`

006 行创建了一个数组列表对象 grades 用以存放学生对象的所有成绩。011 行供其他客户发送 addGrade 消息给学生对象，并将参数 grade 添加到数组列表中。014 行开始处理平均成绩，这里使用数组列表对象的 isEmpty()方法判断数组列表是否为空，若为空，则没有任何成绩，立即返回 0.0，否则使用增强 foreach 循环变量数组列表，根据循环变量 grade 的值，转换成整数值，累加到局部变量 total 中。循环结束后，将 total 除以 grades.size()，求得平均成绩并返回。

> 尽管这里的字符串能很好地工作，但无法避免用户传入一个无效的值，例如 "student.addGrade("x");"。我们可以使用枚举类型，优化这段程序代码。

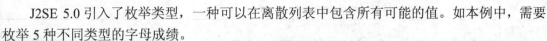

J2SE 5.0 引入了枚举类型，一种可以在离散列表中包含所有可能的值。如本例中，需要枚举 5 种不同类型的字母成绩。

```
public class Student {
    enum Grade{A,B,C,D,F};
    …
```

正如类的定义一样，使用 enum 可以声明一个新类型 Grade。由于它定义在类 Student 内部，因此，在客户代码中访问内部类的语法使用如下。

内部类的访问语法	示例

…
public class Student
{
    enum Grade{A,B,C,D,F};
    …
}
	class App{
	    public static void main(String args[]){
	        …
	        student.addGrade(Student.Grade.A);
	        …
	    }
	}

4.7 项目任务 16：使用枚举重构

使用枚举重构的示例如代码 4-5 所示。

代码 4-5 使用枚举重构

#001	`package cn.nbcc.chap04.entities;`
#002	`import java.util.ArrayList;`
#003	`public class Student {`
#004	`    enum Grade{A,B,C,D,F};`
#005	`    String name;`
#006	`    String id;`
#007	`    private ArrayList<Grade> grades = new ArrayList<Grade>();`
#008	`    public Student(String id,String name) {`
#009	`        this.id = id;`
#010	`        this.name = name;`
#011	`    }`
#012	`    public void addGrade(Grade grade ) {`
#013	`        grades.add(grade);`
#014	`    }`
#015	`    public double getGPA() {`
#016	`        if (grades.isEmpty())`
#017	`            return 0.0;`
#018	`        double total = 0.0;`
#019	`        for (Grade grade : grades) {`

#020	total = gradePointsFor(grade);
#021	}
#022	return total/grades.size();
#023	}
#024	public double gradePointsFor(Grade grade) {
#025	if (grade==Grade.*A*) return 4;
#026	if (grade==Grade.*B*) return 3;
#027	if (grade==Grade.*C*) return 2;
#028	if (grade==Grade.*D*) return 1;
#029	return 0;
#030	}
#031	}

004 行定义了一个枚举类型 Grade，取值为 "A、B、C、D、F"；修改 007 行范型类型为 Grade 类型，数组列表用于存取枚举值；修改 012 行，将 addGrade()方法的参数类型修改为 Grade；抽取等级数值转换的相关代码，将其封装成一个独立的方法 gradePointsFor()，以使代码更易维护。修改 025～028 行的代码实现，使用枚举类型的数值进行比较。

视频 09：重构之抽取方法

要查看抽取方法的重构过程，请播放教学视频 09.mp4。

技巧

将可能需要经常变动的代码抽取出来封装成独立的方法，可以大大增加程序的可维护性。

4.8 继承和多态

在实际编写程序过程中，创建类是程序的主要工作。面向对象程序语言提供给我们一个强大的功能，即我们不需要每次都从头开始创建一个类，使用类的继承，可以创建基于现有的类的扩展。可见，继承是Java面向对象编程技术的一块基石。

技巧

1）类的继承允许创建分等级层次的类。
2）类的继承允许获取现有类的属性和方法。
3）类的继承避免重复的代码，使程序代码更加简洁。
4）类的继承使程序代码更易扩展。

4.8.1 继承的概念

下面介绍一个未实行继承（inheritance）的 Student 类的示例，如图 4-10 所示。

第 4 章　继承和多态

```
           Teacher
- name : String
- id   : int
+ getId ()                       : int
+ setId (int newId)              : void
+ getName ()                     : String
+ setName (String newName)       : void
+ login ()                       : void
+ logout ()                      : void
```

```
           Student
- name : String
- id   : int
+ getId ()                       : int
+ setId (int newId)              : void
+ getName ()                     : String
+ setName (String newName)       : void
+ login ()                       : void
+ logout ()                      : void
+ getGPA ()                      : double
+ addGrade (Grade grade)         : void
```

图 4-10　未实行继承的 Student 类

在学生信息系统中，Student 类和 Teacher 类各自维护自身的信息，但是它们有些共同的特征，比如：都需要保存自己的 id，都需要保存自己的姓名，以及相应的 Setters 和 Getters 方法。除此之外，login() 和 logout() 也是这两个类中共同具有的方法。

如果去实现这些类，一定会出现很多重复的代码。

是的，不过可以使用 Java 的继承语法，将那些共同的属性和行为，抽取到父类中，通过类的继承来复用重复的代码。

图 4-11 中，我们通过创建 User 类（见代码 4-6），作为父类，也称为超类（super class），或基类（base class），将那些共同属性和行为抽取到其中，而让 Teacher 类和 Student 类通过继承来复用这些代码，相对于父类，它们称为子类（subclass），也叫派生类。这样不仅消除了重复的代码，将代码集中管理，更简化了子类代码的实现。

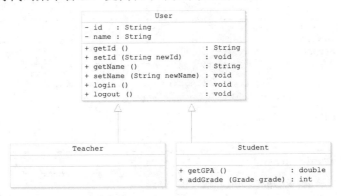

图 4-11　Student 类的继承

事实上，所有的 Java 类均是由 java.lang.Object 类继承而来的，因此，Object 是所有类的祖先类，在前面我们定义的类中虽然没有显式地写出来，但其实是隐含的。而除了继承 Object 外，所有继承其他类的子类必须要显式地指定一个父类。

还需要注意的是，Java 只允许单一继承，即每个子类只有一个父类。

默认及显式的继承语法

```
//默认的继承                          //显式继承
class Student{                       class Student extends Object{
   …                                    …
}                                    }
```

代码 4-6 User 类实现

#001	package cn.nbcc.chap04.entities;
#002	public class User {
#003	protected String name;
#004	protected String id;
#005	
#006	public User() {
#007	}
#008	public User(String id, String name) {
#009	this.id = id;
#010	this.name = name;
#011	}
#012	public String getName() {
#013	return name;
#014	}
#015	public void setName(String name) {
#016	this.name = name;
#017	}
#018	public String getId() {
#019	return id;
#020	}
#021	public void setId(String id) {
#022	this.id = id;
#023	}
#024	public void login(){
#025	System.*out*.println(name+"登录");
#026	}
#027	public void logout(){
#028	System.*out*.println(name+"退出");
#029	}
#030	}

代码 4-6 描述了所有用户的共同属性和行为，需要注意的是，这里的实例变量使用 protected 作为访问权限控制符，这意味着对于这些实例变量的访问，只允许在同一个类中、同一个包中，以及所有派生类中（参见表 3-4）。

代码 4-7 和代码 4-8 在类名后通过添加 extends 关键字，指定继承的父类为 User。设定继承关系以后，子类便获得了父类的 protected 属性和 public 方法。

代码 4-7 Student 类实现

#001	package cn.nbcc.chap04.entities;
#002	import java.util.ArrayList;
#003	public class Student extends User {
#004	...
#005	public Student(String id,String name) {
#006	super(id,name);
#007	}
#008	}

代码 4-8 Teacher 类实现

#001	package cn.nbcc.chap04.entities;
#002	public class Teacher extends User {
#003	}

 使用 super 关键字可以调用父类的构造方法,例如在代码 4-7 的 006 行,使用 super 语句调用 User 的构造方法。

常见编程错误

1）子类无法访问父类中私有变量,子类只能通过继承自父类的非私有方法来修改父类的私有变量。

2）子类中如果要调用父类的构造方法,需要使用 super 语句,而且它必须作为子类构造方法的第一条语句。

3）子类对象的构建依赖于父类的构造方法。如果子类构造方法中没有指定执行父类中的哪个构造方法,默认会调用父类中的无参数构造方法。因此,删除 User 类的 006～007 行不带参数的构造方法后,子类 Teacher 必须提供带两个参数的构造方法。

调用父类方法的语法	示例
调用构造方法：super(参数列表);	super(id,name);
调用父类非构造可见方法：super.方法名(方法参数列表);	super.getName();

4.8.2 多态与 is-a

Student 类和 User 类的这种继承关系,也称为 "is-a" 关系,表示一个对象是另一个对象的一个分类（子类）。因此,下面的说法是正确的：

1）学生是用户。

2）教师是用户。

但是,反过来说就是错误的：

1）用户是学生。

2）用户是教师。

著名的里氏替换原则（LSP）讲过：所有引用父类的地方，都能透明地替换成其子类对象。只要父类能出现的地方，子类就可以出现。在Java语言中，可以使用instanceof关键字来判断继承的is-a关系，如代码4-9所示。

代码4-9　测试程序

#001		`package cn.nbcc.chap04.snippets;`
#002		`import cn.nbcc.chap04.entities.Student;`
#003		`import cn.nbcc.chap04.entities.Teacher;`
#004		`import cn.nbcc.chap04.entities.User;`
#005		`public class SMSApp {`
#006		`    public static void main(String[] args) {`
#007		`        Student s = new Student("001", "张三");`
#008		`        Teacher t = new Teacher("001", "王老师");`
#009		`        User u = new Student("002", "李四");`
#010	`//`	`        User[] usrs= {`
#011	`//`	`                new Student("001", "张三"),`
#012	`//`	`                new Teacher("001", "王老师")`
#013	`//`	`        };`
#014		`        System.out.println(t instanceof User);`
#015		`        System.out.println(s instanceof User);`
#016		`        System.out.println(u instanceof Student);`
#017		`        System.out.println(u instanceof Teacher);`
#018		`    }`
#019		`}`

运行输出结果：

```
true
true
true
false
```

基于is-a原理，在009行可以使用父类的引用变量u，引用子类对象(Student"002"，"李四")。甚至，用户可以设定一个保存User类型的数组或集合，存放相应的子类对象，如010~013行所示。使用instanceof可以判断某个引用保存的对象是否是某个类型的实例，如014~017行所示。

可以使用父类引用变量保存子类对象，Java将这种把一个对象当成它的父类对象来使用的情况称为向上转换（upcasting）。

老师，我已经了解了实例变量和一般方法、构造方法的继承关系。可是，除了实例变量之外，那些静态成员（比如静态变量、静态方法），它们也会被继承吗？

第 4 章 继承和多态

> 类的静态成员属于类，父类的非私有静态成员同样会被子类继承。需要注意的是，类的静态成员需要通过"类名.变量名"或者"类名.方法名"的形式访问。

4.8.3 重新定义行为

子类除了继承父类非私有方法之外，还可以覆写父类的行为。例如，本系统对于不同的用户会展示不同的操作界面，学生登录（login）时除了显示登录信息之外，还将切换到学生视图界面；教师登录时除了显示登录信息之外，还将切换到教师视图界面。

覆写父类的行为的示例如代码 4-10～代码 4-12 所示。

代码 4-10　父类 login()

#001	package cn.nbcc.chap04.entities;
#002	public class User {
#003	...
#004	public void login(){
#005	System.*out*.println(name+"登录");
#006	}
#007	...
#008	}

代码 4-11　子类 Teacher 覆写 login()

#001	/**
#002	* 所属包：cn.nbcc.chap04.entities
#003	* 文件名：Teacher.java
#004	* 创建者：郑哲
#005	* 创建时间：2014-2-8 下午04:04:59
#006	*/
#007	package cn.nbcc.chap04.entities;
#008	public class Teacher extends User {
#009	public Teacher(String id, String name) {
#010	super(id, name);
#011	}
#012	@Override
#013	public void login() {
#014	super.login();
#015	System.*out*.println("切换到教师视图界面");
#016	}
#017	}

117

代码 4-12　子类 Student 覆写 login()

#001	package cn.nbcc.chap04.entities;
#002	import java.util.ArrayList;
#003	public class Student extends User {
#004	...
#005	@Override
#006	public void login() {
#007	super.login();
#008	System.*out*.println("切换到学生视图");
#009	}
#010	}

代码 4-11 和代码 4-12 中的子类 Student、Teacher 在继承父类 User 之后，定义与父类中相同的方法签名（这里的 login），但它们的执行内容不同，这称为方法覆写（override）。

由于子类 Student 对父类的 login() 方法不满意，因此在 Student 类中重新定义了它。注意代码 4-12 中的 005 行，这是 JDK 之后支持的标注（Annotation），其中的一个内建标注是 @Override。如果子类中某个方法前标注 @Override，表示要求编译程序检查，该方法是不是真的重新定义了父类的某个方法，如果不是的话，就会引发编译错误。代码 4-12 中的 007 行，在覆写时，如果需要调用父类的相关方法，可以使用"super.父类方法名"的形式调用。

测试代码如代码 4-13 所示。

代码 4-13　动态绑定测试

#001	package cn.nbcc.chap04.snippets;
#002	import cn.nbcc.chap04.entities.Student;
#003	import cn.nbcc.chap04.entities.Teacher;
#004	import cn.nbcc.chap04.entities.User;
#005	public class SMSApp1 {
#006	public static void main(String[] args) {
#007	User[] usrs = {
#008	new Student("001", "张三"),
#009	new Teacher("001", "王老师")
#010	};
#011	for (User usr : usrs) {
#012	usr.login();
#013	}
#014	}
#015	}

运行输出结果：

张三登录
切换到学生视图
王老师登录
切换到教师视图界面

代码 4-13 中的 007～010 行声明了一个父类 User 类型的数组,并使 usrs[0]引用一个子类 Student 对象,usrs[1]引用一个子类 Teacher 对象(里氏替换原则)。在使用循环语句变量数组,并调用 login()方法的时候,尽管引用变量是 User 类型,但它们引用的实际对象是子类对象(见图 4-12),因此,在调用 login()方法时,JVM 会动态地调用引用变量实际引用的对象中的方法,这种行为称为动态绑定。

像这种使用单一接口(usr的login)操作多种类型的对象(Student、Teacher),称为多态。

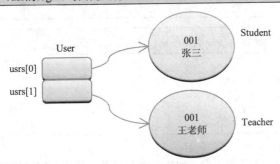

图 4-12 动态绑定内存示意图

4.8.4 抽象方法和抽象类

Java 允许父类的某个方法不编写任何程序代码(称为空实现),而将所有的具体工作由子类实现。但如果单靠上述的覆写方式的话,没有强制性,程序员容易忘记或遗漏需要覆写的方法。一个更好的做法如下:

1)在父类中将无法实现的方法声明为抽象方法,方法前使用 abstract 修饰符标识。
2)将含有抽象方法的类声明为抽象类(见代码 4-14),类定义 class 关键字前加 abstract 修饰符标识。

代码 4-14 抽象类

#001	package cn.nbcc.chap04.entities;
#002	public abstract class User {
#003	…
#004	public abstract void login();
#005	…
#006	}

常见编程错误

1)抽象类含有未定义的抽象方法,也就无法实例化一个抽象类。因此,欲创建一个抽象类的对象是一种常见错误。

2)子类继承一个抽象父类,没有实现需要具体化的抽象方法,是一种常见编译错误,Java 编译器会给出警告,告知用户必须实现该抽象方法,除非子类继续成为抽象类。

3)包含抽象方法却不声明为抽象类是常见的一种编译错误。

需要注意的是，包含抽象方法的类必须是一个抽象类，但抽象类不一定要显式地包含抽象方法。无论怎样，抽象方法总是不能被实例化。

4.8.5 终止继承

老师，继承关系的层级可以无穷无尽地扩展下去，如果我不想让其他用户扩展我的类，该如何终止继承关系呢？

只需要给类定义添加final修饰符。我们曾经用过的java.lang.Math类就是一个终态类，如下所示。

```
public final class Math{
    …
}
```

常见编程错误
声明为 final 的类无法被扩展，如果继承 final 类，将发生编译错误。

同样，在定义方法时，也可以限定该方法为final，表示最后一次定义方法，即子类不可以重新覆写该方法。

4.8.6 java.lang.Object

前面已经提到，java.lang.Object 是 Java 类的共同"祖先"，Java 中的任何类都直接或者间接继承自它。

在 Object 类中定义了几个常用的方法。

（1）重新定义 toString()

Object 中对 toString()的默认实现是返回"对象所属类的类名@十六进制散列值"字符串，该方法也是 System.out.println()方法打印对象时默认调用的方法。我们可以覆写 toString()方法来实现对象信息的打印，如代码 4-15 所示。隐式调用 toString()方法的示例如代码 4-16 所示。

代码 4-15　覆写 toString()

#001	package cn.nbcc.chap04.entities;
#002	public abstract class User {
#003	private String name;
#004	protected String id;
#005	@Override
#006	public String toString() {
#007	return String.format("id=%s,name=%s", id,name);
#008	}
#009	}

第4章 继承和多态

代码4-16　隐式调用toString()

#001	`package cn.nbcc.chap04.snippets;`
#002	`import cn.nbcc.chap04.entities.Student;`
#003	`import cn.nbcc.chap04.entities.Teacher;`
#004	`import cn.nbcc.chap04.entities.User;`
#005	`public class SMSApp1 {`
#006	`    public static void main(String[] args) {`
#007	`        User[] usrs = {`
#008	`            new Student("001", "张三"),`
#009	`            new Teacher("001", "王老师")`
#010	`        };`
#011	`        for (User usr : usrs) {`
#012	`            System.out.println(usr);  //等价System.out.println(usr.toString());`
#013	`        }`
#014	`    }`
#015	`}`

（2）重新定义equals()

在Java中要比较两个对象的实质相等性，不是使用==（它比较的是引用变量的地址是否相同），而是使用equals()方法。

实际上，equals()方法是Object类定义的方法，它的代码如下：

```java
public boolean equals(Object obj) {
    return (this == obj);
}
```

如果没有重新定义equals()，在使用equals()方法时，作用等同于==，因此，要比较实质内容时，需要重新定义。例如，比较两个Student对象，只要学号相同即认为这两个Student对象是同一个对象（见代码4-17和代码4-18）。

代码4-17　覆写equals()

#001	`package cn.nbcc.chap04.entities;`
#002	`import java.util.ArrayList;`
#003	`public class Student extends User {`
#004	`    ...`
#005	`    @Override`
#006	`    public boolean equals(Object obj) {`
#007	`        if (obj instanceof Student) {`
#008	`            Student other = (Student) obj;`
#009	`            return this.id.equals(other.id);`
#010	`        }`
#011	`        return super.equals(obj);`
#012	`    }`
#013	`}`

代码 4-18 equals()测试程序

#001	package cn.nbcc.chap04.snippets;
#002	import cn.nbcc.chap04.entities.Student;
#003	import cn.nbcc.chap04.entities.Teacher;
#004	import cn.nbcc.chap04.entities.User;
#005	public class SMSApp2 {
#006	public static void main(String[] args) {
#007	Student s1 = new Student("001", "张三");
#008	Student s2 = new Student("001", "张三");
#009	System.*out*.println(s1.equals(s2));
#010	}
#011	}

代码 4-17 中 005～012 行覆写了 Object 中的 equals()方法。覆写时，通过 instanceof 语法首先判断传入的要比较的对象是否是 Student 类型，如果是，则强制转换 obj 为 Student 类型，并利用 id 是 String 类型的特点，系统提供的 String 类实现了 equals 实质相等性，因此，将 Student 对象的实质相等性判断最终转交给 id 字符串的 equals 相等性判断去处理。代码 4-18 测试了两个相同学号的对象是否相等，其输出结果为 true。

> 当一个子类对象以父类数据类型使用时，可以将它再还原成子类对象，这种形式在Java中称为"向下转型"（downcasting），如代码 4-17 中的 008 行所示。

4.9 接口

4.8 节中，抽象类向我们展示了比具体类更加灵活的特性。可以发现，灵活性是和抽象性成正比的，抽象给具体的实现留有灵活的余地，即越抽象则灵活性越大。

在现实编程中，会看到不少抽象类是非常纯粹的，除了定义一些方法的名称、参数和返回类型外，没有任何代码。换言之，所有方法都是空方法，没有任何具体代码，这样的抽象类，称为纯粹的抽象类。纯粹的抽象类在运用中其作用仅限于作为一种数据类型，描述了一类数据会有怎样的特征，没有任何具体代码。然而，大家应该可以想到，这样的抽象类是很有作用的，它给予了子类最大的灵活性。

在使用接口（interface）时，如果有一些类，相互没有关联，但具有一个或多个相同的 public 方法，那么使用一个接口 A 来定义这些方法。然后，将这些类写成实现接口 A，这样就能将这些类生成的对象看成同一个数据类型 A 来使用，就可以充分享受向上转换和向下转换带来的好处。使用接口作为数据类型，可以让系统具有更好的模块替换性和模块插入性。

接口的实际意义是，接口仅包含一组方法声明，没有具体的代码实现。实现接口的类必须按照接口的定义实现这些方法，从而实现同一个接口的类都具有这个接口的特征。接口如同协议，描述了实现接口的对象向外部的承诺。这样，其他的对象就可以根据这个协议来和实现接口的对象交流。

第 4 章 继承和多态

> 通俗地讲，接口就是一个封装了方法原型的抽象类。每个实现接口的子类必须负责实现这些抽象方法。类通过实现接口，从而能够作为除了父类和自身类以外的其他数据类型。这种能够以其他数据类型向上转型的功能是接口的核心。

4.9.1 如何创建接口

创建接口语法	示例

[可视性] interface 接口名称 [extends 其他的接口名] {
    // 声明常量
    // 抽象方法
}
	public interface A extends B
	{
	    int CONST = 1;
	    void method1();
	    public abstract void method2();
	}

> 需要注意的是，接口中允许定义成员变量和成员方法，与类不同的是：
> 1) 对于成员变量，默认添加了 public、static、final 修饰符，这意味着，定义在接口中的成员变量必须是一个常量，要按照 Java 对常量的约定进行定义（大写，单词之间用 "_" 分隔），并且要显式初始化，如示例中的 CONST。
> 2) 对于成员方法，接口中的方法默认为 public、abstract 类型（默认是隐含），也可显式写全，如示例中的 method1、method2 是等价的），没有方法体，不能被实例化。

接口在语法上的表现是，只定义数据类型的 public 方法的名称、参数和返回类型，不给出实现，其余一概不管。其实，知道了一个对象的公共方法名称、参数和返回类型，就已经足够外界使用该对象了。接口对方法的定义，为方法的调用提供了足够的信息。

此外，从示例中还可以知道，接口也可以继承关系，子接口可以继承父接口中定义的所有成员变量和成员方法。

常见编程错误
接口中定义成员变量而不初始化是一种常见的错误。

良好的编程习惯
将接口中的常量使用全大写，单词之间用 "_" 分隔，是良好的编程习惯。

4.9.2 实现接口

实现接口语法
public class A extends B implements C, D{...}

代码 4-19 是 JDK 中 String 类的内部实现。

代码 4-19 实现接口

#001	`public final class String implements java.io.Serializable, Comparable<String>, CharSequence {`
#002	...
#003	`public int compareTo(String anotherString)      {`

123

#004	...
#005	}
#006	public int length() {
#007	...
#008	}
#009	public char charAt(int index) {
#010	...
#011	}
#012	public CharSequence subSequence(int beginIndex, int endIndex) {
#013	...
#014	}
#015	public String toString() {
#016	...
#017	}
#018	}

001 行中 String 类前的 final 修饰符，表示用户无法对 String 类进行继承，因为它是终止类。同时，从 implements 关键字后的部分可以看出，String 类实现了 3 个接口，分别是 Serializable、Comparable、CharSequence。查看这 3 个接口，会发现 Serializable 是指一个空接口（不定义任何成员）；Comparable 接口中定义了一个成员方法 compareTo()；CharSequence 接口中定义了 4 个方法：length()、charAt()、subSequence()和 toString()。作为接口的实现者，必须负责对要实现的接口中定义的抽象方法进行具体实现，如上述代码中的 003～017 行（限于篇幅，不再展开）。

这里的 Serializable 接口没有定义任何成员，它的作用只是给类实现一种标记，通常与多态一起使用。

> 从这个示例可以看出，类的继承只允许每个类拥有一个父类，而对于接口，一个类可以实现多个接口。

4.9.3 接口的用途

接口作为一种新的数据类型，同样可以用来定义引用变量，引用某个对象。同时，接口也符合里氏替换原则。它在很多 Java 设计模式中有着广泛的应用。

1）定制服务模式：设计精粒度的接口，每个 Java 接口代表相关的一组服务，通过继承来创建复合接口。

2）适配器模式：当每个系统之间接口不匹配时，用适配器来转换接口。

3）默认适配器模式：为接口提供简单的默认实现。

4）代理模式：为 Java 接口的实现类创建代理类，使用者通过代理来获得实现类的服务。

5）标识类型模式：用接口来标识一种没有任何行为的抽象类型。

6）常量接口模式：在接口中定义静态常量，在其他类中通过 import static 语句引入这些常量。

第 4 章 继承和多态

> 继承是侵入性的，只要继承，就必须拥有父类的属性和方法。同时，继承降低了代码的灵活性，也就是子类必须拥有父类的属性和方法，让子类多了些约束。此外，继承增强了耦合性。当父类的属性和方法被修改时，必须要考虑子类的修改。而使用接口，则会使得类更加自由。因此，从某种意义上来说，接口比继承更为有用。

> 💡 **技巧**
> 实现接口而不是继承可以增加程序的灵活性。

4.9.4 项目任务 17：计分策略

> 在 4.7 节中，我们使用枚举类型实现了对学生平均成绩的计算，现在我们再增加一下学生成绩的复杂度，如对于有荣誉的学生，有更加优厚的得分待遇。例如，对于A，他们可以得到 5 分，对于B，他们可以得到 4 分，对于C，他们可以到 3 分，对于D，他们可以得到 2 分。

> 这个容易，我可以在 Student 类中增加一个有"荣誉"的学生的判定标识 isHonors，再增加一段 if 判断，如果是有荣誉的学生，则使用新的计分规则。

> 很好，这样确实是一种办法。但是，如果今后用户提出新的需求，对于"尖子生"，要实施新的计分策略，无论成绩是什么等级，他的分数总是 4 分，那又如何应对呢？如果每增加一种方案，就要修改 Student 类，很快它的代码就难以维护了，而且还会直接影响依赖于它的类，甚至导致无法正常工作的后果。

> 💡 **技巧**
> 在进行系统设计时，通过扩展来适应变化，不要通过修改来适应变化。

可以将成绩方案理解为某种策略，根据不同类型的学生，策略会有所变化。可以将每个成绩方案设计为一个类。Student 存储一个指向 GradingStrategy 接口类型的引用，该接口声明：任何实现该接口的类，必须提供根据给定 Grade 返回分数的功能。

这样，用户可以编写不同的 GradingStrategy 接口实现（RegularGradingStrategy 表示普通计分策略，HonorsGradingStrategy 表示荣誉计分策略，EliteGradingStrategy 表示"尖子生"计分策略），来应用不同的计分策略（见图 4-13）。

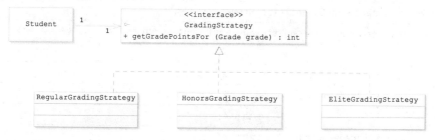

图 4-13 计分策略实现 1

图 4-13 描述了学生计分功能相关类的类图关系，Student 类关联了一个计分策略类的引用，

这意味着每个学生对象拥有一个 GradingStrategy 的引用变量（这里 1:1 关系也称为多重性）。接口的 UML 图形表示同样使用矩形，通常在接口名上使用《interface》进行标注，以与类名相区别。接口和类的实现关系（realization）使用虚线加空心箭头的线型标记，箭头指向的为接口。

根据上述设计，创建GradingStrategy接口（见代码4-20）。

代码4-20　GradingStrategy.java

#001	package cn.nbcc.chap04.tasks;
#002	import cn.nbcc.chap04.entities.Student;
#003	public interface GradingStrategy {
#004	int getGradePointsFor(Student.Grade grade);
#005	}

分别创建类RegularGradingStrategy、HonorsGradingStrategy，并实现GradingStrategy接口（见代码4-21和代码4-22）。

代码4-21　RegularGradingStrategy.java

#001	package cn.nbcc.chap04.tasks;
#002	import cn.nbcc.chap04.entities.Student.Grade;
#003	public class RegularGradingStrategy implements GradingStrategy {
#004	@Override
#005	public int getGradePointsFor(Grade grade) {
#006	if(grade==Grade.A) return 4;
#007	if(grade==Grade.B) return 3;
#008	if(grade==Grade.C) return 2;
#009	if(grade==Grade.D) return 1;
#010	return 0;
#011	}
#012	}

代码4-22　HonorsGradingStrategy.java

#001	package cn.nbcc.chap04.tasks;
#002	import cn.nbcc.chap04.entities.Student.Grade;
#003	public class HonorsGradingStrategy implements GradingStrategy {
#004	@Override
#005	public int getGradePointsFor(Grade grade) {
#006	if(grade==Grade.A) return 5;
#007	if(grade==Grade.B) return 4;
#008	if(grade==Grade.C) return 3;
#009	if(grade==Grade.D) return 2;

#010	return 0;
#011	}
#012	}

修改Student类,创建一个实例变量gradingStrategy,并提供设置计分策略的方法setGradingStrategy()。另外,修改Student类的gradePointsFor()方法,使用当前计分策略提供的方法来动态计分(见代码 4-23)。

代码 4-23 Student 类中引用计分策略

#001	`public class Student extends User {`
#002	...
#003	`private GradingStrategy gradingStrategy = new RegularGradingStrategy();`
#004	`public void setGradingStrategy(GradingStrategy gradingStrategy) {`
#005	`this.gradingStrategy = gradingStrategy;`
#006	`}`
#007	`public double gradePointsFor( Grade grade ) {`
#008	`return gradingStrategy.getGradePointsFor(grade);`
#009	`}`
#010	...
#011	`}`

从这个示例可以看出,接口之所以重要,在于它改变了继承中父类的修改对子类的影响。通过让客户类 Student 依赖于抽象(Grading Strategy)的方式,而不再依赖于具体的、变化的类,从而实现对变化的封装。

技巧

1)代码中不应该有大量的 switch 语句,也不应该包含大量嵌套的 if 语句。使用多态可以有效地消除冗余。

2)设计面向对象系统的时候,应尽可能依赖抽象类型,而不是具体。这样修改系统将更加容易,代码也更容易扩展和维护。

视频 10:计分策略实现 1

要查看计分策略实现 1 的过程,请播放教学视频 10.mp4。

 老师,通过观察代码 4-21 和代码 4-22,发现它们的语句最大的差别就是数值,如何修改代码来避免重复呢?

 可以将共同的代码抽取到一个方法(比如 basicGradePointsFor)中。为了让需要用到的类 HonorsGradingStrategy、RegularGradingStrategy 甚至更多的类能分享这个方法,可以将该方法提取到一个公共基类中,如图 4-14 所示。需要注意的是,在 UML 图中,虚线加空心箭头表示接口的实现,实线加空心箭头表示继承或者泛化(Generalization)。

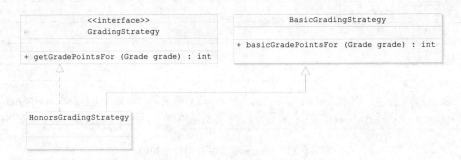

图 4-14　计分策略实现 2

> 抽取 RegularGradingStrategy 相关代码到 basicGradePointsFor() 方法中，并将该方法提取到公共基类 BasicGradingStrategy。修改 HonorsGradingStrategy 类，通过继承来复用现有代码。相关代码如代码 4-24～代码 4-26 所示。

代码 4-24　BasicGradingStrategy 类

#001	package cn.nbcc.chap04.tasks;
#002	import cn.nbcc.chap04.entities.Student.Grade;
#003	public class BasicGradingStrategy {
#004	public int basicGradePointsFor(Grade grade) {
#005	if(grade==Grade.A) return 4;
#006	if(grade==Grade.B) return 3;
#007	if(grade==Grade.C) return 2;
#008	if(grade==Grade.D) return 1;
#009	return 0;
#010	}
#011	}

代码 4-25　重构的 RegularGradingStrategy 类

#001	package cn.nbcc.chap04.tasks;
#002	import cn.nbcc.chap04.entities.Student.Grade;
#003	public class RegularGradingStrategy extends BasicGradingStrategy implements GradingStrategy {
#004	@Override
#005	public int getGradePointsFor(Grade grade) {
#006	return basicGradePointsFor(grade);
#007	}
#008	}

代码 4-26 重构的 HonorsGradingStrategy 类

#001	`package cn.nbcc.chap04.tasks;`
#002	`import cn.nbcc.chap04.entities.Student.Grade;`
#003	`public class HonorsGradingStrategy extends BasicGradingStrategy implements GradingStrategy {`
#004	`    @Override`
#005	`    public int getGradePointsFor(Grade grade) {`
#006	`        int points = basicGradePointsFor(grade);`
#007	`        if (points>0) {`
#008	`            points+=1;`
#009	`        }`
#010	`        return points;`
#011	`    }`
#012	`}`

利用Java程序语言语法，可以得到多种解决方案。需要记住的是，没有十全十美的解决方案，你的工作就是选择目前项目最适合的那种。

 视频 11：计分策略实现 2
要查看计分策略实现 2 的过程，请播放教学视频 11.mp4。

良好的编程习惯
不断地重构代码，减少代码的语句重复是一种良好的编程习惯。

再次修改我们的设计，让BasicGradingStrategy实现接口GradingStrategy，但BasicGradingStrategy并不实现接口中定义的方法，即让BasicGradingStrategy成为一个抽象类。子类HonorsGradingStrategy现在可以直接从父类中得到所有信息，无须另行实现GradingStrategy接口了，如图 4-15 所示。读者可自行实现。

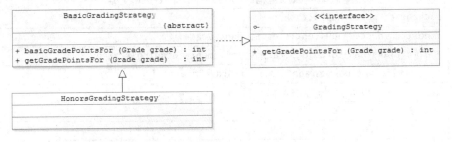

图 4-15 计分策略实现 3

 视频 12：计分策略实现 3
要查看计分策略实现 3 的过程，请播放教学视频 12.mp4。

前面我们用枚举类型实现Grade,并用if语句对不同的成绩类型进行转换。其实,枚举的功能远不止于此。它可以像类的定义一样,给枚举类中添加实例变量、构造函数以及方法。我们可以修改枚举类型,让学生成绩能够自动对应到相应的枚举值中。

常见编程错误

枚举不能继承。从另一个枚举中继承枚举是一种常见错误。

修改枚举类Grade的定义,同时对BasicGradingStrategy类做相应修改,如代码4-27和代码4-28所示。

代码4-27 增强的Grade枚举类

#001	public class Student extends User {
#002	public enum Grade{
#003	A(4),
#004	B(3),
#005	C(2),
#006	D(1),
#007	F(0);
#008	private int points;
#009	private Grade(int points) {
#010	this.points = points;
#011	}
#012	public int getPoints() {
#013	return points;
#014	}
#015	};
#016	...
#017	}

代码4-28 重构的BasicGradingStrategy类

#001	package cn.nbcc.chap04.tasks;
#002	import cn.nbcc.chap04.entities.Student.Grade;
#003	public class BasicGradingStrategy implements GradingStrategy {
#004	public int basicGradePointsFor(Grade grade) {
#005	return grade.getPoints();
#006	}
#007	@Override
#008	public int getGradePointsFor(Grade grade) {
#009	return basicGradingPointsFor(grade);
#010	}
#011	}

4.10 集合

> 在前面的例子中，我们使用Java中提供的ArrayList来代替数组。事实上，Java还提供很多非常有用的集合类，熟练地使用集合类有助于我们快速有效地处理数据。

集合（collection）和数学上直观的集（set）的概念是相同的。集是一个唯一项组，也就是说，组中没有重复项。实际上，"集合框架"包含了一个 Set 接口和许多实现该接口的 Set 子类。在"集合框架"中，接口 Map 和 Collection 在层次结构没有任何亲缘关系，它们是截然不同的。这种差别的原因与 Set 和 Map 在 Java 库中使用的方法有关。Map 的典型应用是访问按关键字存储的值。它支持一系列集合操作的全部，但操作的是键-值对，而不是单个独立的元素。因此 Map 需要支持 get()和 put()的基本操作，而 Set 不需要。

用"集合框架"设计软件时，记住该框架 4 个基本接口的下列层次结构关系会有用处。

1）Collection 接口是一组允许重复的对象。
2）Set 接口继承 Collection，但不允许重复。
3）List 接口继承 Collection，允许重复，并引入位置下标。
4）Map 接口既不继承 Set 也不继承 Collection。

以上这些接口在 Java 类库中提供了一些具体实现，见表 4-2。

表 4-2 集合接口层次关系

接口	实现	历史集合类
Set	HashSet	
	TreeSet	
List	ArrayList	Vector
	LinkedList	Stack
Map	HashMap	Hashtable
	TreeMap	Properties

4.10.1 集合接口

所有的集合接口支持如添加和除去等基本操作。设法除去一个元素时，如果这个元素存在，除去的仅仅是集合中此元素的一个实例。

1）boolean add(Objectelement)
2）boolean remove(Objectelement)

Collection 接口还支持查询操作：

1）int size()
2）boolean isEmpty()
3）boolean contains(Objectelement)
4）iterator iterator()

4.10.2 Iterator 接口和迭代器

Collection 接口的 iterator()方法返回一个 Iterator（迭代器）。使用 Iterator 接口方法，可以从头至尾遍历集合，并安全地从底层 Collection 中除去元素。

Remove()方法可由底层集合有选择地进行支持。当底层集合调用并支持该方法时，最近一次 next()调用返回的元素就被除去。为演示这一点，用于常规 Collection 的 Iterator 接口代码如下：

```
Collection collection = ...;
Iterator iterator = collection.iterator();
while (iterator.hasNext()) {
   Object element = iterator.next();
   if (removalCheck(element)) {
      iterator.remove();
   }
}
```

对于数组和 Java 的集合类，可以使用 for-each 循环语法，来遍历集合中的每一个元素。这种形式的 for 循环是在 JDK 5.0 中引入的。for-each 循环是构建在迭代器之上，其本质是通过调用集合实现的迭代器接口 java.lang.Iterable 中的方法来完成的。

Java 的集合类都在内部维护着一个迭代器对象，可以通过调用 iterator()方法，获取该隐含对象，而迭代器对象又维护一个指向集合元素的内部指针。可以请求迭代器返回集合的下一个可用元素，在集合返回下一个元素之后，迭代器将内部指针加 1 从而指向集合的下一个元素。此外，迭代器还提供一些常用方法用于判断是否还有剩余元素。

例如，如果要对班级中每个学生的分数求平均成绩，可以像代码 4-29 这样编写。

代码 4-29 iterator 迭代器

#001	`public static double getStudentsGPA() {`
#002	`   List<Student> students = new ArrayList<Student>();`
#003	`   double total = 0;`
#004	`   int count = 0;`
#005	`   for (Iterator<Student> it = students.iterator(); it.hasNext();) {`
#006	`      Student student = (Student) it.next();`
#007	`      count++;`
#008	`      total+=student.getGPA();`
#009	`   }`
#010	`   if (count==0) {`
#011	`      return 0.0;`
#012	`   }`
#013	`   return total/count;`
#014	`}`

4.10.3 List

List 接口继承了 Collection 接口以定义一个允许重复项的有序集合。该接口不但能够对列表的一部分进行处理,还添加了面向位置的操作。

面向位置的操作包括插入某个元素或 Collection 的功能,还包括获取、除去或更改元素的功能。在 List 中搜索元素可以从列表的头部或尾部开始,如果找到元素,还将报告元素所在的位置。

```
void add(int index, Object element)
boolean addAll(int index, Collection collection)
Object get(int index)
int indexOf(Object element)
int lastIndexOf(Object element)
Object remove(int index)
Object set(int index, Object element)
```

List 接口不但以位置友好的方式遍历整个列表,还能处理集合的子集:

```
ListIterator listIterator()
ListIterator listIterator(int startIndex)
List subList(int fromIndex, int toIndex)
```

处理 subList() 时,位于 fromIndex 的元素在子列表中,而位于 toIndex 的元素则不是,注意这一点很重要。下面的 for-loop 测试示例大致反映了这一点。

```
for (int i=fromIndex; i<toIndex; i++) {
    // process element at position i
}
```

此外,还应该注意一下,对子列表的更改(如 add()、remove() 和 set() 调用)对底层 List 也有影响。

1. ListIterator 接口

ListIterator 接口继承 Iterator 接口以支持添加或更改底层集合中的元素,还支持双向访问。

下面的源代码演示了列表中的反向循环。注意,ListIterator 最初位于列表尾之后(list.size()),因为第一个元素的下标是 0。

```
List list = ...;
ListIterator iterator = list.listIterator(list.size());
while (iterator.hasPrevious()) {
    Object element = iterator.previous();
    // Process element
}
```

正常情况下,不用 ListIterator 改变某次遍历集合元素的方向——向前或者向后。虽然在技术上可能实现,但在 previous() 后立刻调用 next(),返回的是同一个元素。把调用 next() 和 previous() 的顺序颠倒一下,结果相同。

我们还需要稍微解释一下 add() 操作。添加一个元素会导致新元素立刻被添加到隐式光标的前面。因此,添加元素后调用 previous() 会返回新元素,而调用 next() 则不起作用,返回添加操作之前的下一个元素。

2. ArrayList 类和 LinkedList 类

在"集合框架"中有两种常规的 List 实现：ArrayList 和 LinkedList。使用两种 List 实现的哪一种取决于用户特定的需要。如果要支持随机访问，而不必在除尾部的任何位置插入或除去元素，那么，ArrayList 提供了可选的集合。但是，如果用户要频繁地从列表的中间位置添加和除去元素，而只要顺序地访问列表元素，那么，LinkedList 实现更好。

ArrayList 和 LinkedList 都实现 Cloneable 接口。此外，LinkedList 添加了一些处理列表两端元素的方法。

使用这些新方法，用户就可以轻松地把 LinkedList 当做一个堆栈、队列或其他面向端点的数据结构。

```
LinkedList queue = ...;
queue.addFirst(element);
Object object = queue.removeLast();
LinkedList stack = ...;
stack.addFirst(element);
Object object = stack.removeFirst();
```

Vector 类和 Stack 类是 List 接口的历史实现，我们将在 Vector 类和 Stack 类中讨论它们。

3. List 的使用示例

下面的程序演示了具体 List 类的使用。首先，创建一个由 ArrayList 支持的 List。填充完列表以后，特定条目就得到了。该示例的 LinkedList 部分把 LinkedList 当做一个队列，从队列头部添加东西，从尾部除去。

```java
import java.util.*;
public class ListExample {
    public static void main(String args[]) {
        List list = new ArrayList();
        list.add("Bernadine");
        list.add("Elizabeth");
        list.add("Gene");
        list.add("Elizabeth");
        list.add("Clara");
        System.out.println(list);
        System.out.println("2: " + list.get(2));
        System.out.println("0: " + list.get(0));
        LinkedList queue = new LinkedList();
        queue.addFirst("Bernadine");
        queue.addFirst("Elizabeth");
        queue.addFirst("Gene");
        queue.addFirst("Elizabeth");
        queue.addFirst("Clara");
        System.out.println(queue);
        queue.removeLast();
        queue.removeLast();
        System.out.println(queue);
    }
}
```

运行程序产生了以下输出。注意，与 Set 不同的是，List 允许重复。

```
[Bernadine, Elizabeth, Gene, Elizabeth, Clara]
2: Gene
0: Bernadine
[Clara, Elizabeth, Gene, Elizabeth, Bernadine]
[Clara, Elizabeth, Gene]
```

4.10.4 Set

1. Set 接口

按照定义，Set 接口继承 Collection 接口，而且它不允许集合中存在重复项。所有原始方法都是现成的，没有引入新方法。具体的 Set 实现类依赖添加的对象的 equals()方法来检查等同性。

2. HashSet 类和 TreeSet 类

"集合框架"支持 Set 接口的两种普通的实现：HashSet 和 TreeSet。在更多情况下，用户会使用 HashSet 存储无序数据的集合。考虑到效率，添加到 HashSet 的对象需要采用恰当分配散列码的方式来实现 hashCode()方法。虽然大多数系统类覆盖了 Object 中默认的 hashCode()实现，但创建用户自己的要添加到 HashSet 的类时，别忘了覆盖 hashCode()。当用户要从集合中以有序的方式抽取元素时，TreeSet 实现会有用处。为了能顺利进行，添加到 TreeSet 的元素必须是可排序的。"集合框架"添加对 Comparable 元素的支持，在排序的"可比较的接口"部分会详细介绍。我们暂且假定一棵树知道如何保持 java.lang 包装程序器类元素的有序状态。一般来说，先把元素添加到 HashSet，再把集合转换为 TreeSet 来进行有序遍历会更快。

为优化 HashSet 空间的使用，可以调优初始容量和负载因子。TreeSet 不包含调优选项，因为树总是平衡的，保证了插入、删除、查询的性能为 log(n)。

HashSet 和 TreeSet 都实现 Cloneable 接口。

3. Set 的使用示例

为演示具体 Set 类的使用，下面的程序创建了一个 HashSet，并往里面添加了一组名字，其中有个名字添加了两次。接着，程序把集中名字的列表打印出来，演示了重复的名字没有出现。接着，程序把集作为 TreeSet 来处理，并显示有序的列表。

```java
import java.util.*;
public class SetExample {
  public static void main(String args[]) {
    Set set = new HashSet();
    set.add("Bernadine");
    set.add("Elizabeth");
    set.add("Gene");
    set.add("Elizabeth");
    set.add("Clara");
    System.out.println(set);
    Set sortedSet = new TreeSet(set);
    System.out.println(sortedSet);
  }
}
```

运行程序产生了以下输出。注意，重复的条目只出现了一次，列表的第二次输出已按字母顺序排序。

[Gene, Clara, Bernadine, Elizabeth]
[Bernadine, Clara, Elizabeth, Gene]

4.10.5 Map

Map 接口不是 Collection 接口的继承，而是从自己的用于维护键-值关联的接口层次结构入手。按照定义，该接口描述了从不重复的键到值的映射。

我们可以把这个接口方法分成 3 组操作：改变、查询和提供可选视图。

改变操作允许用户从映射中添加和除去键-值对。键和值都可以为 null。但是，用户不能把 Map 作为一个键或值添加给自身。

Object put(Object key, Object value)
Object remove(Object key)
void putAll(Map mapping)
void clear()

查询操作允许用户检查映射内容：

Object get(Object key)
boolean containsKey(Object key)
boolean containsValue(Object value)
int size()
boolean isEmpty()

提供可选视图的相关方法允许用户把键或值的组作为集合来处理。

public Set keySet()
public Collection values()
public Set entrySet()

因为映射中键的集合必须是唯一的，所以可以用 Set 支持。因为映射中值的集合可能不唯一，所以可以用 Collection 支持。entrySet()方法返回一个实现 Map.Entry 接口的元素 Set。

1. Map.Entry 接口

Map 的 entrySet()方法返回一个实现 Map.Entry 接口的对象集合。集合中每个对象都是底层 Map 中一个特定的键-值对。

通过这个集合迭代，用户可以获得每一条目的键或值并对值进行更改。但是，如果底层 Map 在 Map.Entry 接口的 setValue()方法外部被修改，此条目集就会变得无效，并导致迭代器行为未定义。

2. HashMap 类和 TreeMap 类

"集合框架"提供两种常规的 Map 实现：HashMap 和 TreeMap。和所有的具体实现一样，使用哪种实现取决于用户的特定需要。在 Map 中插入、删除和定位元素，HashMap 是比较好的选择。但如果用户要按顺序遍历键，那么 TreeMap 会更好。根据集合大小，先把元素添加到 HashMap，再把这种映射转换成一个用于有序键遍历的 TreeMap 可能更快。使用 HashMap 要求添加的键类明确定义了 hashCode()实现。有了 TreeMap 实现，添加到映射的元素一定是可排序的。

为了优化 HashMap 空间的使用，用户可以调优初始容量和负载因子。这个 TreeMap 没有调优选项，因为该树总处于平衡状态。

HashMap 和 TreeMap 都实现 Cloneable 接口。

Hashtable 类和 Properties 类是 Map 接口的历史实现，我们将在 Dictionary 类、Hashtable 类和 Properties 类中讨论。

4.10.6 散列表

在实现集合接口的众多子类中，基于散列（hash）表数据结构的实现类有很多，如 HashSet、HashMap 等。理解相关的知识点，对于掌握 Java 非常关键，缺乏对这些概念的完全理解，容易在编程中产生难以发觉的错误，以及严重的性能问题。

与数组一样，散列表结构在内存中也是一块连续的空间，如图 4-16 所示。

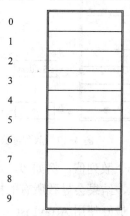

图 4-16　10 个单位空间的散列表

向散列表中插入元素，首先需要计算散列值。简单的散列值就是一个整数，并且理想的情况下是唯一的。

技巧

如果两个对象相同，那么它们的散列值必须相同；如果两个对象不同，那么它们的散列值在理想情况下不相同（但是并不必须）。

一旦确定了散列值，就可以通过下面的算法来决定插入元素的位置。

散列值定位算法

hashcode % table_size = slot number;

例如，将某个 student 对象插入到大小为 10 的散列表，而且这个 Student 对象的散列值为 39 时，该对象将被插入到下标为 9 的单元中（39%10=9）。

和数组一样，该对象在内存的起始地址可以通过如下公式计算。

对象在散列表中的起始地址计算

offset + (slot_size*slot_number)

散列值是整型的。Object 中提供了 hashCode()方法的默认实现，它返回一个基于对象内存地址的唯一数字，这就意味着 Java 类都能通过该方法来查询当前对象的散列值。

通过调用对象的 hashCode()方法，计算对象的内存单元，然后通过偏移量计算公式，从散列表中获取相应的对象。

对象的散列值应该尽可能唯一。如果两个不同的对象返回相同的散列值，那么这两个不同的对象在散列表中对应同一个内存单元，这种情况称为冲突。冲突意味着需要额外的逻辑和时间去维护一个冲突对象列表。例如，学生 a 对象的散列值为 39，学生 b 对象的散列值为 49，都将映射到下标为 9 的内存单元中。为此，可以为每个内存单元维护一个冲突对象列表，如图 4-17 所示。

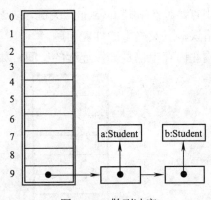

图 4-17　散列冲突

如果所有的对象都返回同一个散列值，例如 9，那么所有对象之间相互冲突，所有对象都对应散列表的同一个内存单元，结果会导致所有的插入和删除操作，都必须遍历这个冲突对象列表。在这种极端情况下，最好使用 ArrayList。

如果所有对象都产生不同的散列值，那么就可以得到最理想的散列表，同时性能也是最好的。插入和获取的操作，都能在常量时间内完成，而且不需要遍历冲突对象列表。

> 在数据结构课程中会有关于散列函数的更多讨论。

4.10.7　项目任务 18：Map 使用示例

> 假设需要根据每个学生的成绩等级，在成绩单上打印出相应评语，如成绩为 A，评价为 "表现非常完美"；成绩为 B，评价为 "表现非常好"；成绩为 C，评价为 "表现还不错哦"；成绩为 D，评价为 "继续加油哦"；成绩为 F，评价为 "需要再试试"。

> 学生的成绩等级在 Student 类中能获得，但是将成绩单的 "职责" 交给 Student 类去处理并不太合适，因为这样无论是修改学生信息还是修改成绩单，都需要修改 Student 类，从而会造成 Student 类变动太过频繁，直接影响到所有关联 Student 类的其他类。将成绩单报表职责单独放在一个类 ReportCard 中，通过 Student 类去关联该报表会显得更加合理，如图 4-18 所示。

第 4 章 继承和多态

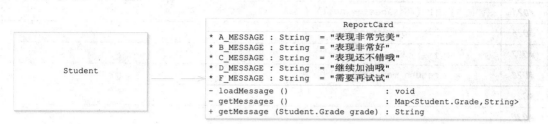

图 4-18 学生成绩单功能类图

回顾 4.2 节的类间关系,发现 Student 类和 Report Card 类描述的是一种依赖关系。ReportCard 类中,使用+、-、*分别表示 public、private 和包访问权限,需要注意的是,这里的 A_MESSAGE 等评语使用静态常量的形式定义,作为常量,必须要有初始值。

要实现根据成绩等级,获取相应评语的功能,这恰好符合 Map 按键取值的特性。使用 Map 来实现该功能就显得非常方便,如代码 4-30 所示。

代码 4-30 ReportCard.java

#001	package cn.nbcc.chap04.reports;
#002	import java.util.EnumMap;
#003	import java.util.Map;
#004	import cn.nbcc.chap04.entities.Student;
#005	import cn.nbcc.chap04.entities.Student.Grade;
#006	public class ReportCard {
#007	static final String A_MESSAGE = "表现非常完美";
#008	static final String B_MESSAGE = "表现非常好";
#009	static final String C_MESSAGE = "表现还不错哦";
#010	static final String D_MESSAGE = "继续加油哦";
#011	static final String F_MESSAGE = "需要再试试";
#012	private Map<Student.Grade, String>messages = null;
#013	private void loadMessage() {
#014	messages = new EnumMap<Student.Grade, String>(Grade.class);
#015	messages.put(Grade.A, A_MESSAGE);
#016	messages.put(Grade.B, B_MESSAGE);
#017	messages.put(Grade.C, C_MESSAGE);
#018	messages.put(Grade.D, D_MESSAGE);
#019	messages.put(Grade.F, F_MESSAGE);
#020	}
#021	public String getMessage(Student.Grade grade) {
#022	return messages.get(grade);
#023	}
#024	private Map<Student.Grade, String> getMessages() {

#025	`    if (messages == null) {`
#026	`        loadMessage();`
#027	`    }`
#028	`    return messages;`
#029	`}`
#030	`}`

代码 4-30 通过使用 Map 接口实现类 EnumMap 来按键取值。之所以选用 EnumMap，因为 EnumMap 可以限定键为指定的枚举类型对象，这里在 014 行 EnumMap 的构造方法中限定键类型为 Grade.class 枚举类型。015~019 行使用 Map 的 put()方法添加映射。22 行使用 get 方法，根据键值获取映射值。

> **技巧**
>
> Map 功能非常强大，存取数据的速度非常快，在实际项目中有着广泛的应用。可参考相关资源学习更多关于它的用法。

4.11 包装类

学生在校就读期间经常需要缴纳不同的费用，如住宿费、学费、培训考试费等。为此，需要实现一个功能，统计学生的费用总和（用整型表示每笔费用）。

该功能没有明确指定学生的费用数量。因此，利用集合的动态扩容可以非常有效地实现该功能。但是由于每笔费用是一个整型（基本数据类型），基本数据类型不是对象，而java.util.List只提供了以引用类型为参数的方法add()，因此，必须将整数数值转换成相应的对象。幸好，Java为每一种基本类型提供了相应的包装类（wrapped class），也称为外覆类。

包装类与基本类型的对应关系见表 4-3。

表 4-3 包装类

基 本 类 型	包 装 类
int	Integer
char	Character
float	Float
double	Double
byte	Byte
short	Short
long	Long
boolean	Boolean

每一个包装类提供了以相应基本类型作为参数的构造方法。可以在包装类中存储基本类型。相应的，也提供了访问基本类型的 getters 方法。

费用统计示例如代码 4-31 所示。

代码 4-31　费用统计

#001	`public class Student extends User {`
#002	`    private List<Integer>charges = new ArrayList<Integer>();`
#003	`    public void addCharge(int charge) {`
#004	`        charges.add(new Integer(charge));`
#005	`    }`
#006	`    public int totalCharges() {`
#007	`        int total=0;`
#008	`        for (Integer charge : charges) {`
#009	`            total+=charge.intValue();`
#010	`        }`
#011	`        return total;`
#012	`    }`
#013	`    ...`
#014	`}`

002 行定义了一个列表接口类型的引用变量 charges，列表类型为 Integer，该引用变量实际引用了一个数组列表对象。004 行，利用列表的 add()方法将用户的每次缴费记录保存在数组列表对象中。由于 add()方法需要对象，因此，通过调用包装类的相应构造方法，可以快速地创建该对象，如这里的 new Integer(charge)。

统计所有费用的方法定义在 totalCharges()方法中。由于 Java 的所有集合都实现了 Iterable 接口，因此可以使用 for-each 语法来循环遍历每个元素，并将其累加到 total 中。

在实际编程中，往往需要不断地在基本数据类型和包装类之间转换，上述的这种写法会变得烦琐。J2SE 5.0 引入的另一个新特性，就是自动装箱，利用该特性可以进一步简化代码。自动装箱，其本质是由编译器自动调用相应的包装类，对基本数据类型进行封装，无须程序员指定。当 Java 发现参数类型不匹配的时候，就会尝试使用其包装类再次进行类型匹配。例如，使用自动装箱可以简化下述代码：

自动装箱示例

//不使用自动装箱	//使用自动装箱
`public void addCharge(int charge) {`	`public void addCharge(int charge) {`
`    charges.add(new Integer(charge));`	`    charges.add(charge);`
`}`	`}`

Java 会自动在"幕后"为整型数值创建相应的 Integer 实例。

> **常见编程错误**
> 自动装箱目前只能用于参数，对其他情况尚不适用。例如，试图调用 5.toString()，让 5 自动装箱成 Integer 对象，并调用它的 toString()方法是一个错误。

与自动装箱相对应的是自动拆箱。当用户试图访问被包装的基本类型的时候，Java 在"幕后"会自动拆箱，取出该对象包含的基本类型数值。因此，代码 4-31 的 for-each 语法可以简化成如下片段：

```
for (int charge : charges) {
    total+=charge;
}
```

4.12 自测题

1. 如果有以下的程序代码：
```
int x=100;
int y=100;
Integer wx=x;
Integer wy=y;
System.out.println(x==y);
System.out.println(wx==wy);
```
在 JDK 5 以上的环境中编译与执行，则显示结果是（　　）。

A．true、true　　　　　　　　　　B．true、false
C．false、true　　　　　　　　　　D．编译失败

2. 如果有以下的程序代码：
```
int x=200;
int y=200;
Integer wx=x;
Integer wy=y;
System.out.println(x==wx);
System.out.println(y==wy);
```
在 JDK 5 以上的环境中编译与执行，则显示结果是（　　）。

A．true、true　　　　　　　　　　B．true、false
C．false、true　　　　　　　　　　D．编译失败

3. 如果有以下的程序代码：
```
int x=300;
int y=300;
Integer wx=x;
Integer wy=y;
System.out.println (wx.equals(x));
System.out.println (wy.equals(y));
```
以下描述正确的是（　　）。

A．true、true　　　　　　　　　　B．true、false
C．false、true　　　　　　　　　　D．编译失败

4. 如果有以下的程序代码：
```
int[] arr1={1,2,3};
int[] arr2= arr1;
arr2[1]=20;
System.out.println(arr1[1]);
```
以下描述正确的是（　　）。

A．执行时显示 2
B．执行时显示 20

C．执行时出现 ArrayIndexOutOfBoundException 错误
D．编译失败
5．如果有以下的程序代码：
```
int arr1={1,2,3};
int arr2=new  int[arr1.length];
arr2=arr1;
for(int value：arr2){
System.out.printf("%d"，value);
}
```
以下描述正确的是（　　）。

A．执行时显示 123
B．执行时显示 12300
C．执行时出现 ArrayIndexOutOfBoundException 错误
D．编译失败

6．如果有以下的程序代码：
```
String [] strs=new String[5];
```
以下描述正确的是（　　）。

A．产生 5 个 String 实例　　　　　B．产生 1 个 String 实例
C．产生 0 个 String 实例　　　　　D．编译失败

7．如果有以下的程序代码：
```
String [] strs={"Java"，"Java"，"Java"，"Java"};
```
以下描述正确的是（　　）。

A．产生 5 个 String 实例　　　　　B．产生 1 个 String 实例
C．产生 0 个 String 实例　　　　　D．编译失败

8．如果有以下的程序代码：
```
String [] [] strs=new String[2][5];
```
以下描述正确的是（　　）。

A．产生 10 个 String 实例　　　　B．产生两个 String 实例
C．产生 0 个 String 实例　　　　　D．编译失败

9．如果有以下的程序代码：
```
String [] [] strs={
{"Java"，"Java"，"Java"},
{"Java"，"Java"，"Java"，"Java"}
};
System.out.println(strs.length);
System.out.println(strs[0].length);
System.out.println(strs[1].length);
```
以下描述正确的是（　　）。

A．显示 2、3、4　　　　　　　　B．显示 2、0、1
C．显示 1、2、3　　　　　　　　D．编译失败

10．如果有以下的程序代码：

```
String[] [] strs={
    {"Java", "Java", "Java"},
    {"Java", "Java", "Java", "Java"}
};
for(____row: strs){
    for(____str: row){
        …
    }
}
```

空白处应该分别填上（　　）。

A．String、String
B．String、String []
C．String []、String
D．String []、String []

11．如果有以下的程序片段：
```
int [] scores1={88,81,74,68,78,76,77,85,95,93};
int [] scores2=Arrays.copyOf(scores1, scores1.length);
```

其中 Arrays 完全吻合名称为 java.util.Arrays，以下描述不正确的是（　　）。

A．Arrays.copyOf()应该改为 new Arrays().copyOf()

B．copyOf()是 static 成员

C．copyOf()是 public 成员

D．Arrays 被声明为 public

12．如果有以下的程序片段：
```
public class Some {
    public static int sum (int …numbers){
        int sum=0;
        for (int i=10;i<numbers.length;i++){
            sum+=numbers[i];
        }
        return sum;
    }
}
```

以下描述正确的是（　　）。

A．可使用 Some.sum(1,2,3)加总 1、2、3

B．可使用 new Some().sum(1,2,3)加总 1、2、3

C．可使用 Some.sum(new int [1,2,3])加总 1、2、3

D．编译失败，因为不定长度自变量只能用增强式 for 循环语法

13．如果有以下程序片段：
```
public class Some {
    public static void someMethod(int i){
        System.out.println("int 版本被调用");
    }
    public static void someMethod(Integer integer){
        System.out.println("Integer 版本被调用");
    }
}
```

以下描述正确的是（　　）。

A．Some.someMethod（1）显示"int 版本被调用"

B．Some.someMethod（1）显示"Integer 版本被调用"

C．Some.someMethod(new Integer(1))显示"int 版本被调用"

D．编译失败

14．如果有以下的程序片段：

```
public class Main{
    public int some(int… numbers){
        int sum=0;
        for (int number：numbers){
            sum+=number;
        }
        return sum;
    }
    public static void main (String [] args){
        System.out.println(sum(1,2,3));
    }
}
```

以下描述正确的是（　　）。

A．显示 6　　　　　　　　　　　　B．显示 1

C．无法执行　　　　　　　　　　　D．编译失败

15．如果有以下的程序片段：

```
classSome{
    void doService(){
        System.out.println("some service");
    }
}
class Other extends Some{
    @override
    void doService(){
        System.out.println("other service");
    }
}
public class Main{
    public static void main(String[] agrs){
        Other other =new Other();
        other.doService();
    }
}
```

以下描述正确的是（　　）。

A．编译失败　　　　　　　　　　　B．显示 some service

C．显示 other service　　　　　　　D．先显示 some service，后显示 other service

16．承上题，如果 main()中改为：

```
Some some =new Other();
some.doService();
```

以下描述正确的是（　　）。
A．编译失败　　　　　　　　　　B．显示 some service
C．显示 other service　　　　　　D．先显示 some service，后显示 other service

17．如果有以下的程序片段：
```
class Some{
    String toString(){
        return "some instance";
    }
}
public class Main{
    public static void main(String [] args){
        Some some =new Some ();
        System.out.println(some );
    }
}
```

以下描述正确的是（　　）。

A．显示 some instance

B．显示 Some@XXXX，XXXX 为十六进制数字

C．发生 ClassCastException

D．编译失败

18．如果有以下的程序片段：
```
class Some{
    Some(){
        this (10);
        System.out.println("Some()");
    }
    Some (int x){
        System.out.println("Some(int x) ");
    }
}
class Other extends Some{
    Other(){
        Super(10);
        System.out.println("Other()");
    }
    Other(int y){
        System.out.println("Other(int y) ");
    }
}
```

以下描述正确的是（　　）。

A．new Other()显示"Some(int x)"、"Other ()"

B．new Other（10）显示"Some(int y)"

C．new Some()显示"Some(int x)"、"Some()"

D．编译失败

19．如果有以下的程序片段：

```
class Some{
    Some(){
        this (10);
        System.out.println("Some()");
    }
    Some (int x){
        System.out.println("Some(int x)");
    }
}
class Other extends Some{
    Other(){
        super(10);
        System.out.println("Other()");
    }
    Other(int y){
        System.out.println("Other(int y) ");
    }
}
```

以下描述正确的是（　　）。

A．new Other()显示"Some(int x)"、"Other ()"

B．new Other(10)显示"Some()"、Some(int x)、"Other (int y)"

C．new Some()显示"Some(int x)"、"Some()"

D．编译失败

20．如果有以下的程序片段：

```
class Some{
    abstract void doservice();
}
class Other extends Some{
    @override
    void doService(){
        system.out.println("other service");
    }
}
public class Main{
    public static void main(String [] args){
        Some some =new Some();
        System.out.println(some);
    }
}
```

以下描述正确的是（　　）。

A．编译失败　　　　　　　　　　　　B．显示 other service

C．执行时发生 ClassCastException　　D．移除@override 可编译成功

二、编程题

1．编写一个简单的洗牌程序，可在文本模式下显示洗牌结果。例如：

桃 6 砖 9 砖 6 梅 5 梅 10 心 5 梅 K 梅 6 心 J 心 1 心 6 梅 3 梅 7

砖 4 砖 1 心 7 砖 2 砖 J 梅 Q 桃 2 心 2 梅 2 心 10 桃 7 桃 1 桃 8
心 9 砖 Q 砖 7 心 3 梅 9 梅 1 心 4 桃 Q 桃 10 桃 3 砖 K 桃 K 桃 9
砖 10 梅 8 砖 3 梅 4 砖 8 砖 5 桃 5 心 8 梅 J 心 Q 桃 J 桃 4 心 K

2．下面是一个数组，编写程序使其中元素排序为由小到大。

    int [] number ={70,80,31,37,10,1,48,60,33,80}

3．下面是一个排序后的数组，编写程序可让用户在数组中寻找指定数字，找到就显示索引值，找不到就显示-1。

    int [] number ={1,10,31,33,37,48,60,70,80}

第5章 异常

5.1 使用异常处理机制消除程序错误

程序的错误，可以分成如下类型。

1）编译错误（compile error）：又称语法错误，是因为错误地使用了语法规则。由于编译是在程序运行之前完成的，因此编译又称为静态检查。程序设计语言的基本目的之一，就是尽可能地在编译期间发现错误，这也是 Java 的设计目标之一。同时，Java 又支持类的动态加载和多态，这使得许多检查必须在运行时完成。异常是运行时检查的主要内容之一（另一个运行时检查的重要内容是断言）。

2）逻辑错误（logical error）：又称为算法错误。无论是编译器，还是异常，都不应该也不可能检查这类错误。只有程序员才能检查这种错误。

3）运行时错误（runtime error）：程序在执行时所发生的执行错误。这是异常机制"大展拳脚"的地方。这类错误可能是数学运算发生溢出、磁盘空间不足或文件损毁等在正常情况下不可能发生的情况。一般发生这种错误时，软件或者尝试恢复程序的状态，或者直接通知客户发生了异常情况。异常就是这个通知。例如，一般的 Java 程序都可以看做 JVM 的客户，而 NullPointerException、OutOfMemoryError 等 JDK 中定义的异常，就是 JVM 发给 Java 程序的异常情况通知。

Java 异常是一种运行期出现的错误。这里所谓的错误是指在程序运行的过程中发生的一些异常事件（如除 0 溢出、数组下标越界、所要读取的文件不存在）。设计良好的程序应该在异常发生时提供处理这些错误的方法，使得程序不会因为异常的发生而阻断或产生不可预见的结果。Java 就提供了一个完善的异常框架可以解决类似问题。

一个异常的产生和捕获过程主要经历如下几个阶段：

1）Java 程序的执行过程中如果出现异常事件，可以生成一个异常类对象，该异常对象封装了异常事件的信息并被提交给 Java 运行时系统，这个过程称为抛出（throw）异常。

2）当 Java 运行时系统接收到异常对象时，会寻找能处理这一异常的代码并把当前异常对象交给其处理，这一过程称为捕获（catch）异常。

Java 把异常当做对象来处理，并定义一个基类 java.lang.Throwable 作为所有异常的超类。

在 Java API 中已经定义了许多异常类，这些异常类分为两大类：错误（Error）和异常（Exception）。Java 异常体系结构呈树状，其层次结构如图 5-1 所示。

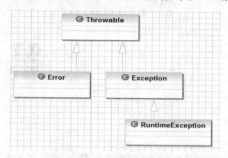

图 5-1　异常类的层次结构图

异常类 Exception 又分为运行时异常（RuntimeException）和非运行时异常，也称为非检查异常（UncheckedException）和检查异常（CheckedException），这两种异常有很大的区别。下面将详细讲述这些异常之间的区别与联系。

Error 是程序无法处理的错误，比如 OutOfMemoryError、ThreadDeath 等。这些异常发生时，Java 虚拟机（JVM）一般会选择线程终止。Exception 是程序本身可以处理的异常，这种异常分两大类，即运行时异常和非运行时异常。程序中应当尽可能去处理这些异常。

运行时异常（又称为非检查异常）都是 RuntimeException 类及其子类异常，如 NullPointerException、IndexOutOfBoundsException 等，这些异常是非检查异常，程序中可以选择捕获处理，也可以不处理。这些异常一般是由程序逻辑错误引起的，程序应该从逻辑角度尽可能避免这类异常的发生。

非运行时异常（又称为检查异常）是 RuntimeException 以外的异常，类型上都属于 Exception 类及其子类。从程序语法角度讲，这是必须进行处理的异常，如果不处理，程序就不能编译通过，如 IOException、SQLException 等，以及用户自定义的 Exception 异常。

5.2　异常的定义

程序中的 bug 总是无所不在，即使是被认为非常不错的产品，bug 也无处不在。为此，Java 提供了异常处理机制来协助开发人员避开可能的错误。

异常是一种对象，用来表示异常的情况。用户可以创建异常对象，然后抛出（throw）异常对象。如果意识到可能会有异常发生，那么可以编写代码进行显式处理，或者捕捉（catch）异常。另外，也可以在代码中声明忽略异常，让别人或者在别的地方来处理异常。

> 异常抛出意味着控制流的转移。可以在代码的任何地方抛出异常。同样，在调用别人的 API 的任何时候也可能会抛出异常。甚至，JVM 也可能抛出异常。异常被抛出的地方，通常是处理和捕捉异常的第一位置。如果没有任何代码对异常进行捕捉处理，那么还可能导致程序的异常中止。

> 在学生信息系统中，你可能需要创建一个用户界面，从文本框中获取用户输入的某门课程的成绩。通常，文本框中获取的成绩被视为 String 的对象，要对成绩进行处理，需要将其转换成整型。

第 5 章　异常

要实现String到int类型的转换，使用Integer包装类的工具方法parseInt()可以完成此类转换（见代码 5-1）。如果用户输入的确实是数字，那么该方法能正常转换。如果字符串中包含无效输入，那么会怎么样呢？

代码 5-1　NumberFormatException

#001	`package cn.nbcc.chap05.snippets;`
#002	`public class Scorer {`
#003	`public int score(String input) {`
#004	`return Integer.parseInt(input);`
#005	`}`
#006	`public static void main(String[] args) {`
#007	`Scorer scorer = new Scorer();`
#008	`int ret=0;`
#009	`ret = scorer.score("12");`
#010	`System.out.println(ret);`
#011	`ret = scorer.score("aa");`
#012	`System.out.println(ret);`
#013	`}`
#014	`}`

运行输出结果：

```
12
Exception in thread "main" java.lang.NumberFormatException: For input string: "aa"
    at java.lang.NumberFormatException.forInputString(Unknown Source)
    at java.lang.Integer.parseInt(Unknown Source)
    at java.lang.Integer.parseInt(Unknown Source)
    at cn.nbcc.chap05.snippets.Scorer.score(Scorer.java:4)
    at cn.nbcc.chap05.snippets.Scorer.main(Scorer.java:11)
```

当执行这个程序后，可以看到，首先正确地输出了 12，这意味着 009 行的字符串 12 已经成功地转换成整数，并通过 010 行代码打印出来。随后，在转换字符串 aa 时，parseInt()在控制台上抛出 NumberFormatException 信息，并显示异常的堆栈跟踪信息。

将 009 行与 011 行两行语句互换，程序将显示如下信息：

```
Exception in thread "main" java.lang.NumberFormatException: For input string: "aa"
    at java.lang.NumberFormatException.forInputString(Unknown Source)
    at java.lang.Integer.parseInt(Unknown Source)
    at java.lang.Integer.parseInt(Unknown Source)
    at cn.nbcc.chap05.snippets.Scorer.score(Scorer.java:4)
    at cn.nbcc.chap05.snippets.Scorer.main(Scorer.java:9)
```

这段程序的输出说明，在我们为parseInt()方法提供无效输入的时候，该方法会抛出异常，该异常的抛出意味着程序控制流的改变。如果没有任何代码处理该异常，JVM会捕获该异常并在控制台上打印异常的堆栈跟踪信息。

5.3 异常处理

我们可以通过捕捉这些异常，并尝试将程序恢复至正常运行状态。要想在 Java 中尝试捕捉异常，可以使用 try、catch、finally 关键词构成的语法来实现。其语法基本结构如下：

捕获异常语法

```
try{
        //可能抛出异常的语句;
}catch(异常类型1 变量名称){
        //异常处理
}catch(异常类型2 变量名称){
        //异常处理
}finally{
        //无论有无捕获，总会处理的代码块
}
```

因为异常的出现并不是必然的，所以 try 这个关键字很形象地表达了异常的这一特性。一个 try 语法所包括的区块，必须有对应的 catch 区块或 finally 区块。try 区块可以搭配多个 catch 区块，如果设置了 catch 区块，则 finally 区块定可选的，但是，如果没有定义 catch 区块，则一定要有 finally 区块。

针对上述代码中可能出现的异常，异常捕获可以如下实现（见代码 5-2）。

代码 5-2 捕捉 NumberFormatException

#001	package cn.nbcc.chap05.snippets;
#002	public class Scorer {
#003	public int score(String input) {
#004	return Integer.*parseInt*(input);
#005	}
#006	public static void main(String[] args) {
#007	Scorer scorer = new Scorer();
#008	int ret=0;
#009	try {
#010	ret = scorer.score("12");
#011	System.*out*.println(ret);
#012	ret = scorer.score("aa");
#013	System.*out*.println(ret);
#014	} catch (NumberFormatException e) {
#015	System.*out*.println("无效输入"+e.getMessage());
#016	}
#017	}
#018	}

第 5 章 异常

运行输出结果：

```
12
无效输入 For input string: "aa"
```

009～014 行执行 try 包含的语句块，该语句块应该包含可能抛出异常的相关代码（如 010 行和 012 行），随后的 catch 关键字，该部分犹如方法的参数列表，指示要捕获的异常对象类型。通过前面的示例，我们知道 parseInt()会抛出 NumberFormatException，因此我们在捕获异常类型处选择 NumberFormatException，并声明一个该类型的变量 e，该形式变量在随后的 catch 语句块中使用。当有 NumberFormatException 异常对象被捕获时，将执行 014～016 行的代码块，通过调用异常对象的 getMessage()方法（如 015 行），可以显示异常对象包含的异常信息。

> **良好的编程习惯**
> 在尽可能靠近异常产生的地方捕获异常，使之变成可接受的合理行为。

> **技巧**
> 应该尽可能少地通过异常来控制代码流。

5.4 异常分类

> 如何知道哪些API需要捕获异常，哪些不需要？

JDK 中定义一些常用的异常类型（如 NumberFormatException 等），用户也可以通过继承 Exception 类或者其子类来定义自己的异常类型。但无论如何，为了能够将对象作为异常抛出，该对象必须是 Throwable 类型，它在 java.lang 包中定义，并且位于异常层次关系的最顶层。前面提到过，Throwable 有两个子类：Error 和 Exception。

1）Error：一般是指 Java 虚拟机相关的问题，如系统崩溃、虚拟机出错误、动态链接失败等，这种错误无法恢复或不可能捕获。

2）Exception：指出了合理的应用程序想要捕获的条件，表示程序本身可以处理的异常。它是其他所有异常类的父类。Sun 公司将虚拟机或者 Java 类库产生的异常都归为它的子类。

> 如果你要定义自己的异常，那么它必须是Exception的子类。有时，也把Exception的子类称为应用程序异常。

对于应用程序异常，可以分成两大类：检查异常和非检查异常。

像 NumberFortmatException 异常的发生是不可预测的，也就是这种异常是发生在程序执行期间，称为运行期异常，它是非检查异常（Unchecked Exception）。对于运行期异常，编译器不要求用户一定要对其处理。若没有处理，则异常会一直往外抛出，最后由 JVM 来处理异常。JVM 所做的就是显示异常堆栈信息，之后结束程序（见代码 5-1）。

但是，在某些情况下，异常的发生是可预测的，例如，使用输入/输出功能时，可能会由于硬件环境问题，使得程序无法正常从硬件取得输入或进行输出，这种错误是可预期发生的，像这类的异常称为检查异常。对于检查异常，编译器会要求用户必须对其进行异常处理。例如，在使用 java.io.BufferedReader 的 readLine()方法取得用户输入时，编译器会要求用户在程序代码中明确告知如何处理 java.io.IOException。

> 需要注意的是，检查异常和非检查异常都是 Exception 的子类。同时，非检查异常必须是 RuntimeException 的子类。

常见编程错误
不要试图捕获 Error，也不要期望能编写代码从任何 Error 中恢复。

5.5 创建自己的异常

> 在创建学生对象时，学生的学号由 9 位数字构成，如果不符合该条件，应该拒绝创建学生对象。

> 要判断学号是否为 9 位，可以利用字符串对象的 charAt() 方法循环遍历学号，对字符串中的每个字符，使用 Character 类的 isDigit() 方法判断。这里我们介绍另一种 Java 中进行字符串匹配的强大工具——正则表达式。

5.5.1 正则表达式

正则表达式定义了字符串的模式，可以用来搜索、编辑或处理文本。正则表达式并不仅限于某一种语言，但是在每种语言中有细微的差别。

Java 正则表达式的类在 java.util.regex 包中，包括 3 个类：Pattern、Matcher 和 PatternSyntaxException。

Pattern 对象是正则表达式的已编译版本。它没有任何公共构造器，我们通过传递一个正则表达式参数给公共静态方法 compile() 来创建一个 Pattern 对象。

Matcher 是用来匹配输入字符串和创建的 Pattern 对象的正则引擎对象。这个类没有任何公共构造器，我们用 Pattern 对象的 matcher() 方法，使用输入字符串作为参数来获得一个 Matcher 对象。然后使用 matches() 方法，通过返回的布尔值判断输入字符串是否与正则表达式匹配。

如果正则表达式语法不正确，将抛出 PatternSyntaxException 异常。

正则表达式基于特殊的符号和表达式组合进行字符串的匹配，这些符号有用来匹配单个字符的，有用来匹配一组字符的，也有用来匹配位置的，见表 5-1。

表 5-1 正则表达式通配符

通配符	说 明	示 例
.	匹配任何单个符号，包括所有字符	Pattern.matches("正则表达式", "输入字符串") ("..", "a%") —— true ("..", ".a") —— true ("..", "a") —— false
^xxx	在开头匹配正则表达式 xxx	("^a.c.", "abcd") —— true ("^a", "a") —— true ("^a", "ac") —— false
xxx$	在结尾匹配正则表达式 xxx	("..cd$", "abcd") —— true ("a$", "a") —— true ("a$", "aca") —— false

(续)

通配符	说明	示例
[abc]	能够匹配字母 a、b 或 c	("^[abc]d.", "ad9") ——true ("[ab].d$", "bad") ——true ("[ab]x", "cx") ——false
[abc][12]	能够匹配由 1 或 2 跟着的 a、b 或 c	("[ab][12].", "a2#") ——true ("[ab]..[12]", "acd2") ——true ("[ab][12]", "c2") ——false
[^abc]	当^是[]中的第一个字符时,代表取反,匹配除了 a、b 或 c 之外的任意字符	("[^ab][^12].", "c3#") ——true ("[^ab]..[^12]", "xcd3") ——true ("[^ab][^12]", "c2") ——false
[a-e1-8]	匹配 a~e 或者 1~8 的字符	("[a-e1-3].", "d#") ——true ("[a-e1-3]", "2") ——true ("[a-e1-3]", "f2") ——false
xx|yy	匹配正则表达式 xx 或者 yy	("x.|y", "xa") ——true ("x.|y", "y") ——true ("x.|y", "yz") ——false

字符集合(匹配多个字符中的某一个)是常见的匹配形式,正则表达式提供一些特殊元字符来表示一些常用的字符集合。这些元字符匹配的是某一类别的字符,称为"字符类"(character class),见表 5-2。

表 5-2 正则表达式元字符

元字符	说明
\d	任意数字,等同于[0-9]
\D	任意非数字,等同于[^0-9]
\s	任意空白字符,等同于[\t\n\x0B\f\r]
\S	任意非空白字符,等同于[^\s]
\w	任意英文字符,等同于[a-zA-Z_0-9]
\W	任意非英文字符,等同于[^\w]
\b	单词边界
\B	非单词边界

有两种方法可以在正则表达式中像一般字符一样使用元字符:
1) 在元字符前添加反斜杠(\)。
2) 将元字符置于\Q(开始引用)和\E(结束引用)之间。

1. 正则表达式量词

量词(见表 5-3)指定了字符匹配的发生次数。

表 5-3 正则表达式量词

量词	说明
X?	X 没有出现或者只出现一次
X*	X 出现 0 次或更多
X+	X 出现 1 次或更多
X{n}	X 正好出现 n 次
X{n,}	X 出席 n 次或更多
X{n,m}	X 出现至少 n 次但不多于 m 次

量词可以和字符类及分组一起使用。例如：

1）[abc]+表示 a、b 或 c 出现一次或者多次。

2）(abc)+表示分组"abc"出现一次或多次。

2. 分组

分组是用来应对作为一个整体出现的多个字符。用户可以通过使用"()"来建立一个分组（group）。输入字符串中和分组相匹配的部分将保存在内存里，并且可以通过使用回溯引用调用。

可以使用 matcher.groupCount()方法来获得一个正则表达式中分组的数目。例如，((a)(bc))包含 3 个分组；((a)(bc))、(a)和(bc)。

可以在正则表达式中使用回溯引用，一个反斜杠（\）后跟着要调用的分组序号。

分组和回溯引用可能令人困惑，下面通过两个例子来帮助读者理解。

System.out.println (Pattern.matches ("(AB)(B\\d)\\2\\1", "ABB2B2AB")); //true
System.out.println (Pattern.matches ("(AB)(B\\d)\\2\\1", "ABB2B3AB")); //false

3. 正则表达式示例

正则表达式示例如代码 5-3 所示。

代码 5-3　正则表达式示例

#001	package cn.nbcc.chap05.snippets;
#002	import java.util.regex.Matcher;
#003	import java.util.regex.Pattern;
#004	public class RegexExamples {
#005	public static void main(String[] args) {
#006	// 使用CASE_INSENSITIVE指定大小写不敏感
#007	Pattern pattern = Pattern.*compile*("ab", Pattern.*CASE_INSENSITIVE*);
#008	Matcher matcher = pattern.matcher("ABcabdAb");
#009	// 使用Matcher中的 find()、group()、start() 和 end() 方法
#010	while (matcher.find()) {
#011	System.*out*.println("Found the text \"" + matcher.group()
#012	+ "\" starting at " + matcher.start()
#013	+ " index and ending at index " + matcher.end());
#014	}
#015	// 使用Pattern的 split() 方法
#016	pattern = Pattern.*compile*("\\W");
#017	String[] words = pattern.split("one@two#three:four$five");
#018	for (String s : words) {
#019	System.*out*.println("Split using Pattern.split(): " + s);
#020	}

#021	`    // 使用matcher.replaceFirst() 和 matcher.replaceAll() 方法`
#022	`        pattern = Pattern.compile("1*2");`
#023	`        matcher = pattern.matcher("11234512678");`
#024	`        System.out.println("Using replaceAll: " + matcher.replaceAll("_"));`
#025	`        System.out.println("Using replaceFirst: " + matcher.replaceFirst("_"));`
#026	`    }`
#027	`}`

运行输出结果：

```
Found the text "AB" starting at 0 index and ending at index 2
Found the text "ab" starting at 3 index and ending at index 5
Found the text "Ab" starting at 6 index and ending at index 8
Split using Pattern.split(): one
Split using Pattern.split(): two
Split using Pattern.split(): three
Split using Pattern.split(): four
Split using Pattern.split(): five
Using replaceAll: _345_678
Using replaceFirst: _34512678
```

> 关于正则表达式的更多介绍，可以参考以下网站内容：
> http://www.regular-expressions.info/
> http://www.javaregex.com

5.5.2 项目任务 19：自定义非检查异常

> 下面使用正则表达式实现 9 位整数学号的判断，并在输入无效学号的时候抛出自定义异常（见代码 5-4）。

代码 5-4　抛出异常示例

#001	`package cn.nbcc.chap05.entities;`
#002	`import java.util.ArrayList;`
#003	`import java.util.List;`
#004	`import java.util.regex.Matcher;`
#005	`import java.util.regex.Pattern;`
#006	`public class Student {`
#007	`    public Student(String id,String name) {`
#008	`        Pattern pattern = Pattern.compile("\\d{9}");`
#009	`        Matcher matcher = pattern.matcher(id);`
#010	`        if (!matcher.matches()) {`
#011	`            String msg = "无效的学号格式";`

#012	throw new StudentIdFormatException(msg);
#013	}
#014	}
#015	…
#016	}

008 行定义 Pattern 对象，并使用元字符和量词来表达学号必须是 0～9 范围内取值的 9 位数字。

009 行使用该 Pattern 对象对母串 id 进行匹配，并得到一个配对结果对象 matcher。010 行通过调用该对象 matches()方法，可以得到母串是否完全匹配该正则表达式的结果。如果不匹配，则在 012 行使用抛出异常语法，将一个自定义异常 StudentIdFormatException 对象抛出。需要注意的是，在构造这个自定义异常时，将出错的原因使用一个 msg 字符串传入到构造方法中保存。

抛出异常语法	示例
throw 异常对象;	throw new StudentIdFormatException(msg);

自定义异常示例如代码 5-5 所示。

代码 5-5　自定义异常示例

#001	package cn.nbcc.chap05.entities;
#002	public class StudentIdFormatException extends IllegalArgumentException {
#003	public StudentIdFormatException(String message) {
#004	super(message);
#005	}
#006	}

代码 5-5 通过继承 IllegalArgumentException 创建自定义异常 StudentIdFormatException，该异常类具有一个带 String 类型参数的构造方法，并使用 super 语法调用父类的同型构造方法。

代码 5-6 为测试代码，试图构造一个拥有两位数字学号的学生对象，程序将抛出如下错误信息。

代码 5-6　测试

#001	publicclassTest {
#002	publicstaticvoid main(String[] args) {
#003	Student s = new Student("10", "张三");
#004	}
#005	}

运行输出结果：

Exception in thread "main" cn.nbcc.chap05.entities.StudentNameFormatException: 无效的学号格式
    at cn.nbcc.chap05.entities.Student.<init>(Student.java:19)
    at cn.nbcc.chap05.snippets.CharacterDemo.main(CharacterDemo.java:15);

在这个例子中,由于IllegalArgumentException是继承自RuntimeException的子类,因此,StudentIdFormatException也就是RuntimeException的间接子类。也就是说,StudentIdFormatException是一个运行期异常(即非检查异常)。对于运行期异常,编译器不要求客户显式地加以捕获处理,读者可以使用前面学过的异常捕获语法自行对该异常进行捕获处理。

5.5.3 项目任务 20:自定义检查异常

修改上述代码,将StudentIdFormatException直接继承自Exception,并将检查学生学号的相关语句封装到isValid()方法中(见代码 5-7 和代码 5-8)。

代码 5-7 检查异常

#001	`package cn.nbcc.chap05.entities;`
#002	`public class StudentIdFormatException extends Exception {`
#003	`    public StudentIdFormatException(String message) {`
#004	`        super(message);`
#005	`    }`
#006	`}`

由于StudentIdFormatException直接继承自Exception,因此,StudentIdFormatException是一个检查异常。

代码 5-8 检查异常的调用

#001	`public class Student {`
#002	`    public Student(String id,String name) {`
#003	`        try {`
#004	`            isValid(id);`
#005	`        } catch (StudentIdFormatException e) {`
#006	`            System.out.println(e.getMessage());`
#007	`        }`
#008	`    }`
#009	`    public void isValid(String id) throws StudentIdFormatException {`
#010	`        Pattern pattern = Pattern.compile("\\d{8}");`
#011	`        Matcher matcher = pattern.matcher(id);`
#012	`        if (!matcher.matches()) {`
#013	`            String msg = "无效的学号格式";`
#014	`            throw new StudentIdFormatException(msg);`
#015	`        }`
#016	`    }`
#017	`    ...`
#018	`}`

> 编写将抛出检查异常的方法时，需要在方法的签名部分显式地指出抛出检查异常的类型（如代码 5-8 的 009 行），并且在调用该方法时，必须对该异常进行捕捉处理（如代码 5-8 的 003 行～007 行）。

 常见编程错误
1）封装抛出检查异常的方法时，不在方法签名时指出检查异常类型是一种错误。
2）调用检查异常的方法时，不对检查异常进行捕获也不抛出异常，将给出编译错误。

5.6 更多的异常处理

异常处理的形式并不仅仅是谁抛出或谁捕获，它的形式可以非常灵活。要理解这些形式，先来观察下面的异常控制流在异常抛出时的变化，如图 5-2 所示。
1）当一个方法被调用的时候，该方法加入调用栈（call stack）。
2）当一个方法抛出一个异常的时候，该方法弹出调用栈。
3）同时抛出的异常传递给调用栈中的前一个方法。

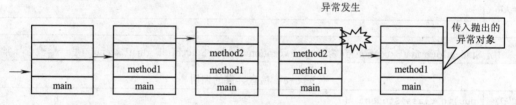

图 5-2 异常控制流

相应的处理异常捕获的地方可以在 method1 方法中，用户可以选择以下 3 种处理异常的方法：
1）catch 捕获异常，完全处理该异常，恢复程序，不让其向下进入到调用栈。
2）catch 捕获异常，自己处理还不够，还将异常抛出到调用栈，传递给上一级方法调用（main）。
3）不捕获异常，这将导致 method1 被弹出调用栈，而异常继续向下传递给调用方法 main。如果 main 方法也不处理异常，将由 JVM 来默认处理这些异常，程序将异常终止。

无论调用栈的方法有多少，每个方法要么捕获异常终止整个过程，要么弹出调用栈，将捕获任务交给上一层调用去做，要么捕获了异常，进行一定的处理以后，将其再次抛出，给上一级去处理。

Java 异常处理涉及 5 个关键字，分别是 try、catch、finally、throw、throws，其中 throws 用在方法签名中，而 throw 用来抛出一个异常对象。在使用 try、catch、finally 三个语句块时，应注意以下几个问题：

1）try、catch、finally 三个语句块均不能单独使用，三者可以组成 try...catch...finally、try...catch、try...finally 三种结构，catch 语句可以有一个或多个，finally 语句最多一个。

2）try、catch、finally 三个代码块中变量的作用域为代码块内部，分别独立而不能相互访问。如果要在三个块中都可以访问，则需要将变量定义到这些块的外面。

3）多个 catch 块时，只会匹配其中一个异常类并执行 catch 块代码，而不会再执行别的 catch 块，并且匹配 catch 语句的顺序是由上到下。根据里氏替换原则，将继承关系层级较低的层次写在前面，层级较高的写在后面。

4）finally 语句块是紧跟 catch 语句后的语句块，这个语句块总是会在方法返回前执行，而无论 try 语句块是否发生异常，目的是给程序一个补救的机会。这样做也体现了 Java 语言的健壮性（关于多个 catch 及 finally 的使用示例，参见第 7 章代码 7-7）。

5.7 自测题

1. 如果有以下程序片段：

```java
public class main{
    public static void main(String[] args){
        try{
            int number=Integer. parseInt(args[0]);
            System.out.println(number++);
        }catch(NumberFormatException ex){
            System.out.println("必须输入数字");
        }
    }
}
```

执行时若没有制定命令行自变量，则以下描述正确的是（   ）。

A．编译错误

B．显示"必须输入数字"

C．显示 ArrayIndexOutOfBoundException 堆栈追踪

D．不显示任何信息

2. 如果有以下程序片段：

```java
public class Main{
    public static void main(String[] args){
        Object[] objs=("java","7");
        Integer number=(Integer ) objs[1];
        System.out.println(number);
    }
}
```

则以下描述正确的是（   ）。

A．编译错误   B．显示 7

C．显示 ClassCastException 堆栈追踪   D．不显示任何信息

3. 如果有以下程序片段：

```java
public class Main{
    public static void main(String[] args){
        try{
            int number=Integer .parseInt(args[0]);
            System.out.println(number++);
        }catch(NumberFormatException ex){
            System.out.println("必须输入数字");
```

        }
      }
    }
执行时若没有制定命令行自变量 one，则以下描述正确的是（　　）。
  A．编译错误
  B．显示"必须输入数字"
  C．显示 ArrayIndexOutOfBoundException 堆栈追踪
  D．不显示任何信息
4. FileInputStream 的构造方法使用 throws 声明了 FileFoundException，如果有以下程序片段：
```
public class FileUtil{
    public static String readFile(String name )throws_____{
        FileInputStream input =new FileInputStream(name);
        …
    }
}
```
则横线处填入（　　）可以通过编译。
  A．Throwable   B．Error
  C．IOException   D．FileNotException
5. FileInputStream 的构造方法使用 throws 声明了 FileFoundException，如果有以下程序片段：
```
public class FileUtil{
    public static String readFile(String name ){
        FileInputStream input =null;
        try{
            input =new FileInputStream(name);
            …
        }catch(____ex){
            …
        }
    }
}
```
则横线处填入（　　）可以通过编译。
  A．Throwable   B．Error
  C．IOException   D．FileNotException
6．如果有以下程序片段：
```
class Resource{
    void doService() throws IOException{
        …
    }
}
class Some extends Resource {
    @override
    void doService () throws ____{
        …
    }
}
```

则横线处填入（　　）可以通过编译。

A．Throwable B．Error
C．IOException D．FileNotException

7．如果有以下程序片段：

```
public class Main{
    public static void main(String[] args){
        try{
            int number=Integer .parseInt(args[0]);
            System.out.println(number++);
        }catch(ArrayIndexOutOfBoundException | NumberFormatException ex){
            System.out.println("必须输入数字");
        }
    }
}
```

执行时若没有制定命令行自变量 one，则以下描述正确的是（　　）。

A．编译错误

B．显示"必须输入数字"

C．显示 ArrayIndexOutOfBoundException 堆栈追踪

D．不显示任何信息

8．如果有以下程序片段：

```
public class Main{
    public static void main(String[] args){
        try{
            int number=Integer.parseInt(args[0]);
            System.out.println(number++);
        }catch(RuntimeException | NumberFormatException ex){
            System.out.println("必须输入数字");
        }
    }
}
```

执行时若没有制定命令行自变量 one，则以下描述正确的是（　　）。

A．编译错误

B．显示"必须输入数字"

C．显示 ArrayIndexOutOfBoundException 堆栈追踪

D．不显示任何信息

9．FileInputStream 的构造方法使用 throws 声明了 FileFoundException，如果有以下程序片段：

```
public class FileUtil{
    public static String readFile(String name ){
        FileInputStream input =null;
        try{ FileInputStream input =new FileInputStream (name){
            …
        }
    }
}
```

则以下描述正确的是（　　）。

A. 编译失败
B. 编译成功
C. 调用 readfile() 时必须处理 FileNotFoundException
D. 调用 readfile() 时不一定要处理 FileNotFoundException

10. 如果 ResourceSome 与 ResourceOther 都操作了 AutoCloseable 接口：

```java
public class Main{
    public static void main(String[] args){
        try (ResourceSome some =new ResourceSome();
            ResourceOther other = new ResourceOther()){
            …
        }
    }
}
```

则以下描述正确的是（ ）。

A. 执行完 try 后会先关闭 ResourceSome
B. 执行完 try 后会先关闭 ResourceOther
C. 执行完 try 后会先关闭 ResourceSome 与 ResourceOther
D. 编译失败

第 6 章 图形

6.1 SWT/JFace 简介

要创建桌面应用程序，需要用到 Java 的 GUI（Graphic User Interface，图形化用户接口）库。SWT（Standard Widget Toolkit，标准组件工具箱）正是 Eclipse 所使用的图形库，它提供一系列常用图形界面组件如按钮（Button）、文本框（Textfield），以及布局管理器。布局管理器用来对组件根据一定规则进行布局。

SWT 支持多种平台，如 Windows、Linux 和 Mac OS X。SWT 的设计目标就是要保持与底层操作系统紧密相关，并提供类似底层 OS 的本地 API 作为 SWT 的 API（Application Programming Interface，应用程序编程接口）。

SWT 通过 SWT 框架和 Java 本地接口框架 JNI（Java Native Interface）来实现对平台的本地组件的直接调用，因此，运行速度快，能够获得与操作系统的内部应用程序相同的外观。JNI 是一种编程框架，它允许运行在 JVM 中的 Java 代码调用，或者被本地其他语言编写的应用程序/库调用，如 C、C++等。

这种使用本地组件的方式也见于 AWT（Java 中的另一种标准用户接口库）。相比而言，SWT 提供了更多的组件，而当遇到一个平台中有而另一个平台中没有的组件时，SWT 会进行模拟，并使用这个本地组件，而 AWT 并不会。例如，SWT 中包括一个表格和树组件，而 AWT 中没有。

除了 AWT、SWT 之外，Java 还提供一种称为 Swing 的 GUI 组件。由于 Swing 可以控制自身 GUI 系统的全部并有很好的可扩展和灵活性，因此它几乎可以创建所有用户想象得到的组件，唯一的限制是它的 AWT 容器。在 Swing 中，用户还不能跨平台地实现真正的透明化和不规则矩形窗口，因为 Swing 依赖于 AWT 顶层容器，如 Applet、Window、FrameandDialog 等。除此之外，Swing 几乎实现了所有平台上的标准组件。

JFace 是一个用户界面工具箱，是对 SWT 的扩展，它简化了常见的图形用户界面的编程任务。SWT 和 JFace 都是 Eclipse 平台上的主要组件。JFace 是在 SWT 的基础上创建的，但 JFace 并不能完全覆盖 SWT 的功能。由于 JFace 的功能更强大，因此进行图形界面开发时一般优先选用 JFace。

6.2 SWT/JFace 常用组件

SWT/JFace 常用组件有按钮（Button 类）、标签（Label 类）、文本框（Text 类）、组合框（Combo 类）、列表框（List 类）和菜单（Menu 类和 MenuItem 类）等。

6.2.1 按钮组件

按钮（Button 类）组件是 SWT 中最常用的组件，其构造方法如下。

Button(Composite parent, int style);

第一个参数 parent 是指按钮创建在哪一个容器上。Composite（面板）是较常用的容器，Shell（窗体）继承自 Composite，此参数也能接收 Shell 和任何继承自 Composite 的类。
第二个参数 style 用来指定按钮的样式。SWT 组件可以在构造方法中使用样式来声明组件的外观形状和文字的样式。关于按钮常见的样式，可以查看表 6-1。

一个 Button 也可以指定多个样式，只要将指定的各个样式用符号"|"连接起来即可。例如：
Button bt=new Button(shell,SWT.CHECK|SWT.BORDER|SWT.LEFT);
表示创建的按钮 bt 是一个复选按钮（CHECK），同时为深陷型（BORDER）、文字左对齐（LEFT）。

表 6-1 按钮常见样式

样　　式	说　　明
SWT.PUSH	按钮
SWT.CHECK	复选按钮
SWT.RADIO	单选按钮
SWT.ARROW	箭头按钮
SWT.NONE	默认按钮
SWT.CENTER	文字居中，与 SWT.NONE 相同
SWT.LEFT	文字靠左
SWT.RIGHT	文字靠右
SWT.BORDER	深陷型按钮
SWT.FLAT	平面型按钮

技巧

SWT 组件的构造方法和 Button 类相似，参数的含义也相同。深入了解和掌握这些参数有助于创建合适的 SWT 组件。

 按钮组件有一些常用的操作方法（见表 6-2）。了解这些内容，就可以熟练地掌握它们的使用。

表 6-2 按钮相关方法

方 法 名	说　　明
setText(String string)	设置组件的标签文字
setBounds(int x,int y,int width,int height)	设置组件的坐标位置和大小（x 轴坐标、y 轴坐标、组件宽度 width、组件高度 height）
setEnabled(Boolean enabled)	设置组件是否可用。true 为可用（默认值），false 为不可用
setFont(Font font)	设置文字的字体

(续)

方 法 名	说　明
setForeground(Color color)	设置前景色
setBackground(Color color)	设置背景色
setImage(Image image)	设置显示的图片
setSelection(Boolean selected)	设置是否选中（仅对复选框或单选框有效）。true：选中，false：未选中（默认值）
setToolTipText(String string)	设置鼠标停留在组件上时出现的提示信息

技巧

以上方法在其他组件中也可使用。

6.2.2 标签组件

标签（Label 类）组件是 SWT 中较为简单的组件。Label 类的构造方法和 Button 类相似，参数的含义也相同，格式如下：

Label(Composite parent, int style);

Label 类常用的样式如下：

SWT.CENTER（文字居中）；SWT.RIGHT（文字靠右）；SWT.LEFT（文字靠左）；SWT.NONE（默认样式）；SWT.WRAP（自动换行）；SWT.BORDER（深陷型）；SWT.SEPARATOR（分栏符，默认为竖线分栏）；SWT.HORIZONTAL（横线分栏符）。

按钮和标签示例如代码 6-1 所示。

代码 6-1　按钮和标签示例

#001	package cn.nbcc.chap06.swt.snippets;
#002	import org.eclipse.swt.SWT;
#003	import org.eclipse.swt.events.SelectionAdapter;
#004	import org.eclipse.swt.events.SelectionEvent;
#005	import org.eclipse.swt.graphics.Color;
#006	import org.eclipse.swt.layout.RowLayout;
#007	import org.eclipse.swt.widgets.*;
#008	public class ButtonLabel {
#009	public static void main(String[] args) {
#010	Display display = Display.getDefault();
#011	final Shell shell = new Shell();
#012	shell.setSize(450, 300);
#013	shell.setText("我的窗口");
#014	shell.setLayout(new RowLayout());
#015	Label label = new Label(shell, SWT.CENTER);
#016	label.setText("Welcome to GUI Programming!!!");
#017	Color red = new Color(display, 255, 0, 0);

#018	label.setForeground(red);
#019	final Button button = new Button(shell, SWT.PUSH);
#020	button.setText("请单击我");
#021	button.addSelectionListener(new SelectionAdapter(){ //匿名
#022	@Override
#023	public void widgetSelected(SelectionEvent e) {
#024	button.setText("我被单击了");
#025	//MessageDialog.openError(shell, "提示","我被单击了");取消本行注释查看效果
#026	}
#027	});
#028	shell.open();
#029	shell.layout();
#030	while (!shell.isDisposed()) {
#031	if (!display.readAndDispatch()) {
#032	display.sleep();
#033	}
#034	}
#035	}
#036	}

运行结果如图 6-1 和图 6-2 所示。

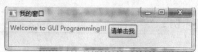

图 6-1　单击按钮前

图 6-2　单击按钮后

6.2.3　文本框组件

文本框（Text 类）的样式见表 6-3。

表 6-3　文本框样式

样　　式	说　　明
SWT.NONE	默认样式
SWT.CENTER	文字居中
SWT.LEFT	文字靠左
SWT.RIGHT	文字靠右
SWT.MULTI	可以输入多行，必须回车换行
SWT.WRAP	可以输入多行，到行尾后自动换行
SWT.PASSWORD	密码型，输入字符显示成"*"
SWT.BORDER	深陷型
SWT.V_SCROLL	带垂直滚动条
SWT.H_SCROLL	带水平滚动条

代码6-2为文本框的示例。

代码6-2 文本框示例

#001	/**
#002	* 所属包：cn.nbcc.chap06.swt.snippets
#003	* 文件名：TextDemo.java
#004	* 创建者：郑哲
#005	* 创建时间：2014-6-3 下午10:06:04
#006	*/
#007	package cn.nbcc.chap06.swt.snippets;
#008	import org.eclipse.swt.SWT;
#009	import org.eclipse.swt.events.*;
#010	import org.eclipse.swt.graphics.Color;
#011	import org.eclipse.swt.layout.FillLayout;
#012	import org.eclipse.swt.layout.RowLayout;
#013	import org.eclipse.swt.widgets.*;
#014	public class TextDemo {
#015	public static void main(String[] args) {
#016	Display display = Display.*getDefault*();
#017	final Shell shell = new Shell();
#018	shell.setSize(450, 300);
#019	shell.setText("我的窗口");
#020	shell.setLayout(new FillLayout());
#021	Text text = new Text(shell, SWT.*MULTI*);
#022	text.addVerifyListener(new VerifyListener() {
#023	@Override
#024	public void verifyText(VerifyEvent e) {
#025	e.doit = Character.*isDigit*(e.text.charAt(0))||e.text.length()==0;
#026	}
#027	});
#028	shell.open();
#029	shell.layout();
#030	while (!shell.isDisposed()) {
#031	if (!display.readAndDispatch()) {
#032	display.sleep();
#033	}
#034	}
#035	}
#036	}

代码 021 行指定文本框的样式是多行文本；022 行添加文本框的验证监听，在 verifyText()方法中对用户输入进行验证，利用 Character 的 isDigit()方法判断用户输入的信息是不是数字，只有当输入是数字或者用户作删除等非输入操作时（e.text.length()==0），才会将用户的操作效果显示在文本框中，否则忽略用户的操作。运行效果如图 6-3 所示。

图 6-3　文本框效果

6.2.4　组合框组件

组合框（Combo 类）的样式见表 6-4。

表 6-4　组合框样式

样　　式	说　　明
SWT.NONE	默认样式
SWT.READ_ONLY	只读
SWT.SIMPLE	无须单击组合框，列表会一直显示
SWT.DROP_DOWN	组合框

与其相关的常用方法见表 6-5。

表 6-5　Combo 常用方法

方　　法	说　　明
add(String string)	在 Combo 中增加一项
add(String string,int index)	在 Combo 的第 index 项后插入一项
deselectAll()	使 Combo 组件中的当前选择项置空
removeAll()	将 Combo 中的所有选项清空
setItems(String[] items)	将数组中的各项依次加入到 Combo 中
select(int index)	将 Combo 的第 index+1 项设置为当前选择项

代码 6-3 为组合框组件的示例。

代码 6-3　组合框示例

#001	package cn.nbcc.chap06.swt.snippets;
#002	import org.eclipse.swt.SWT;
#003	import org.eclipse.swt.events.*;
#004	import org.eclipse.swt.layout.GridData;
#005	import org.eclipse.swt.layout.GridLayout;
#006	import org.eclipse.swt.widgets.*;
#007	public class ComboDemo {
#008	public static void main(String[] args) {
#009	Display display = Display.getDefault();

#010	Shell shell = new Shell();
#011	shell.setSize(234, 115);
#012	shell.setText("ComboDemo");
#013	shell.setLayout(new GridLayout(1,true));
#014	final Combo combo1 = new Combo(shell, SWT.*READ_ONLY*);
#015	combo1.setLayoutData(new GridData(SWT.*FILL*, SWT.*CENTER*, true, false, 1, 1));
#016	final Combo combo2 = new Combo(shell, SWT.*DROP_DOWN*);
#017	combo2.setLayoutData(new GridData(SWT.*FILL*, SWT.*CENTER*, true, false, 1, 1));
#018	final Label label = new Label(shell,SWT.*NONE*);
#019	label.setLayoutData(new GridData(SWT.*FILL*, SWT.*CENTER*, true, false, 1, 1));
#020	combo1.setItems(new String[]{"First","Second","Third"});
#021	combo1.setText("First");
#022	combo1.addSelectionListener(new SelectionAdapter() {
#023	@Override
#024	public void widgetSelected(SelectionEvent e) {
#025	label.setText("selected:"+combo1.getText());
#026	}
#027	});
#028	combo2.setItems(new String[]{"First","Second","Third"});
#029	combo2.setText("First");
#030	combo2.addModifyListener(new ModifyListener() {
#031	@Override
#032	public void modifyText(ModifyEvent e) {
#033	label.setText("Entered:"+combo2.getText());
#034	}
#035	});
#036	shell.open();
#037	shell.layout();
#038	while (!shell.isDisposed()) {
#039	if (!display.readAndDispatch()) {
#040	display.sleep();
#041	}
#042	}
#043	}
#044	}

014 行新建 combo1，并指定其样式为只读；016 行新建 combo2，指定样式为 DROP_DOWN；022～027 行对 combo1 对象进行选择监听，并将用户的选择显示在 label 对象上；030～035 行对 combo2 对象进行修改监听，将用户在组合框中所做的修改显示在 label 对象上。运行效果分别如图 6-4 和图 6-5 所示。

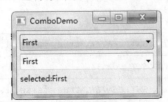

图 6-4　Combo 选择显示

图 6-5　可编辑 Combo

6.2.5　列表框组件

列表框（List 类）组件的用法和组合框（Combo 类）相似。列表框的主要样式见表 6-6。

表 6-6　列表框样式

样　式	说　明
SWT.NONE	默认样式
SWT.V_SCROLL	带垂直滚动条
SWT.MULTI	允许复选
SWT.SINGLE	允许单选

与列表框有关的常用方法与组合框一样，但由于 List 可选择多项，而 Combo 只能选择一项，因此 List 没有 getText()方法，List 的取值是用 getSelection()方法，返回一个所有选项组成的 String 数组。

代码 6-4 为列表框的示例。

代码 6-4　列表框示例

#001	/**
#002	* 所属包：cn.nbcc.chap06.swt.snippets
#003	* 文件名：ListDemo.java
#004	* 创建者：郑哲
#005	* 创建时间：2014-6-3 下午10:37:25
#006	*/
#007	package cn.nbcc.chap06.swt.snippets;
#008	import org.eclipse.swt.SWT;
#009	import org.eclipse.swt.events.SelectionAdapter;
#010	import org.eclipse.swt.events.SelectionEvent;
#011	import org.eclipse.swt.layout.FillLayout;
#012	import org.eclipse.swt.widgets.*;
#013	public class ListDemo {

```
#014        public static void main(String[] args) {
#015            Display display = Display.getDefault();
#016            Shell shell = new Shell();
#017            shell.setSize(450, 300);
#018            shell.setText("List Demo");
#019            shell.setLayout(new FillLayout());
#020            final List list = new List(shell, SWT.SINGLE);
#021            list.setItems(new String[]{"First","Second","Third"});
#022            list.addSelectionListener(new SelectionAdapter() {
#023                @Override
#024                public void widgetSelected(SelectionEvent e) {
#025                    String[] selected = list.getSelection();
#026                    if (selected.length>0) {
#027                        System.out.println("Selected:"+selected[0]);
#028                    }
#029                }
#030            });
#031            shell.open();
#032            shell.layout();
#033            while (!shell.isDisposed()) {
#034                if (!display.readAndDispatch() {
#035                    display.sleep();
#036                }
#037            }
#038        }
#039    }
```

020 行指定列表框的样式为单选，用户一次只能选择其中一项；021 行通过 setItems()方法设定列表框中的每一项；通过 022～030 行代码监听列表框，并实现点击时的动作监听，在控制台上打印用户的选择。

6.2.6 菜单

菜单（Menu 类，MenuItem 类）是常用的 SWT 组件。菜单既是一个菜单栏，又是一个容器，可以容纳菜单项（MenuItem）。表 6-7 和表 6-8 分别给出 Menu 和 MenuItem 的常用样式。

表 6-7 Menu 样式

样 式	说 明
SWT.BAR	菜单栏，用于主菜单
SWT.DROP_DOWN	下拉菜单，用于子菜单
SWT.POP_UP	鼠标右键弹出式菜单

表 6-8 MenuItem 样式

样　式	说　明
SWT.CASCADE	有子菜单的菜单项
SWT.CHECK	选中后前面显示一个对勾
SWT.PUSH	普通型菜单
SWT.RADIO	选中后前面显示一个圆点
SWT.SEPARATOR	分隔符

 用SWT创建菜单通常需要 5 步：创建菜单栏，设置菜单栏，创建顶级菜单项，创建下拉菜单项，关联顶级菜单项和下拉菜单项。

步骤 1：首先建立一个菜单栏，需要使用 SWT.BAR 属性。
Menu mainMenu=new Menu(shell,SWT.BAR);

步骤 2：在窗体中指定需要显示的菜单栏。
shell.setMenuBar(mainMenu);

步骤 3：创建顶级菜单项，需要使用 SWT.CASCADE 属性。
MenuItem fileItem=new MenuItem(mainMenu,SWT.CASCADE);
fileItem.setText("文件&F");

步骤 4：创建与顶级菜单项相关的下拉菜单项。
Menu fileMenu=new Menu(shell,SWT.DROP_DOWN);

步骤 5：将顶级菜单项与下拉菜单项关联。
fileItem.setMenu(fileMenu);

技巧
若要创建二级菜单，只需重复以上步骤 3～步骤 5。

常见编程错误
 一般情况下，创建所有 Menu 对象的第一个参数都是 shell；创建 MenuItem 对象的第一个参数是该 MenuItem 所在的 Menu 对象；如果某 Menu 是某 MenuItem 的子菜单，则还要建立关联：MenuItem.setMenu(Menu)。否则，将会导致菜单创建失败。

代码 6-5 为菜单的示例。

代码 6-5　菜单示例

#001	package cn.nbcc.chap06.swt.snippets;
#002	import org.eclipse.swt.SWT;
#003	import org.eclipse.swt.events.SelectionAdapter;
#004	import org.eclipse.swt.events.SelectionEvent;
#005	import org.eclipse.swt.widgets.Display;
#006	import org.eclipse.swt.widgets.Menu;
#007	import org.eclipse.swt.widgets.MenuItem;
#008	import org.eclipse.swt.widgets.Shell;

#009	`public class MenuDemo {`
#010	`    public static void main(String[] args) {`
#011	`        Display display = Display.getDefault();`
#012	`        Shell shell = new Shell();`
#013	`        shell.setSize(450, 300);`
#014	`        shell.setText("MenuDemo");`
#015	`        Menu menu = new Menu(shell,SWT.BAR);`
#016	`        shell.setMenuBar(menu);`
#017	`        MenuItem fileMenu = new MenuItem(menu,SWT.CASCADE);`
#018	`        fileMenu.setText("&File");   //&的作用是添加菜单栏快捷键<Alt+F>调用该菜单`
#019	`        Menu subMenu = new Menu(shell,SWT.DROP_DOWN);`
#020	`        fileMenu.setMenu(subMenu);`
#021	`        MenuItem selectItem = new MenuItem(subMenu, SWT.NONE);`
#022	`        selectItem.setText("Selected Item");`
#023	`        selectItem.addSelectionListener(new SelectionAdapter() {`
#024	`            @Override`
#025	`            public void widgetSelected(SelectionEvent e) {`
#026	`                System.out.println("I was Clicked");`
#027	`            }`
#028	`        });`
#029	`        shell.open();`
#030	`        shell.layout();`
#031	`        while (!shell.isDisposed()) {`
#032	`            if (!display.readAndDispatch()) {`
#033	`                display.sleep();`
#034	`            }`
#035	`        }`
#036	`    }`
#037	`}`

015 行指定菜单样式为 BAR，用以创建菜单栏；017 行使用 CASCADE 样式，创建顶层菜单；019～020 行使用 DROP_DOWN 样式创建下拉菜单，并将其关联到顶层菜单；021 行创建一个菜单项，并通过 023～028 行对该菜单项进行监听，对单击事件进行处理。

技巧

若要创建弹出式菜单，只需将相应代码改为以下样式即可。

```
Menu mainMenu=new Menu(shell，SWT.POP_UP);            //创建弹出式菜单
shell.setMenu(mainMenu);
```

6.3 布局管理

由于 Java 程序具有跨平台特性，因此一个 Java 程序可能会被部署到不同的平台。如果使用传统的标准 UI 设计技术，为程序界面指定绝对位置和大小，那么这些组件将不可移植，也就是说，在用户的开发平台上看起来不错的界面可能在另一个平台下不可用。为了解决这个问题，Java 提供一个轻便的布局管理器，可通过使用这个布局管理器对界面的组件布局行为进行约束和规则指定。

在实际编程中，我们每设计一个窗体，都要往其中添加若干组件。为了管理好这些组件的布局，我们就需要使用布局管理器。将加入到容器的组件按照一定的顺序和规则放置，使之看起来更美观，这就是布局。

布局管理器负责对容器（container）中的用户组件进行布局。使用布局管理器的好处是：

1）可以正确地定位组件，使它们独立于字体、屏幕分辨率以及不同的系统平台。

2）在程序运行时，可以缩放容器，以对容器中的组件进行重新布局。

3）在有多国语言的程序中，如果界面中的组件在转换成其他语言的字符串时发生字符长度的改变，那么这些相关的组件也会进行相应的对齐。

SWT 提供了几种标准的布局类，也可以根据需要，自己编写自定义的布局类。表 6-9 中列出了常用的布局管理器，按照难易程度进行排列。

表 6-9 SWT 标准布局和布局数据

布 局 名 称	作 用	相应布局数据	布局数据作用
AbsoluteLayout	通过指定 x、y 坐标来为组件定位		
FillLayout	在容器中以相同的大小单行或单列地排列组件		
RowLayout	以单行或多行的方式排列组件	RowData	对行布局组件进行相关参数配置
GridLayout	以网格的方式排列组件	GridData	对网格布局中的组件进行相关参数配置
FormLayout	通过定义组件 4 个边的"粘贴"位置来排列组件	FormData	对 Form 布局的组件进行相关参数配置

6.3.1 布局数据

表 6-9 中，SWT 很多布局提供了相应的布局数据（LayoutData）类，来描述每个 SWT 组件的布局配置信息。例如，GridLayout 布局管理器使用 GridData 类来描述网格布局中组件的特定配置信息，以便开发者能够精确地控制每个 GridLayout 布局中的组件布局方式，如代码 6-6 所示。

代码 6-6 布局数据示例

#001	button = new Button(parent, SWT.PUSH);
#002	GridData gridData = new GridData();
#003	gridData.horizontalSpan = 2;
#004	button.setLayoutData(gridData);

001 行构造了一个 SWT 按钮。除了 Shell 对象之外，任何 SWT 的组件都需要有一个父容器。例如，这里传入的参数 parent，它引用了包含该组件的父容器，而第二个参数用来指定构造组件的样式，可以根据 Javadoc 文档的相关描述来指定这些样式，通常样式常量作为静态常量定义在 SWT 类中，如果没有任何特定的样式需要使用，可以传入一个 SWT.NONE。这里传入的 SWT.PUSH 指定按钮的样式是普通按钮。

002 行创建了一个 gridData 对象，并通过 003 行指定它的属性水平跨越两列，将这个布局数据，通过 004 行语句绑定到前面创建的按钮上，从而让按钮在 GridLayout 布局管理下，实现一种始终占据两列的效果。

6.3.2 填充式布局

填充式布局（FillLayout）让所有子组件等大小的"填满"整个面板空间，如图 6-6 所示。

FillLayout 是较简单的一个布局类，它将所有窗口组件放置到一行或一列中，并强制它们的大小也相等。FillLayout 不能外覆（wrap），也不能定制边框和距离。很显然，这样的限制让这个布局类最适合进行类似于计算器面板的布局，或者为 Taskbar 和 Toolbar 上面的按钮进行布局。

6.3.3 行布局

行布局（RowLayout）让所有组件按行排列，一行排不下就放到下一行，如图 6-7 所示。

RowLayout 比 FillLayout 用得更广泛一些，原因很简单，就是 RowLayout 支持 FillLayout 所不支持的功能，如能够外覆、能够修改边框和间距等。另外，每一个位于 RowLayout 中的窗口组件都可以通过设定一个 RowData 类来指定其在 RowLayout 中的宽度和高度。

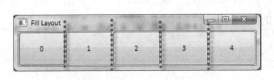

图 6-6　填充式布局

图 6-7　行布局

6.3.4 网格布局

在这里我们重点学习一下网格布局（GridLayout）的布局方式，它可以实现绝大多数的日常界面布局效果。GridLayout 的功能非常强大，它把父容器分成一个横竖相间的表格（犹如 Excel 的工作表），默认情况下，每个子控件占据一个单元格的空间，每个子控件按添加到父组件的顺序从左到右、从上到下地排列到布局表格中。利用它提供的布局数据类 GridData，可以通过修改相应配置属性，来对控件布局进行特殊处理。

GridLayout 类自身也提供了一些配置属性，用来对整个布局风格进行指定，见表 6-10。

表 6-10 GridLayout 相关属性表

属 性 名	作 用
numColumns	通过"gridLayout.numColumns"属性可以设置父组件中分几列显示子组件
makeColumnsEqualWidth	通过"gridLayout. makeColumnsEqualWidth"属性可以设置父组件中子组件是否有相同的列宽,当 MakeColumnsEqualWidth 为 true 时,表示每列的列宽相等
marginLeft	表示当前组件距离父组件左边距的像素点个数
marginRight	表示当前组件距离父组件右边距的像素点个数
marginTop	表示当前组件距离父组件上边距的像素点个数
marginBottom	表示当前组件距离父组件下边距的像素点个数
horizontalSpacing	表示子组件的水平间距
verticalSpacing	表示子组件的垂直间距

网格布局如图 6-8 所示。蓝色的色块就是 marginLeft,表示布局区域到外围容器的左边距距离;红色色块就是 marginTop,表示布局区域到外围容器的顶部边距距离;中间的黄色色块是 horizontalSpacing,表示水平单元格间距。

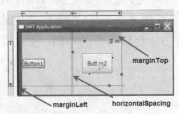

图 6-8 margin 和 spacing

 布局类对象总是与父容器相关联,表述的是该布局对象的属性信息。

6.3.5 网格布局数据

对于单元格中的每个组件,可以通过网格布局数据(GridData)对其进行进一步的配置。GridData 表述组件是如何放在单元格中的,它对组件起作用。

 GridData 与容器内的组件相关联,描述的是组件的布局信息。

GridData 的重要属性见表 6-11。

表 6-11 GridData 重要属性

属 性 名	参 考 值	作 用
hAlign	Beginning|Fill|End|Center	水平对齐方式
hGrab	true|false	水平抓取,在缩放窗口时,是否跟着变化
hHint	−1 或者大于 0 的整数	−1 表示自动计算 如果将按钮的 hHint 设为 100,则按钮被设为 100 像素宽
hIndent	大于或等于 0 的整数	在水平对齐方式为 Beginning 时有效,表示水平缩进量
hSpan	大于或等于 1 的整数	表示水平跨越单元格的数,同 Excel 的合并单元格
minHeight	大于或等于 0 的整数值	最小高度,当 vGrab 为 true 时有效。例如,当一个按钮高度大于这个值时,会随窗口缩放而缩放,缩小到该值后,按钮高度不再变化。继续缩小窗口将破坏按钮的完整显示

(续)

属性名	参考值	作用
minWidth	大于或等于 0 的整数值	最小宽度,当 hGrab 为 true 时有效。例如,当一个按钮宽度大于这个值时,会随窗口缩放而缩放,缩小到该值后,按钮宽度不再变化。继续缩小窗口将破坏按钮的完整显示
vAlign	Beginning|Fill|End|Center	垂直对齐方式
vGrab	true|false	垂直抓取,在缩放窗口时,是否跟着变化
vHint	−1 或者大于 0 的整数	−1 表示自动计算 如果将按钮的 vHint 设为 100,则按钮被设为 100 像素高
vIndent	大于或等于 0 的整数	在垂直对齐方式为 Beginning 时有效,表示垂直缩进量
vSpan	大于或等于 1 的整数	表示垂直跨越单元格的数,同 Excel 的合并单元格

1) HorizontalAlignment:表示水平对齐方式,如图 6-9 所示,其取值见表 6-12。

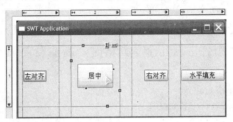

图 6-9 GridData 的水平对齐方式

表 6-12 Grid Data 的水平对齐方式

HorizontalAlignment 的值	显示效果
horizontalAlignment = GridData.BEGINNING(default)	左对齐
horizontalAlignment = GridData.CENTER	居中
horizontalAlignment = GridData.END	右对齐
horizontalAlignment = GridData.FILL	填充

回忆一下我们的约定,带有 static 的静态变量或者静态方法,都要按照"类名.静态变量名"或"类名.静态方法名"的形式进行调用,这里的 GridData.BEGINNING 一定是一个静态常量,之所以可以肯定它是一个常量,因为我们约定凡是定义为 final 类型的常量都要用全大写的方式。

2) VerticalAlignment:表示子组件的垂直对齐方式(见图 6-10),取值和水平对齐方式一样。

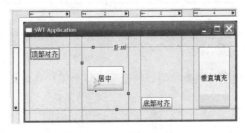

图 6-10 垂直对齐方式

3) HorizontalIndent:水平缩进,表示子组件水平偏移多少像素。此属性和"horizontalAlignment=GridData.BEGINNING"属性一起使用。类似的还有 Vertical Indent(垂直缩进),

如图 6-11 所示。

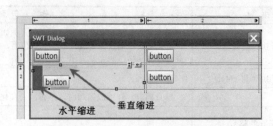

图 6-11　GridData 的 Indent 缩进控制

```
GridData gridData = new GridData();
gridData.horizontalIndent = 5;
gridData.verticalIndent = 5;
button.setLayoutData(gridData);
```

4）HorizontalSpan：表示组件水平跨越几个网格，类似于 Excel 中的合并单元格。此属性非常有用，当要设置一个组件占据几个单元格时，需要设置 HorizontalSpan 属性。下面代码将按钮跨越 3 个网格：

```
GridData gridData = new GridData();
gridData.horizontalAlignment = GridData.FILL;
gridData.horizontalSpan = 3;
button.setLayoutData(gridData);
```

类似的还有 Vertical Span，表示组件垂直跨越几个网格，其作用是实现垂直单元格的合并效果。

使用 SWT Designer 可以非常方便地配置这些参数，如图 6-12～图 6-14 所示。

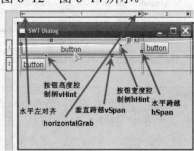

图 6-12　Designer 水平控制按钮　　图 6-13　Designer 垂直控制按钮　　图 6-14　SWT Designer 布局控制柄操作

常见编程错误
使用与布局类对象不配套的布局数据对象，会在运行期抛出异常。

良好的编程习惯
布局对象不应重复使用，因为布局管理器期望每个用户接口元素都有唯一的布局数据对象来描述相关信息。

6.3.6　表单布局

表单布局（FormLayout）是一种非常灵活、精确的布局方式，这个布局方式是 SWT 2.0 版新

第 6 章 图形

增的。FormLayout 中为每个组件同样提供了相应的布局数据类 FormData 来进行个性化的设定。

最为关键的是，假定每个 widget 组件有 4 个边，如按钮有 top、bottom、left、right 4 个边。FormLayout 是通过一个 FormAttachment 类来定位每个边的。用 FormData 和 FormAttachment 配合，可以创建复杂的界面。

1. FormLayout 的属性

1）int marginWidth：设置组件与容器边缘的水平距离，默认值为 0。

2）int marginHeight：设置组件与容器边缘的垂直距离，默认值为 0。

通过创建一个 FormLayout 对象，然后设置它的这些属性，如：

```
Display display = new Display ();
Shell shell = new Shell (display);
FormLayout layout= new FormLayout ();
layout.marginHeight = 5;
layout.marginWidth = 5;
shell.setLayout(layout);
```

2. FormData 类

FormData 布局数据对象指定每个 FormLayout 中的组件对象如何布局。每个布局数据对象定义了组件的 4 个边的 attachment 信息，这些 attachment 信息告诉布局管理器如何定位组件的每个边，通过组件的 setLayoutData(Object)方法，可以设置组件的布局数据。例如：

```
Button button1 = new Button(shell, SWT.PUSH);
button1.setText("B1");
button1.setLayoutData(new FormData());
```

上述代码创建的布局数据对象没有 attachment 信息，这将使用默认的 attachment。

默认的 attachment 将组件的 top 和 left 边定位到父容器。如果所有的组件都使用默认的 attachment，那么它们都将定位到父容器的左上角。

FormData 提供了 top、bottom、left、right 属性，可以与 FormAttachment 对象配合使用来精确地定位相应的边。此外，width 和 height 属性可以设定组件的宽度和高度，见表 6-5。

表 6-13 FormData 的属性

属 性 名	作 用
width	设置组件的宽度
height	设置组件的高度
top	和 FormAttachment 配合设置组件顶部和父容器顶部的边距
bottom	和 FormAttachment 配合设置组件底部和父容器底部的边距
left	和 FormAttachment 配合设置组件左边和父容器左边的边距
right	和 FormAttachment 配合设置组件右边和父容器右边的边距

常见编程错误

如果 FormData 中的 width 和 height 设置的宽度和高度与 FormAttachment 设置的约束发生冲突，则按照 FormAttachment 的设置，width 和 height 的设定值就不起作用了。

3. FormAttachment 类

Attachment 的含义是附着、粘贴。FormAttachment 类就是用来指定组件在父容器中的粘贴位置。FormAttachment 计算组件粘贴位置和组件大小的方法是依据表达式：y=ax+b，式中 y 是纵坐标，在显示的图形坐标系统中规定，屏幕左上角作为原点，从上往下是 y 轴正方向，从左至右是 x 轴正方向；a 是斜率（a=m/n，n≠0）；b 是偏移量，沿 x、y 轴正方向的偏移量为正，反之为负。

下面详细介绍 FormAttachment 的构造方法。

1）FormAttachment()：组件紧贴父容器的左边缘和上边缘。如果父容器设置了 FormLayout 属性 marginWidth 和 marginHeight，则距父容器的上边缘和左边缘为 marginHeight 和 marginWidth 的设定值。

2）FormAttachment(Control control)：以指定的组件 control 为参照物。

3）FormAttachment(Control control, int offset)：以指定的组件 control 为参照物，相对指定组件的偏移量为 offset。

4）FormAttachment(Control control, int offset, int alignment)：以指定的组件 control 为参照物，相对指定组件的偏移量为 offsct，对齐方式为 alignment。alignment 的取值为 SWT.TOP、SWT.BOTTOM、SWT.LEFT、SWT.RIGHT、SWT.CENTER。

5）FormAttachment(int m, int n, int offset)：以组件相对于父容器宽度或高度的百分比（即斜率 a）来给组件定位，m 为分子，n 为分母，offset 是偏移量。

6）FormAttachment(int m, int offset)：以组件相对于父容器宽度或高度的百分比（即斜率 a）来给组件定位，m 为分子，分母为默认值 100，offset 是偏移量。

7）FormAttachment(int m)：以组件相对于父容器宽度或高度的百分比（即斜率 a）来给组件定位，m 为分子，分母为默认值 100，偏移量为默认值 0。

代码 6-7 为表单布局示例。

代码 6-7 表单布局示例

#001	package cn.nbcc.chap06.snippets;
#002	import org.eclipse.swt.SWT;
#003	import org.eclipse.swt.layout.FormAttachment;
#004	import org.eclipse.swt.layout.FormData;
#005	import org.eclipse.swt.layout.FormLayout;
#006	import org.eclipse.swt.widgets.Button;
#007	import org.eclipse.swt.widgets.Display;
#008	import org.eclipse.swt.widgets.Shell;
#009	public class UsingFormLayout {
#010	public static void main(String[] args) {
#011	Display display = Display.*getDefault*();
#012	Shell shell = new Shell(display);
#013	shell.setLayout(new FormLayout());

#014	shell.setSize(200,200);
#015	shell.open();
#016	final Button b1 = new Button(shell,SWT.*NONE*);
#017	b1.setText("B1");
#018	FormData fd1 = new FormData();
#019	fd1.left = new FormAttachment(20,1);
#020	fd1.right = new FormAttachment(50);
#021	fd1.top = new FormAttachment(0);
#022	fd1.bottom = new FormAttachment(50);
#023	b1.setLayoutData(fd1);
#024	final Button b2 = new Button(shell, SWT.*NONE*);
#025	final FormData fd2 = new FormData();
#026	fd2.top = new FormAttachment(b1);
#027	fd2.left = new FormAttachment(b1,0,SWT.*RIGHT*);
#028	fd2.right = new FormAttachment(b1,60,SWT.*RIGHT*);
#029	fd2.bottom = new FormAttachment(b1,20,SWT.*BOTTOM*);
#030	b2.setLayoutData(fd2);
#031	b2.setText("B2");
#032	shell.layout();
#033	while(!shell.isDisposed()) {
#034	if(!display.readAndDispatch())
#035	display.sleep();
#036	}
#037	}
#038	}

013 行指定布局模式采用 FormLayout 方式；016 行和 017 行创建了一个按钮 B1，018 行为按钮 B1 创建了一个布局数据，通过 023 行，将该布局数据应用到 B1 对象；019 行使用带两个整数参数的构造方法创建了一个 FormAttachment 对象，使用它指定该按钮的左边在距离父容器的左边 1/5 处，再偏移 1 个像素单位的位置（第一个参数为 20 代表 20%，即 a 为 20，第二个参数 1 表示偏移量）；020 行使用带一个整型参数的构造方法，其目的是将按钮的右边始终置于父容器的 1/2（即 50%）的位置上；021 行指定按钮的上边距离父容器的顶部为 0；022 行指定按钮的下边界位于父容器高度的 1/2（即 50%）的位置。

对于按钮 B2，026 行指定按钮 B2 的上边附着 B1（即以 B1 为参照）；027 行指定按钮 B2 的左边以 B1 为参照，B2 的左边界相对于 B1 的右边界距离为 0；028 行指定 B2 的右边以 B1 的右边为参照，偏移 60 个像素；029 指定 B2 的底边以 B1 的底边为参照，偏移 20 个像素。运行此程序能看到如图 6-15 所示的效果。

图 6-15　表单布局示例运行效果

6.4 SWT 应用程序工作原理

单击工具栏中的新建应用程序窗口下拉箭头,在打开的下拉菜单中依次选择【SWT】|【Application Window】命令,如图 6-16 所示。然后按照图 6-17 所示创建 SWT 应用程序。

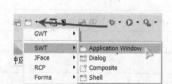

图 6-16 选择 ApplicationWindow

图 6-17 创建 SWT 应用程序向导

将代码编辑器切换到代码视图,可以看到程序向导自动添加了如代码 6-8 所示的程序框架。

代码 6-8 SWT 应用程序框架

#001	package cn.nbcc.chap06.snippets;
#002	import org.eclipse.swt.widgets.Display;
#003	import org.eclipse.swt.widgets.Shell;
#004	public class App {
#005	public static void main(String[] args) {
#006	Display display = Display.*getDefault*();
#007	Shell shell = new Shell();
#008	shell.setSize(500, 375);
#009	shell.setText("SWT Application");
#010	shell.open();
#011	shell.layout();
#012	while (!shell.isDisposed()) {
#013	if (!display.readAndDispatch()) {
#014	display.sleep();
#015	}
#016	}
#017	}
#018	}

为了便于说明,在向导中(见图 6-17)选择 public static main() method 方式来创建 SWT 应用程序,所有的相关代码封装在 main 方法中(即 005~017 行)。这里需要用到 SWT 的 Display 和 Shell 类,其说明见表 6-14。

表 6-14 SWT 的类介绍

类 名	作 用
Display	表示 SWT 与底层平台的图形用户界面系统之间的连接，主要用来管理平台事件循环和控制用户界面线程与其他线程之间的通信
Shell	由操作系统平台窗口管理器管理的一个"窗口"
Composite	本身也是一个窗口小部件（Widget），能包含其他的子类窗口小部件 每个 Widget 都有"父亲"，从"父亲"那里知道 Handle
Control	是一个重量级（HeavyWeight）系统对象。像按钮（Button）、标签（Label）、表格（Table）、工具栏（Toolbar）和树形（Tree）结构这些组件都是 Control 的子类，Composite 和 Shell 也不例外

006 行中的 Display 类的 getDefault()方法提供了默认的 display 对象，它是系统进行系统消息事件处理的核心对象。

007 行创建了一个应用程序"窗口"，008 行将窗口的大小设定为宽 500 像素，高 375 像素。

009 行将窗口的标题栏设为默认的"SWT Application"，这里我们修改为"时钟应用程序"。

010 行调用 shell 对象的 open()方法，将创建的窗口激活并显示出来。

011 行调用 shell 对象的 layout()方法，让布局管理器对打开的窗口进行位置和大小的布局调整。

012～016 行表示当窗口 shell 未被关闭时，display 对象负责从系统消息事件队列中读取一条消息并分发出去来做相应处理（例如，用户按下的任何按钮，用户对鼠标的任何操作，都会形成系统的消息事件，并自动将该消息添加到系统的消息队列中，display 就负责将这些事件发送给相应的监听程序——那些关心者去执行）。如果没有任何消息，则 display 就调用 sleep()方法进行休眠等候，直到新消息的到来。

6.5 SWT 事件处理

现在给界面添加一个按钮，在单击该按钮的时候，弹出一个对话框提示按钮已被触发。要实现这样的功能，只需添加如代码 6-9 所示的程序代码。

代码 6-9 按钮事件

#001	...
#002	Button button = new Button(shell, SWT.*NONE*);
#003	button.addSelectionListener(new SelectionAdapter() {
#004	@Override
#005	public void widgetSelected(SelectionEvent e) {
#006	MessageDialog.*openInformation*(shell, "提醒", "按钮被触发");
#007	}
#008	});
#009	button.setBounds(65, 68, 80, 27);
#010	button.setText("按钮");
#011	...

可以使用<Ctrl+Shift+O>快捷键来组织导入,添加相关类的 import 语句。需要注意的是,java.awt 包和 org.eclipse.swt.widgets 包中都定义了 Button 类,在导入的时候选择 org.eclipse.swt.widgets 包中的 Button 类,以后在写 SWT 程序时都要注意这个问题。002 行在主窗口 shell 上创建 Button 对象。SWT 组件(widgets)提供了"public Widget(Widget parent,int style)"的构造方法,其中 parent 指定组件所在的父容器,style 使用二进制位码方式定义的 SWT 常量,用来表示组件的样式。要创建普通的按钮,使用定义在 SWT 类中的常量 NONE 即可。

> **技巧**
> 可以使用<Ctrl+Shift+O>快速组织导入。

SWT 组件的构造语法	示例

public Widget (Widget parent, int style) {
...
}
	//构造 widgets
	Button b = new Button(shell,SWT.NONE);

SWT 组件通过事件处理来完成图形界面的操作响应。这种基于事件源-监听器的模型可以描述为如图 6-18 所示。

上述代码中,button 对象(事件源)维护了一个事件监听列表,并提供 addSelectionListener()方法向列表中添加监听对象。每个监听器对象需要实现 org.eclipse.swt.events.SelectionListener 接口(监听器接口),其中定义了 widgetDefaultSelected()和 widgetSelected()两个抽象方法,如图 6-19 所示。

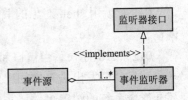

图 6-18　事件源-监听器模型

根据接口的定义,任何实现该接口的类必须负责实现其中的所有抽象方法。每次都要实现所有方法并不太现实,SWT 的设计者提供了 SelectionAdapter 抽象类(见图 6-20),由它提供对该接口的默认实现。用户只需通过继承该类,并覆写相关代码便可实现目标功能。例如,在上述代码中,使用匿名内类继承 SelectionAdapter 这个抽象类,并覆写其中的 widgetSelected()方法(该方法在用户单击按钮时会被调用)。

在方法体中,使用 JFace 的 MessageDialog 类提供的工具方法 openInformation()来打开信息对话框。

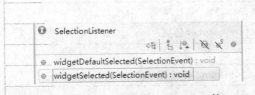

图 6-19　SelectionListener 接口

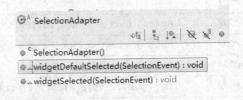

图 6-20　SelectionAdapter 抽象类

6.6　几种常见事件处理写法

根据 Java 程序语言的语法规则,这里给出常见的 4 种写法。

6.6.1 匿名内部类写法

```
button.addSelectionListener(new SelectionAdapter() {
    @Override
    public void widgetSelected(SelectionEvent e) {
        MessageDialog.openInformation(shell, "提醒", "按钮被触发");
    }
});
```

new SelectionAdapter()创建一个匿名内部类的对象，实际上，抽象的 SelectionAdapter 无法创建实例，在幕后，让一个匿名类首先继承 SelectionAdapter 类，我们不需要知道这个匿名类叫什么，总之，它实现了父类 SelectionAdapter 的 widgetSelected()方法。

事件代码使用匿名内部类的写法比较简单方便，但也要注意它有以下几点不足：

1）由于事件处理代码会随着组件一起分散在代码中的各个部分，不够集中，这样会导致代码阅读与维护上的不便。

2）各事件的处理全部由嵌套的程序块组成，视觉上有些散乱。如果事件处理代码很长，也会导致阅读与维护上的不便。

3）对于工具栏、菜单栏等可以复用事件处理的界面组件，使用匿名内部类的写法将无法复用事件处理代码。

6.6.2 命名内部类写法

事件代码采用命名内部类的方式，可以解决匿名内部类存在的问题。首先，事件处理代码都集中在一起，并且事件类具有了有意义的名称，程序更容易阅读与维护。另外，单个的事件处理程序也可以被工具栏、菜单栏等重用。示例性代码如下：

```
...
static class ButtonListener extends SelectionAdapter{
    @Override
        public void widgetSelected(SelectionEvent e) {
            MessageDialog.openInformation(shell, "提醒", "按钮被触发");
        }
}
public static void main(String[] args) {
...
    Button button = new Button(shell, SWT.NONE);
    button.addSelectionListener(new ButtonListener());
    ...
}
```

这里创建了一个 ButtonListener 的内部类，来继承 SelectionAdapter，并实现其中的方法 widgetSelected()。

6.6.3 外部类写法

这种写法和命名内部类有些相似，不同的是将类 ButtonSelectionListener 单独写成一个

Java 文件。这样其他的 SWT 程序也能够共用这个 Listener 类，缺点是增加了一个源文件 ButtonListener.java。

```java
//ButtonListener.java
class ButtonListener extends SelectionAdapter{
    @Override
    public void widgetSelected(SelectionEvent e) {
        MessageDialog.openInformation(shell, "提醒", "按钮被触发");
    }
}

//App.java
…
public static void main(String[] args) {
    Button button = new Button(shell, SWT.NONE);
    button.addSelectionListener(new ButtonListener());
    …
}
```

6.6.4 实现监听接口的写法

由 App 类直接继承 SelectionAdapter，并实现其中的抽象方法，这样 App 自身就成了按钮的监听者。这种写法乍一看起来挺简洁紧凑，但事件方法和 App 类的其他方法混杂在了一起，容易引起误读。而且像 widgetSelected()方法本不应该成为 App 的 public 方法对外公布，除非确实有这样的需要。

```java
public class App extends SelectionAdapter{
    private static Shell shell;
    public static void main(String[] args) {
        Button button = new Button(shell, SWT.NONE);
        button.addSelectionListener(new App());
        button.setBounds(65, 68, 80, 27);
        button.setText("按钮");
        …
    }
    @Override
    public void widgetSelected(SelectionEvent e) {
        MessageDialog.openInformation(shell, "提醒", "按钮被触发");
    }
}
```

6.7 项目任务 21：完成猜价格游戏

6.7.1 制作猜价格游戏主界面

📖 使用 GridLayout，制作猜价格游戏项目应用程序界面（见图 6-21），所添加的控件类型、控件变量名等规格要求见表 6-15。

表 6-15　猜价格游戏规格描述表

类名称	GuessGameApp				
类型	ApplicationWindow				
功能描述	猜价格游戏的主应用程序				
规格描述					
菜单文本	操作				
菜单项 1 文本	新游戏	菜单项 1 变量名	newGameAction	图片	
菜单项 2 文本	游戏配置	菜单项 2 变量名	settingAction	图片	
文本框变量名	priceText	列表框变量名	priceList		
按钮变量名	button	按钮文本	确定		
标签文本	猜测价格历史记录	标签变量	label		
界面宽	215 像素	界面高	327 像素		

在 cn.nbcc.javacourse 项目中，创建一个新包，取名为 cn.nbcc.chap02.exercise。单击工具栏中的 图标的下拉箭头，选择【JFace】|【ApplicationWindow】命令，如图 6-22 所示。

在打开的如图 6-23 所示的对话框中，输入类名为"GuessGameApp"，并选择创建应用程序模板为【Template with ToolBar】，系统将自动生成带工具栏的应用程序窗口代码框架。

将编辑器的标签，切换到【Design】视图，出现如图 6-24 所示的编辑器。

图 6-21　猜价格游戏主界面

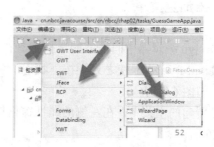

图 6-22　选择"ApplicationWindow"

图 6-23　创建 ApplicationWindow 的相关设置

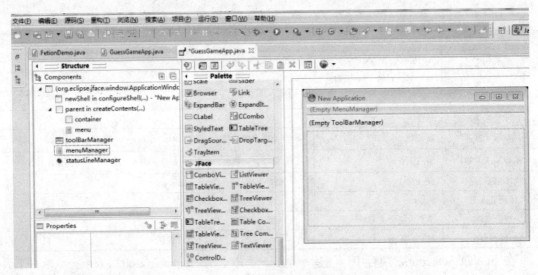

图 6-24　Design 编辑器

 技巧
如果没有出现【Design】视图，可以通过右键单击要打开的 Java 文档，在弹出的快捷菜单中选择【打开方式】|【WindowBuilder Editor】命令，打开 WindowBuilder 编辑器。

6.7.2　添加主菜单

在 Design 编辑器中间区域的选择工具栏中，找到【JFace】分类中的【MenuManager】，单击【MenuManager】使之处于按下状态，将鼠标移至主菜单管理器位置，此时鼠标显示添加状态，如图 6-25 所示。

选择新建的主菜单，在左侧的属性窗格中，找到【text】属性，将其文字修改为"操作"，如图 6-26 所示。

图 6-25　添加主菜单

图 6-26　属性修改

6.7.3　添加菜单项 Action

观察我们日常使用的应用程序，同一个菜单项功能，通常都能在工具栏中找到相同的工具栏按钮。为了做到这一点，Java 将每个菜单、工具栏执行的动作封装为 Action，放在菜单管理器中就成了菜单项，放在工具栏管理器中就成了工具栏按钮。

第 6 章 图形

> 菜单负责管理菜单项，因此，在JFace图形界面中菜单是一个MenuManager，每个Action就是它的菜单项。一个MenuManager可以管理菜单项或者子MenuManager。

在 Action 中，封装了与菜单、工具栏按钮有关的数据信息，如显示文字、图标、相应快捷键（accelerator）、提示信息（tooltip）等内容。

要添加[新游戏]菜单动作 newGameAction，切换到【Design】编辑器，选择工具栏区域中的 New 选项，将其添加到上一步添加的菜单管理器中。根据项目规格要求的描述，在属性窗格中修改相应 Action 的变量名（Variable）属性、显示文字（text）属性和图标（ImageDescriptor）属性。单击图标的浏览按钮，选择图像选择模式为【Classpath resource】，并找到相应的图标文件，如图 6-27 所示。

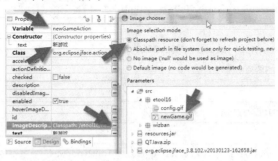

图 6-27 添加 newGameAction 菜单项设置

> 利用GridLayout方式，对主程序界面的内容部分进行布局，并根据规格表中的要求，设置相应组件，并设置相应的变量名和属性信息。

6.7.4 处理 SWT 事件

猜价格游戏的主程序代码如代码 6-10 所示。

代码 6-10 猜价格游戏的主程序代码

#001	`package cn.nbcc.chap02.finished;`
#002	`import org.eclipse.jface.action.Action;`
#003	`import org.eclipse.jface.action.MenuManager;`
#004	`import org.eclipse.jface.action.StatusLineManager;`
#005	`import org.eclipse.jface.action.ToolBarManager;`
#006	`import org.eclipse.jface.dialogs.MessageDialog;`
#007	`import org.eclipse.jface.window.ApplicationWindow;`
#008	`import org.eclipse.swt.SWT;`
#009	`import org.eclipse.swt.events.SelectionAdapter;`
#010	`import org.eclipse.swt.events.SelectionEvent;`
#011	`import org.eclipse.swt.graphics.Point;`
#012	`import org.eclipse.swt.layout.GridData;`
#013	`import org.eclipse.swt.layout.GridLayout;`

#014	`import org.eclipse.swt.widgets.Button;`
#015	`import org.eclipse.swt.widgets.Composite;`
#016	`import org.eclipse.swt.widgets.Control;`
#017	`import org.eclipse.swt.widgets.Display;`
#018	`import org.eclipse.swt.widgets.Label;`
#019	`import org.eclipse.swt.widgets.List;`
#020	`import org.eclipse.swt.widgets.Shell;`
#021	`import org.eclipse.swt.widgets.Text;`
#022	`import com.swtdesigner.ResourceManager;`
#023	`import com.swtdesigner.SWTResourceManager;`
#024	`/**`
#025	` * 文档名:GuessGameApp.java 开发时间:2010-6-2`
#026	` * 所属项目:Chap03猜价格游戏`
#027	` * 作者:郑哲`
#028	` * copyright 2010 宁波城市职业技术学院版权所有`
#029	` */`
#030	`public class GuessGameApp extends ApplicationWindow {`
#031	`    private List historyList;      //猜测历史记录列表`
#032	`    private Text priceText;        //猜测价格文本框`
#033	`    private Action settingAction;  //配置菜单项动作`
#034	`    private Action newGameAction;  //新游戏菜单项动作`
#035	`    private int randomPrice;       //随机价格`
#036	`    private int count;             //当前猜测次数`
#037	`    private Button confirmButton;`
#038	`    public static int highPrice;`
#039	`    public static int lowPrice;`
#040	`    public static int limitCount;`
#041	`    /**`
#042	`     * 创建应用程序窗口`
#043	`     */`
#044	`    public GuessGameApp() {`
#045	`        super(null);`
#046	`        initData();`
#047	`        createActions();`
#048	`        addToolBar(SWT.FLAT | SWT.WRAP);`
#049	`        addMenuBar();`
#050	`        addStatusLine();`
#051	`    }`

#052	/**
#053	* 初始化配置数据
#054	*/
#055	private void initData() {
#056	Helper.initData();
#057	highPrice =Helper.getHighPrice();
#058	lowPrice = Helper.getLowPrice();
#059	limitCount= Helper.getLimitCount();
#060	//从帮助类中获取初始化数据信息
#061	}
#062	/**
#063	* 创建窗口内容元素
#064	* @param parent
#065	*/
#066	@Override
#067	protected Control createContents(Composite parent) {
#068	Composite container = new Composite(parent, SWT.NONE);
#069	final GridLayout gridLayout = new GridLayout(); //创建gridLayout对象
#070	gridLayout.numColumns = 3; //设置3列布局
#071	container.setLayout(gridLayout); //当前容器应用grid布局
#072	final Label newPriceLable = new Label(container, SWT.NONE);
#073	newPriceLable.setText("输入新价格:");
#074	priceText = new Text(container, SWT.BORDER);
#075	priceText.setLayoutData(new GridData(SWT.FILL, SWT.CENTER, true, false));
#076	confirmButton = new Button(container, SWT.NONE);
#077	confirmButton.addSelectionListener(new SelectionAdapter() {
#078	public void widgetSelected(final SelectionEvent e) {
#079	int guessPrice = 0;
#080	boolean isContinue = true;
#081	try {
#082	//读入文本框的值，转换成整数类型，并保存到guessPrice中
#083	guessPrice = Integer.parseInt(priceText.getText());
#084	} catch (NumberFormatException nfe) {
#085	MessageDialog.openConfirm(getShell(), "格式错误", "输入的数字格式不正确，请重试");
#086	return;
#087	}
#088	count++; //自增猜测次数

#089	//判断是否游戏超过预设限制
#090	if (count>=*limitCount*) {
#091	isContinue=false;
#092	}
#093	//比对价格，输出相应信息
#094	String msg ;
#095	if (guessPrice == randomPrice) {
#096	msg = "恭喜你，猜对了";
#097	isContinue = false;
#098	} elseif (!isContinue) {
#099	msg = "游戏失败,正确答案是"+randomPrice;
#100	} else {
#101	if (guessPrice <randomPrice) {
#102	msg = "低了，请再试一次";
#103	} else {
#104	msg = "高了，请再试一次";
#105	}
#106	}
#107	getStatusLineManager().setMessage(msg);
#108	enableInput(isContinue);
#109	//向list列表框中添加历史信息
#110	historyList.add(guessPrice+"");
#111	}
#112	});
#113	confirmButton.setText("确定");
#114	final Label historyLabel = new Label(container, SWT.*NONE*);
#115	historyLabel.setLayoutData(new GridData(SWT.*LEFT*, SWT.*CENTER*, false, false, 3, 1));
#116	historyLabel.setText("猜测价格历史记录:");
#117	historyList = new List(container, SWT.*BORDER*);
#118	historyList.setLayoutData(new GridData(SWT.*FILL*, SWT.*FILL*, false, true, 3, 1));
#119	enableInput(false);
#120	return container;
#121	}
#122	/**
#123	* 根据游戏状态禁用/启用相关组件
#124	* @param enable

```
#125            */
#126            private void enableInput(boolean enable) {
#127                priceText.setEnabled(enable);
#128                confirmButton.setEnabled(enable);
#129            }
#130            /**
#131             * 创建相关动作
#132             */
#133            private void createActions() {
#134                newGameAction = new Action("新游戏") {
#135                    public void run() {
#136                        //用Math.random生成随机价格,保存到randomPrice中
#137                        randomPrice = (int)(Math.random()*(highPrice-lowPrice)+lowPrice);
#138                        getStatusLineManager().setMessage(randomPrice+"");
#139                        //开启文本框和按钮
#140                        enableInput(true);
#141                        //清除列表框和文本框
#142                        historyList.removeAll();
#143                        priceText.setText("");
#144                        //重置count
#145                        count = 0;
#146                    }
#147                };
#148                newGameAction.setAccelerator(SWT.CTRL | 'N');
#149                newGameAction.setToolTipText("创建一个新游戏");
#150                newGameAction.setImageDescriptor(ResourceManager.getImageDescriptor
                        (GuessGameApp.class, "/etool16/newjworkingSet_wiz.gif"));
#151                settingAction = new Action("游戏配置") {
#152                    public void run() {
#153                        new ConfigDialog(getShell()).open();
#154                    }
#155                };
#156                settingAction.setAccelerator(SWT.CTRL | SWT.SHIFT | 'C');
#157                settingAction.setToolTipText("进行游戏参数配置");
#158                settingAction.setImageDescriptor(ResourceManager.getImageDescriptor
                        (GuessGameApp.class, "/etool16/segment_edit.gif"));
#159            }
#160            /**
```

#161	`    * 创建菜单管理器`
#162	`    * @return the menu manager`
#163	`    */`
#164	`   @Override`
#165	`   protected MenuManager createMenuManager() {`
#166	`       MenuManager menuManager = new MenuManager("menu");`
#167	`       final MenuManager opMenuManager = new MenuManager("操作");`
#168	`       menuManager.add(opMenuManager);`
#169	`       opMenuManager.add(newGameAction);`
#170	`       opMenuManager.add(settingAction);`
#171	`       return menuManager;`
#172	`   }`
#173	`   /**`
#174	`    * 创建工具栏管理器`
#175	`    * @return the toolbar manager`
#176	`    */`
#177	`   @Override`
#178	`   protected ToolBarManager createToolBarManager(int style) {`
#179	`       ToolBarManager toolBarManager = new ToolBarManager(style);`
#180	`       toolBarManager.add(newGameAction);`
#181	`       toolBarManager.add(settingAction);`
#182	`       return toolBarManager;`
#183	`   }`
#184	`   /**`
#185	`    * 创建状态栏管理器`
#186	`    * @return the status line manager`
#187	`    */`
#188	`   @Override`
#189	`   protected StatusLineManager createStatusLineManager() {`
#190	`       StatusLineManager statusLineManager = new StatusLineManager();`
#191	`       statusLineManager.setMessage(null, "");`
#192	`       return statusLineManager;`
#193	`   }`
#194	`   /**`
#195	`    * 启动应用程序`
#196	`    * @param args`
#197	`    */`
#198	`   public static void main(String args[]) {`
#199	`       try {`
#200	`           GuessGameApp window = new GuessGameApp();`

#201	window.setBlockOnOpen(true);
#202	window.open();
#203	Display.getCurrent().dispose();
#204	} catch (Exception e) {
#205	e.printStackTrace();
#206	}
#207	}
#208	/**
#209	* 配置主窗口
#210	* @param newShell
#211	*/
#212	@Override
#213	protected void configureShell(Shell newShell) {
#214	super.configureShell(newShell);
#215	newShell.setText("猜价格游戏");
#216	newShell.setImage(SWTResourceManager.getImage(GuessGameApp.class, "/etool16/segment_edit.gif"));
#217	newShell.setSize(215,327);
#218	}
#219	/**
#220	* 获得游戏主窗口初始化大小
#221	*/
#222	@Override
#223	protected Point getInitialSize() {
#224	return new Point(215, 327);
#225	}
#226	}

Java图形工具包JFace提供了状态栏，它由一个状态栏管理器进行统一管理。你可以通过获得状态栏管理器，并调用它的setMessage()方法，将需要显示的信息显示在状态栏上，如代码6-10的107行。

getStatusLineManager().setMessage(String msg);
通过getStatusLineManager()获取 JFace 的状态栏管理器，它提供了 setMessage()方法，用于在状态栏中显示指定信息。

List组件提供了add()方法，可以往列表框中添加列表项信息。因此，在按下按钮的同时，要实现猜测价格历史添加到列表框非常容易，只需调用它的add()方法即可，如下所示。

org.eclipse.swt.widgets.List.add(String string)
可通过列表组件 List 的 add()方法添加列表项。

6.7.5 制作游戏参数配置界面

1. 配置界面效果图

【猜价格游戏配置】对话框如图 6-28 所示,其规格表见表 6-16。

图 6-28 【猜价格游戏配置】对话框

表 6-16 【猜价格游戏配置】对话框规格表

组 件 名 称	变 量 名	组 件 类 型	其 他 说 明
【猜价格游戏配置】对话框	ConfigDialog	TitleAreaDialog	尺寸(335, 280)
【最低价格】文本框	lowPriceText	Text	
【最高价格】文本框	highPriceText	Text	
【次数限制】文本框	limitCountText	Text	

2. 初始化参数配置

代码 6-11 为【猜价格游戏配置】对话框的代码实现。

代码 6-11 【猜价格游戏配置】对话框代码实现

#001	package cn.nbcc.chap02.finished;
#002	import org.eclipse.jface.dialogs.IDialogConstants;
#003	import org.eclipse.jface.dialogs.MessageDialog;
#004	import org.eclipse.jface.dialogs.TitleAreaDialog;
#005	import org.eclipse.swt.SWT;
#006	import org.eclipse.swt.events.ModifyEvent;
#007	import org.eclipse.swt.events.ModifyListener;
#008	import org.eclipse.swt.events.VerifyEvent;
#009	import org.eclipse.swt.events.VerifyListener;
#010	import org.eclipse.swt.graphics.Point;
#011	import org.eclipse.swt.layout.GridData;
#012	import org.eclipse.swt.layout.GridLayout;
#013	import org.eclipse.swt.widgets.Composite;

#014	`import org.eclipse.swt.widgets.Control;`
#015	`import org.eclipse.swt.widgets.Group;`
#016	`import org.eclipse.swt.widgets.Label;`
#017	`import org.eclipse.swt.widgets.Shell;`
#018	`import org.eclipse.swt.widgets.Text;`
#019	`import com.swtdesigner.SWTResourceManager;`
#020	`/**`
#021	`* 文档名:ConfigDialog.java 开发时间:2010-6-7`
#022	`* 所属项目:Chap03猜价格游戏`
#023	`* 作者:郑哲`
#024	`* copyright 2010 宁波城市职业技术学院版权所有`
#025	`*/`
#026	`public class ConfigDialog extends TitleAreaDialog implements VerifyListener,ModifyListener {`
#027	`    private Text limitCountText;`
#028	`    private Text highPriceText;`
#029	`    private Text lowPriceText;`
#030	`    public ConfigDialog(Shell parentShell) {`
#031	`        super(parentShell);`
#032	`        //配置对话框构造方法`
#033	`    }`
#034	`    /**`
#035	`     * 创建配置对话框`
#036	`     * @param parent`
#037	`     */`
#038	`    @Override`
#039	`    protected Control createDialogArea(Composite parent) {`
#040	`        Composite area = (Composite) super.createDialogArea(parent);`
#041	`        Composite container = new Composite(area, SWT.NONE);`
#042	`        {`
#043	`            final GridLayout gridLayout = new GridLayout(2,false);`
#044	`            container.setLayout(gridLayout);`
#045	`        }`
#046	`        container.setLayoutData(new GridData(GridData.FILL_BOTH));`
#047	`        final Group group = new Group(container, SWT.NONE);`
#048	`        group.setText("价格范围设定");`
#049	`        group.setLayoutData(new GridData(SWT.FILL, SWT.CENTER, true, false, 2, 1));`
#050	`        {`

#051	`        final GridLayout gridLayout = new GridLayout(2,false);`
#052	`        group.setLayout(gridLayout);`
#053	`    }`
#054	`    final Label lowPriceLabel = new Label(group, SWT.NONE);`
#055	`    lowPriceLabel.setText("最低价格:");`
#056	`    lowPriceText = new Text(group, SWT.BORDER);`
#057	`    lowPriceText.setLayoutData(new GridData(SWT.FILL, SWT.CENTER, true, false));`
#058	`    final Label highPriceLabel = new Label(group, SWT.NONE);`
#059	`    highPriceLabel.setText("最高价格:");`
#060	`    highPriceText = new Text(group, SWT.BORDER);`
#061	`    highPriceText.setLayoutData(new GridData(SWT.FILL, SWT.CENTER, true, false));`
#062	`    final Label limitLabel = new Label(container, SWT.NONE);`
#063	`    limitLabel.setText("次数限制:");`
#064	`    limitCountText = new Text(container, SWT.BORDER);`
#065	`    limitCountText.setLayoutData(new GridData(SWT.FILL, SWT.CENTER, true, false));`
#066	`    setTitle("猜价格游戏配置");`
#067	`    setMessage("对猜价格游戏进行基本配置");`
#068	`    setTitleImage(SWTResourceManager.getImage(ConfigDialog.class, "/wizban/fixdepr_wiz.png"));`
#069	`    //初始化数据`
#070	`    init();`
#071	`    lowPriceText.addVerifyListener(this);`
#072	`    lowPriceText.addModifyListener(this);`
#073	`    highPriceText.addVerifyListener(this);`
#074	`    highPriceText.addModifyListener(this);`
#075	`    limitCountText.addVerifyListener(this);`
#076	`    limitCountText.addModifyListener(this);`
#077	`    return area;`
#078	`}`
#079	`/**`
#080	` * 初始化对话框中的参数信息`
#081	` */`
#082	`private void init() {`
#083	`    lowPriceText.setText(Helper.getLowPrice()+"");`
#084	`    highPriceText.setText(Helper.getHighPrice()+"");`
#085	`    limitCountText.setText(Helper.getLimitCount()+"");`

#086	}
#087	/**
#088	* 创建工具栏按钮
#089	* @param parent
#090	*/
#091	@Override
#092	protected void createButtonsForButtonBar(Composite parent) {
#093	createButton(parent, IDialogConstants.*OK_ID*, IDialogConstants.*OK_LABEL*,
#094	true);
#095	createButton(parent, IDialogConstants.*CANCEL_ID*,
#096	IDialogConstants.*CANCEL_LABEL*, false);
#097	}
#098	@Override
#099	protected Point getInitialSize() {
#100	return new Point(335, 280);
#101	}
#102	protected void configureShell(Shell newShell) {
#103	super.configureShell(newShell);
#104	newShell.setImage(SWTResourceManager.*getImage*(ConfigDialog.class, "etool16/newjworkingSet_wiz.gif"));
#105	}
#106	protected void buttonPressed(int buttonId) {
#107	if (buttonId == IDialogConstants.*OK_ID*) {
#108	Helper.*setHighPrice*(highPriceText.getText());
#109	Helper.*setLowPrice*(lowPriceText.getText());
#110	Helper.*setLimitCount*(limitCountText.getText());
#111	if(Helper.*saveToXML*())
#112	MessageDialog.*openInformation*(getShell(), "消息", "配置信息保存成功");
#113	else {
#114	MessageDialog.*openError*(getShell(), "消息", "配置信息保存失败");
#115	}
#116	}
#117	super.buttonPressed(buttonId);
#118	}
#119	//控制按钮的可用性
#120	private void enableOKButton(boolean enable) {
#121	getButton(IDialogConstants.*OK_ID*).setEnabled(enable);

#122	`    }`
#123	`    @Override`
#124	`    public void verifyText(VerifyEvent e) {`
#125	`        //只接收数字和回退`
#126	`        if ("0123456789".indexOf(e.text)>=0||e.text=="") {`
#127	`            e.doit=true;`
#128	`        }else`
#129	`            e.doit=false;`
#130	`    }`
#131	`    @Override`
#132	`    public void modifyText(ModifyEvent e) {`
#133	`        String message = null;`
#134	`        if(limitCountText.getText().length()==0)`
#135	`            message = "次数限制不能为空";`
#136	`        elseif (lowPriceText.getText().length() == 0||highPriceText.getText().length()==0) {`
#137	`            message = "价格不能为空";`
#138	`        } else {`
#139	`            int lowPrice = Integer.parseInt(lowPriceText.getText());`
#140	`            int highPrice = Integer.parseInt(highPriceText.getText());`
#141	`            if (lowPrice > highPrice || lowPrice < 0) {`
#142	`                message = "无效的参数信息,最高/低价格必须是正整数,且最高价格比最低价格高";`
#143	`            }`
#144	`        }`
#145	`        if(message!=null)`
#146	`            enableOKButton(false);`
#147	`        else`
#148	`            enableOKButton(true);`
#149	`        setErrorMessage(message);`
#150	`    }`
#151	`}`

在 ConfigDialog 类的 createDialogArea()方法中,创建完所有组件以后,需要在显示它们之前进行初始化。编写一个 init()方法,将所有的初始化语句写在这个方法体中。

对话框通常有一组控制按钮,提供确定、取消、重试等操作。在 JFace 对话框中,每个按钮对应了一个按钮 ID,IDialogConstants 封装了这些常用的按钮 ID,通过这些 ID 的比对,可以知道用户按下的是哪个按钮。

107 行通过 buttonId 和 IDialogConstants 中的 OK_ID 进行比对,判断是否按下【OK】按钮。

117 行的 super.buttonPressed(buttonId)调用父类的 TitleAreaDialog 的 buttonPressed()方

第6章 图形

法,进行对话框的默认操作,其中包括关闭对话框动作。

3. 配置信息的持久化

> 老师,能不能将用户的参数信息保存起来,每次启动程序自动加载这些配置参数呢?

> 将参数配置信息保存在文件中,或者数据库中,都是常用的数据持久化技术。考虑到这些配置参数比较简单,我们可以考虑将这些参数信息保存在文件中。下面我们学习一下与XML文件相关的操作(代码6-12)。这里假设你已经有一些XML相关的知识,或者你也可以通过http://www.w3school.com.cn/了解更多关于XML的知识。

JDom 是一套非常优秀的 Java 开源 API,主要用于读写 XML 文档,具有性能优异、功能强大和方便使用的特点,并且把 JDK 自带的解析方式 SAX 和 Dom 的功能有效地结合起来,使用 JDom 读取 XML 文档需要 JDom 相关的类库,用户可以从 http://www.jdom.org/ 中下载最新的 JDom 类库。

代码6-12　Helper 代码实现

#001	/**
#002	* 所属包: cn.nbcc.chap02.finished
#003	* 文件名: Helper.java
#004	* 创建者: 郑哲
#005	* 创建时间: 2014-4-28 上午09:51:35
#006	*/
#007	package cn.nbcc.chap02.finished;
#008	import java.io.File;
#009	import java.io.FileWriter;
#010	import java.io.IOException;
#011	import org.eclipse.jface.dialogs.MessageDialog;
#012	import org.jdom.Document;
#013	import org.jdom.Element;
#014	import org.jdom.JDOMException;
#015	import org.jdom.input.SAXBuilder;
#016	import org.jdom.output.Format;
#017	import org.jdom.output.XMLOutputter;
#018	public class Helper {
#019	private static final String CONFIG_FILE_PATH = "./config.xml";
#020	private static final int DEFAULT_LIMIT_COUNT = 3;
#021	private static final int DEFAULT_LOW_PRICE = 0;
#022	private static final int DEFAULT_HIGH_PRICE = 100;
#023	private static String hPrice;
#024	private static String lPrice;

#025	`private static String lCount;`
#026	`//加载数据`
#027	`public static void loadData(){`
#028	`    readFromXML();`
#029	`}`
#030	`public static void readFromXML() {`
#031	`    SAXBuilder sb = new SAXBuilder();`
#032	`    Document doc = null;`
#033	`    File file = new File(CONFIG_FILE_PATH);`
#034	`    try {`
#035	`        doc = sb.build(file);`
#036	`        if (doc!=null) {`
#037	`            Element root = doc.getRootElement();`
#038	`            hPrice = root.getChild("HighPrice").getText();`
#039	`            lPrice = root.getChildText("LowPrice");`
#040	`            lCount = root.getChildText("LimitCount");`
#041	`            //读取结束`
#042	`        }`
#043	`    } catch (JDOMException e) {`
#044	`        e.printStackTrace();`
#045	`    } catch (IOException e) {`
#046	`        e.printStackTrace();`
#047	`    }`
#048	`}`
#049	`public static int getHighPrice() {`
#050	`    if (hPrice!=null) {`
#051	`        return Integer.parseInt(hPrice);`
#052	`    }`
#053	`    return DEFAULT_HIGH_PRICE;`
#054	`}`
#055	`public static int getLowPrice() {`
#056	`    if (lPrice!=null) {`
#057	`        return Integer.parseInt(lPrice);`
#058	`    }`
#059	`    return DEFAULT_LOW_PRICE;`
#060	`}`
#061	`public static int getLimitCount() {`
#062	`    if (lCount!=null) {`

#063	return Integer.parseInt(lCount);
#064	}
#065	return DEFAULT_LIMIT_COUNT;
#066	}
#067	public static void setHighPrice(String hPrice) {
#068	Helper.hPrice = hPrice;
#069	}
#070	public static void setLowPrice(String lPrice) {
#071	Helper.lPrice = lPrice;
#072	}
#073	public static void setLimitCount(String lCount) {
#074	Helper.lCount = lCount;
#075	}
#076	/**
#077	* 保存到XML配置文档中
#078	* @return true：保存成功；false：保存失败
#079	*/
#080	public static boolean saveToXML() {
#081	Element root = new Element("Game");
#082	Document document = new Document(root);
#083	root.addContent(new Element("LowPrice").addContent(lPrice));
#084	root.addContent(new Element("HighPrice").addContent(hPrice));
#085	root.addContent(new Element("LimitCount").addContent(lCount));
#086	XMLOutputter output = new XMLOutputter(Format.getPrettyFormat());
#087	try {
#088	File file = new File(CONFIG_FILE_PATH);
#089	if (!file.exists()) {
#090	file.createNewFile();
#091	}
#092	FileWriter writer = new FileWriter(file);
#093	output.output(document,writer);
#094	} catch (IOException e) {
#095	e.printStackTrace();
#096	return false;
#097	}
#098	return true;
#099	}
#100	}

6.8 项目任务 22: 完成 SWT 时钟程序

> 目前,我们的程序只能在控制台上输出信息,可如图 6-29 所示,按照表 6-17 的规格说明制作图形界面,并实现可视化的时钟运行效果。

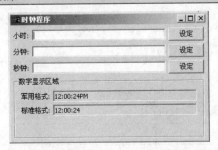

图 6-29 时钟程序效果图

表 6-17 时钟程序界面规格说明

类 名 称		TimeUIApp			
类型	Application Window				
功能描述	创建一个时钟程序的应用窗口主界面				
规格描述	标题	时钟程序	布局方式	GridLayout	
	宽度	400	高度	225	
第一行标签	Text 属性	小时:	变量名	hourLabel	
第一行文本框	布局属性	水平抓取 grab 水平填充 fill	变量名	hourText	
第一行按钮	Text 属性	设定	变量名	hourButton	
第二行标签	Text 属性	分钟:	变量名	minuteLabel	
第二行文本框	布局属性	水平抓取 grab 水平填充 fill	变量名	minuteText	
第二行按钮	Text 属性	设定	变量名	minuteButton	
第三行标签	Text 属性	秒钟:	变量名	secondLabel	
第三行文本框	布局属性	水平抓取 grab 水平填充 fill	变量名	secondText	
第三行按钮	Text 属性	设定	变量名	secondButton	
Group 面板	布局属性	水平跨越 3 列 垂直抓取 水平、垂直填充	Text 属性	数字显示区域	
	Layout 布局	对 Group 面板使用 GridLayout			
Group 内第一行标签	Text 属性	军用格式:	变量名	toMilliLabel	
Group 内第一行文本框	布局属性	水平填充	可用性	设为不可用	
Group 内第二行标签	Text 属性	标准格式:	变量名	toStdLabel	
Group 内第二行文本框	布局属性	水平填充	可用性	设为不可用	

第6章 图形

> SWT为主流桌面操作系统的窗口系统封装了统一的Java API，在不同的平台上通过JNI调用操作系统上的窗口API实现。由于默认Java项目不带SWT图形包，因此，如果需要创建一个SWT图形界面，项目需要添加对SWT图形包的引用。通过创建SWT Project可以让系统自动添加对它的引用。因此，你可以开发出具有图形界面的程序。

选择 图标，即可创建一个 SWT/JFace 支持的 Java 项目。这里我们创建一个名为"Chap01 时钟应用程序02"的项目。

展开项目的【引用的库】信息，可以从中找到 swt*.jar、jface*.jar，如图 6-30 所示。

图 6-30 添加了 SWT 库引用的 Java 项目

> 为了便于复用，我是不是可以复制上一个版本的Time类，作为类库引入到SWT项目中呢？

> 当然可以，Eclipse提供了将项目中的代码导出JAR的功能。

6.8.1 导出 JAR 文件

打开"Chap01 时钟应用程序 1"，选择【文件】|【导出】命令，在打开的【导出】和【JAR 导出】对话框中进行相关操作，如图 6-31 和图 6-32 所示。

图 6-31 【导出】对话框

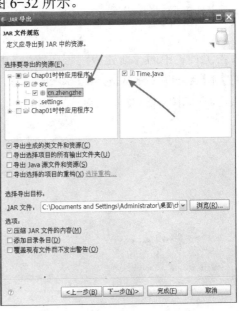

图 6-32 【JAR 导出】对话框

6.8.2 添加 JAR 引用

JAR 导出成功，接下来就应该手动添加JAR引用了吧？

是的，添加引用的方法很简单，在"包资源浏览器"中，单击鼠标右键，然后在快捷菜单中选择【构建路径】|【配置构建路径】命令。

在打开的如图 6-33 所示的对话框中，选择【库】选项卡，单击【添加外部 JAR】按钮，在弹出的【资源选择】对话框中，选择文件所在位置，单击【确定】按钮进行添加，这些构建的 JAR 立即添加到库引用中。

图 6-33　构建路径

这样就可以随时取用 Time 类了。

6.8.3 创建 App 主窗口程序

单击工具栏中的【新建应用程序窗口】图标后的下拉箭头，在打开的下拉菜单中选择【SWT】|【Application Window】命令，如图 6-34 所示。

接着，在如图 6-35 所示的对话框中进行相关设置。主窗口程序代码实现如代码 6-13 所示。

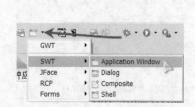

图 6-34　创建 Application Window

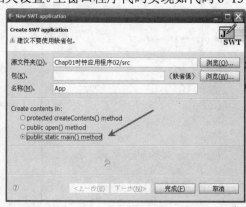

图 6-35　SWT 主应用窗口向导对话框

第 6 章 图形

代码 6-13 TimeUIApp

#001	package cn.nbcc.chap03.finished;
#002	import java.text.SimpleDateFormat;
#003	import java.util.*;
#004	import org.eclipse.swt.SWT;
#005	import org.eclipse.swt.events.*;
#006	import org.eclipse.swt.layout.GridData;
#007	import org.eclipse.swt.layout.GridLayout;
#008	import org.eclipse.swt.widgets.*;
#009	public class TimeUIApp {
#010	protected Shell shell;
#011	private Text hourText;
#012	private Text minuteText;
#013	private Text secondText;
#014	private Text stdText;
#015	private Text miliText;
#016	private Time t;
#017	private Timer timer;
#018	public static void main(String[] args) {
#019	try {
#020	TimeUIApp window = new TimeUIApp();
#021	window.open();
#022	} catch (Exception e) {
#023	e.printStackTrace();
#024	}
#025	}
#026	public void open() {
#027	Display display = Display.getDefault();
#028	createContents();
#029	createTime();
#030	shell.open();
#031	shell.layout();
#032	while (!shell.isDisposed()) {
#033	if (!display.readAndDispatch()) {
#034	display.sleep();
#035	}
#036	}
#037	}
#038	private void createTime() {
#039	SimpleDateFormat sdf = new SimpleDateFormat("HH:mm:ss");
#040	Date date = new Date();
#041	String sysTime = sdf.format(date);

#042	`        t = new Time(sysTime);`
#043	`        timer = new Timer();`
#044	`        TimerTask task = new TimerTask() {`
#045	`            @Override`
#046	`            public void run() {`
#047	`                t.tick();`
#048	`                System.out.println(t.toStdString());`
#049	`                updateSystemTime();`
#050	`            }`
#051	`        };`
#052	`        timer.schedule(task, 0, 1000);`
#053	`    }`
#054	`    protected void createContents() {`
#055	`        shell = new Shell();`
#056	`        shell.setSize(400, 225);`
#057	`        shell.setText("时钟应用程序");`
#058	`        //监听shell的关闭事件`
#059	`        shell.addShellListener(new ShellAdapter() {`
#060	`            @Override`
#061	`            public void shellClosed(ShellEvent e) {`
#062	`                timer.cancel();    //取消计时器`
#063	`            }`
#064	`        });`
#065	`        //创建3列网格，指定每列宽度，允许不等`
#066	`        GridLayout gl = new GridLayout(3, false);`
#067	`        shell.setLayout(gl);`
#068	`        Label hourLabel = new Label(shell, SWT.NONE);`
#069	`        {`
#070	`            GridData gd=new GridData(SWT.RIGHT, SWT.CENTER, false,false,1,1);`
#071	`            hourLabel.setLayoutData(gd);`
#072	`        }`
#073	`        hourLabel.setText("小时:");`
#074	`        hourText = new Text(shell, SWT.BORDER);`
#075	`        hourText.setLayoutData(new GridData(SWT.FILL, SWT.CENTER, true, false,`
#076	`            1, 1));`
#077	`        Button hourButton = new Button(shell, SWT.NONE);`
#078	`        hourButton.addSelectionListener(new SelectionAdapter() {`
#079	`            @Override`
#080	`            public void widgetSelected(SelectionEvent e) {`
#081	`                t.setHour(Integer.parseInt(hourText.getText()));`
#082	`                System.out.println(t.toStdString());`
#083	`                updateSystemTime();`

#084	`        }`
#085	`    });`
#086	`    hourButton.setText("设定");`
#087	`    Label minuteLabel = new Label(shell, SWT.NONE);`
#088	`    {`
#089	`        GridData gd=new GridData(SWT.RIGHT,SWT.CENTER,false,false,1,1);`
#090	`        minuteLabel.setLayoutData(gd);`
#091	`    }`
#092	`    minuteLabel.setText("分钟:");`
#093	`    minuteText = new Text(shell, SWT.BORDER);`
#094	`    {`
#095	`        GridData gd=new GridData(SWT.FILL,SWT.CENTER,true,false,1,1);`
#096	`        minuteText.setLayoutData(gd);`
#097	`    }`
#098	`    Button minuteButton = new Button(shell, SWT.NONE);`
#099	`    minuteButton.addSelectionListener(new SelectionAdapter() {`
#100	`        @Override`
#101	`        public void widgetSelected(SelectionEvent e) {`
#102	`            t.setMinute(Integer.parseInt(minuteText.getText()));`
#103	`            updateSystemTime();`
#104	`        }`
#105	`    });`
#106	`    minuteButton.setText("设定");`
#107	`    Label secondLabel = new Label(shell, SWT.NONE);`
#108	`    secondLabel.setText("秒钟:");`
#109	`    secondText = new Text(shell, SWT.BORDER);`
#110	`    {`
#111	`        GridData gd=new GridData(SWT.FILL,SWT.CENTER,true,false,1,1);`
#112	`        secondText.setLayoutData(gd);`
#113	`    }`
#114	`    Button secondButton = new Button(shell, SWT.NONE);`
#115	`    secondButton.addSelectionListener(new SelectionAdapter() {`
#116	`        @Override`
#117	`        public void widgetSelected(SelectionEvent e) {`
#118	`            t.setSecond(Integer.parseInt(secondText.getText()));`
#119	`            updateSystemTime();`
#120	`        }`
#121	`    });`
#122	`    secondButton.setText("设定");`
#123	`    Group group = new Group(shell, SWT.NONE);`
#124	`    group.setText("数字显示区域");`
#125	`    group.setLayout(new GridLayout(2, false));`

#126	`        group.setLayoutData(new GridData(SWT.FILL, SWT.FILL, false, true, 3, 1));`
#127	`        Label toStdLabel = new Label(group, SWT.NONE);`
#128	`        {`
#129	`            GridData gd=new GridData(SWT.RIGHT,SWT.CENTER,false, false,1,1);`
#130	`            toStdLabel.setLayoutData(gd);`
#131	`        }`
#132	`        toStdLabel.setText("标准格式:");`
#133	`        stdText = new Text(group, SWT.BORDER);`
#134	`        stdText.setEnabled(false);`
#135	`        {`
#136	`            GridData gd=new GridData(SWT.FILL, SWT.CENTER, true, false,1,1);`
#137	`            stdText.setLayoutData(gd);`
#138	`        }`
#139	`        Label toMilliLabel = new Label(group, SWT.NONE);`
#140	`        {`
#141	`            GridData gd=new GridData(SWT.RIGHT, SWT.CENTER, false,false,1,1);`
#142	`            toMilliLabel.setLayoutData(gd);`
#143	`        }`
#144	`        toMilliLabel.setText("军用格式:");`
#145	`        miliText = new Text(group, SWT.BORDER);`
#146	`        miliText.setEnabled(false);`
#147	`        {`
#148	`            GridData gd=new GridData(SWT.FILL,SWT.CENTER,true,false,1,1);`
#149	`            miliText.setLayoutData(gd);`
#150	`        }`
#151	`    }`
#152	`    /**`
#153	`     * 在UI界面上更新时间信息`
#154	`     */`
#155	`    public void updateSystemTime() {`
#156	`        Display.getDefault().asyncExec(new Runnable() {`
#157	`            @Override`
#158	`            public void run() {`
#159	`                miliText.setText(t.toMiliString());`
#160	`                stdText.setText(t.toStdString());`
#161	`            }`
#162	`        });`
#163	`    }`
#164	`}`

054~151 行的 createContents()方法完成创建用户界面元素的主要工作，其中 056 行指定窗口 shell 大小为 400 像素×225 像素；057 行指定窗口标题为"时钟应用程序"；059~064 行通过添加 shell 的关闭窗口事件（shellClosed）的监听，在退出窗口程序时，通过调用 cancel()方法来

第 6 章 图形

停止计时器 Timer；066～150 行，依次创建图形界面元素，并使用 GridData 布局数据进行布局。

java.util.Date

java.util 包提供了 Date 类来封装当前的日期和时间。Date 类提供两个构造方法来实例化 Date 对象。

Date()	//第一个构造方法使用当前日期和时间来初始化对象
Date(long millisec)	/*第二个构造方法接收一个参数，该参数是从 1970 年 1 月 1 日起的微秒数*/

如代码 6-13 中 040 行，使用 new Date()构造方法获取当前系统的日期和时间。

java.text.SimpleDateFormat

SimpleDateFormat 是一个以语言环境敏感的方式来格式化和分析日期的类。它允许用户选择任何自定义日期和时间格式来运行。

日期和时间格式由日期和时间格式字符串来构成，字符串中的每个 ASCII 字符保留为模式字母，其定义见表 6-18。

表 6-18 日期和时间格式

字母	描述	示例
G	纪元标记	AD
y	4 位年份	2001
M	月份	July 或 07
d	一个月的日期	10
h	A.M./P.M. (1～12)格式小时	12
H	一天中的小时 (0～23)	22
m	分钟数	30
s	秒数	55
S	微秒数	234
E	星期几	Tuesday
D	一年中的日子	360
F	一个月中第几周的周几	2 (second Wed. in July)
w	一年中第几周	40
W	一个月中第几周	1
a	A.M./P.M. 标记	PM
k	一天中的小时(1～24)	24
K	A.M./P.M. (0～11)格式小时	10
z	时区	Eastern Standard Time
'	文字定界符	Delimiter
"	单引号	`

如代码 6-13 中 039 行，指定的日期和时间格式字符串为 "HH:mm:ss"，它表示时间格式将使用两位有效数字，显示一天中的小时 H、分钟 m 以及秒钟 s 信息，如 12:09:04。

技巧

1）由于一个布局数据对象只能应用于一个组件对象，因此要为每个布局数据对象取不同的变量名，在多组件的界面设计中会成为一件令人头疼的事。可以使用代码块语法，如代码 6-13 中 069～072 行，将相关代码封装到用一对大括号括起来的代码块中，使之成为块中的局部变量，由于它们的作用域不同，因此，编译器不会提示变量 gd 重名，从而可以使用多个类似的代码块（如 088～091 行），而不必费心为每个 gd 变量取不同的名字。

2）匿名类中访问的外部局部变量,可以将该变量定义为 final 类型,或者是外部类的实例变量。如代码 6-13 中的 081 行和 082 行,在匿名内类 SelectionAdapter 中若要访问引用变量 t,如果 t 是局部变量,则可以将其定义为 final 类型,或者将其定义为类的实例变量。本例中将 t 定义为实例变量(见 016 行)。

常见编程错误

SWT 图形开发过程中,不允许在非 UI 线程中对 UI 线程进行直接操作,用户需要通过 Display 对象的异步执行方式来解决类似问题。

```
Display.getDefault().asyncExec(new Runnable() {
        @Override
        public void run() {
            miliText.setText(t.toMiliString());
            stdText.setText(t.toStdString());
        }
});
```

6.8.4 制作批处理启动的 JAR 应用程序

1. 下载 Fat Jar 插件

Fat Jar 插件用来将相关的项目中引用的库文件,打包成一个 JAR 文件,同时通过指定主程序入口,即可将一个 JAR 文件快速变成可执行的 JAR 文件。这一切都无须手动去配置,省去了不少麻烦。

http://sourceforge.net/projects/fjep/

以上是其下载地址,可下载和 Eclipse 版本匹配的 Fat Jar 版本。下载后会得到 net.sf.fjep.fatjar_0.0.31.zip 文件。

2. 安装 Fat Jar 插件

注意到下载的 ZIP 文件中只有一个 plugins 文件夹,安装插件的最简单方式就是将其解压到 Eclipse 安装目录下的 plugins 文件夹中,如图 6-36 所示。

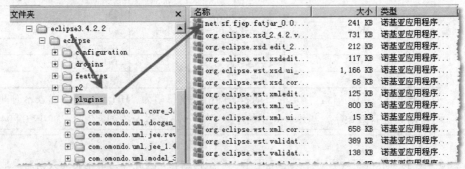

图 6-36 安装 Fat Jar 插件

3. 重启 Eclipse

安装好的插件,需要重启 Eclipse 才能使用,在 Eclipse 的快捷方式的属性信息中,添加参数信息 "E:\Eclipses\eclipse3.4.2.2\eclipse\eclipse.exe –clean",如图 6-37 所示,可以确保在

启动 Eclipse 时发现查找这些新安装的插件。

启动后，可以通过项目的右键快捷菜单项检验是否正确安装了 Fat Jar 插件，如果正确安装，应该能看到如图 6-38 所示的界面。

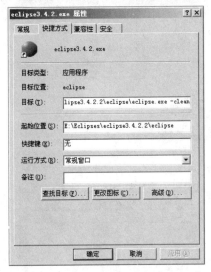

图 6-37　添加启动参数 clean

图 6-38　安装的 Fat Jar 菜单项

4．使用 Fat Jar 导出可执行的 JAR

使用【文件】|【导出】命令，选择【其他】|【Fat Jar Exporter】项，如图 6-39 所示。然后勾选要导出的项目，如图 6-40 所示。

打包成 chap02_fat.jar，并指定 Main 函数所在的类为 App（见图 6-41）。在随后的向导页中，勾选该程序运行需要添加的库文件，这里勾选所有 SWT 需要的库文件，单击【完成】按钮开始进行导出操作。

在向导的第二步，指定项目的主程序所在文件 App，如图 6-42 所示。

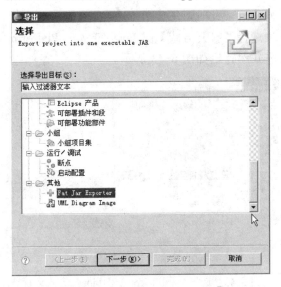

图 6-39　选择【Fat Jar Exporter】

图 6-40　选择导出项目

图 6-41　选择程序入口所在的类

图 6-42　主程序所在的类

5．运行 JAR 文件

找到项目所在的文件位置。此时，生成了一个名为 Chap02_fat.jar 的文档，右键单击它，在弹出的快捷菜单中依次选择【打开方式】|【Java（TM） Platform SE binary】命令，即以 Java Platform SE binary 方式运行，如图 6-43 所示。

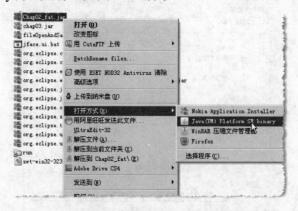

图 6-43　选择 Java Platform SE binary 方式运行

第 6 章 图形

6. 生成 bat 批处理文件

新建一个批处理文件，取名 chap02.bat，输入下面的命令：
start javaw -cp Chap02_fat.jar App

6.9 自测题

1. 使用 GridLayout，根据表 6-19 所述的规格说明，完成图 6-44 所示的对话框效果。

图 6-44 【新建 Java 接口】对话框示例

表 6-19 规格说明

类 名 称	MyDialog			
类型	TitleAreaDialog			
功能描述	创建一个向导对话框，根据 Eclipse 3.4.2 的新建接口向导，制作一个向导对话框，要求制作与 Eclipse 3.4.2 的新建接口向导一模一样的向导页面			
规格描述	向导标题	新建 Java 接口	显示区域标题	Java 接口
	显示区域内容	创建新的 Java 接口。	标题图标	见图 6-44
	显示区域图标	见图 6-44	按钮控件	
附加	注意控件的可用性 注意程序水平抓取的列 注意界面中垂直抓取的列			

2. 接上题，使用 FormLayout 完成上述布局。
3. 完成表 6-20 和表 6-21 中的译名部分。

表 6-20 布局常用单词及词组

单 词	译 名	词 组	译 名
grid		GridLayout、GridData	
layout		setLayout	
horizontal		horizontalAlignment	
vertical		verticalAlignment	
column		numColumn	
composite			
margin		marginLeft、marginTop	
Spacing		horizontalSpacing	
BEGINNING		GridData.BEGINNING	
FILL		GridData.FILL	
Indent		horizontalIndent	

表 6-21 控件常用单词

控件名称	译 名	控件名称	译 名
Text		CheckButton	
Label		Tree	
Combo		Table	
List		ToolBar	
RadioButton		CoolBar	

第 7 章 Java I/O

在 Java 中，我们把能够读取一个字节序列的对象称为一个 Java 输入数据流，把能够写一个字节序列的对象称为一个输出数据流，它们分别由抽象类 InputStream 和 OutputStream 类表示。因为面向字节的流不方便用来处理存储为 Unicode（每个字符使用两个字节）的信息，所以 Java 引入了用来处理 Unicode 字符的类层次，这些类派生自抽象类 Reader 和 Writer，它们用于读写双字节的 Unicode 字符，而不是单字节字符。

在 Java 中有两个类别用来作为流的抽象表示：InputStream 与 OutputStream。

InputStream 是所有表示二进制输入流的父类，它是一个抽象类，子类会覆盖（overwrite）它当中所定义的方法。InputStream 用于从数据来源读取数据的抽象表示，例如 System 中的标准输入串流 in 对象就是一个 InputStream，在程序开始之后，这个流对象就会开启，以从标准输入设备中读取数据，通常就是键盘。

OutputStream 是所有表示二进制输出流的父类，它是一个抽象类，子类同样会覆盖它当中所定义的方法。OutputStream 是用于将数据写入目的地的抽象表示，例如 System 中的标准输出流对象 out。out 的类型是 PrintStream，这个类别是 OutputStream 的子类别（FilterOutputStream 继承 OutputStream，PrintStream 再继承 FilterOutputStream），在程序开始之后，这个流对象就会开启，用户可以将数据通过它来写入目标，通常是屏幕。

7.1 Java.io 包简介

JDK 标准帮助文档是这样解释 Java.io 包的——通过数据流、序列和文件系统为系统提供输入和输出。

7.2 流的相关概念

Java 将输入/输出抽象为流，它是数据的一个序列，无论它来自哪里（可能是文件，也可能是另一个程序，甚至是来自网络），我们都可以通过流来读取数据，也可以向流中写入数据。数据通过流的形式在来源（source）和目的地（destination）之间传递。数据就好像水，流就是水管，通过水管的衔接，从一端流向另一端。

7.3 流的分类

Java 的 I/O 处理就是基于流的应用,在 java.io 包中定义了多种 I/O 流类型。

1)按照数据流的方向不同可以分为输入流(Input Stream)和输出流(Output Stream)。

从应用程序角度看,将数据从来源中取出,这样的流称为输入流;相应的,如果该流的作用是将数据写入目的地,这样的流称为输出流。对于输入流,通常对应一个源,例如从终端读取数据,这里的终端就是输入源,需要使用输入流来进行读取;对于输出流,通常对应一个输出目标,例如向文件系统写一个数据,这里的文件就是输出目标,需要使用输出流来处理。

2)按数据处理单位不同可以分为字符流(Character Stream)和字节流(Byte Stream)。

Java 根据流传输数据格式的不同,对流进行了进一步的划分。字节流以字节为单位进行数据传输,每次传送一个或多个字节;字符流以字符为单位进行数据传输,每次传送一个或多个字符,见表 7-1。

表 7-1 字节流和字符流

	字 节 流	字 符 流
输入流	InputStream	Reader
输出流	OutputStream	Writer

技巧

以 InputStream 或 OutputStream 结尾的类型均为字节流,而以 Reader 或 Writer 结尾的均为字符流。

3)按照功能不同可以分为节点流(Node Stream)和处理流(Processing Stream)。

节点流为可以从一个特定的数据源(节点)读写数据(如文件、内存),如图 7-1 所示。

图 7-1 节点流

处理流是"连接"在已有的流(节点流或处理流)上,通过对数据的处理为程序提供更为强大的读写功能(见图 7-2)。

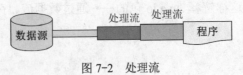

图 7-2 处理流

7.4 字节流的层次架构

了解了流的分类之后,接下来要搞清楚 Java 中 InputStream、OutputStream 的层次架构。首先看一下 InputStream 的常用类继承架构,如图 7-3 所示。

第七章 Java I/O

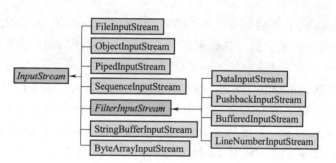

图 7-3 InputStream 常用类层次架构

再来看一下 OutputStream 常用类层次架构，如图 7-4 所示。

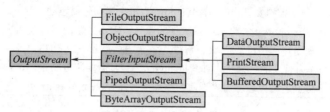

图 7-4 OutputStream 常用类层次架构

7.4.1 标准输入/输出流

> 事实上，我们使用的 System.in 和 System.out 对象分别就是 InputStream 和 PrintStream 的实例，分别代表标准输入（standard input）和标准输出（standard output）。可以通过 System.setIn() 方法指定 inputStream 实例，实现从文件中读取数据的效果（见代码 7-1）。同样，System.out 是 PrintStream 的实例，也可以通过 System.setOut() 方法指定输出流对象，将结果输出到指定目的地（见代码 7-2）。

代码 7-1　setIn 重定向

#001	`package cn.nbcc.chap07.snippets;`
#002	`import java.io.FileInputStream;`
#003	`import java.io.FileNotFoundException;`
#004	`import java.util.Scanner;`
#005	`public class SetInSnippet {`
#006	`    public static void main(String[] args) throws FileNotFoundException {`
#007	`        System.setIn(new FileInputStream("C:\\test.txt"));`
#008	`        Scanner scanner = new Scanner(System.in);`
#009	`        while (scanner.hasNextLine()) {`
#010	`            System.out.println(scanner.nextLine());`
#011	`        }`
#012	`    }`
#013	`}`

006 行在 main()方法签名部分添加了 FileNotFoundException 异常的抛出，因为在创建 new FileInputStream 时，可能会抛出文件未找到的异常。这里不加捕获直接抛出给 main()方法的调用者 JVM 处理。

007 行使用 System.setIn()方法，指定新的输入流对象为一个文件输入流对象，该文件输入流对象连接到 C 盘下的 test.txt 文件中。至此，System.in 将从该文件输入流中读取数据。008 行创建 Scanner 对象，指定从 System.in 中扫描数据，java.util.Scanner 提供了从数据流中快速读取数据的众多方法，利用 hasNextLine()方法，可以判定是否还有下一行数据，利用 nextLine()，可以读取输入流中的一整行数据。

> Java虚拟机所依赖的Windows或者其他平台通常至少提供一种文件系统。例如，UNIX或Linux平台通过挂载（mount）磁盘到一个虚拟文件系统，而Windows为每个活动磁盘驱动器建立一个单独的文件系统。在Windows中，使用"c:\\temp\\test.txt"来表示文件的路径。需要注意的是，使用字符串描述Windows文件的完整路径时，需要使用转义字符"\\"来表示"\"字符。而在Linux或者UNIX平台，文件的路径以"根目录/"开始，以"/"作为目录的分隔符，如"/temp/test.txt"。需要注意的是，这种写法在Windows下同样可以工作，Windows将上述路径理解为"当前的驱动器根路径\\temp\\test.txt"。

代码 7-2　setOut 重定向

#001	package cn.nbcc.chap07.snippets;
#002	import java.io.FileNotFoundException;
#003	import java.io.FileOutputStream;
#004	import java.io.PrintStream;
#005	public class SetOutSnippet {
#006	public static void main(String[] args) throws FileNotFoundException {
#007	PrintStream ps = new PrintStream(new FileOutputStream("C:\\test.txt"));
#008	System.*setOut*(ps);
#009	System.*out*.println("HelloWorld");
#010	}
#011	}

执行代码 7-2，系统不再将 HelloWorld 打印到控制台（默认的打印输出流）上，而是输出到指定的文件输出流中，如图 7-5 所示。

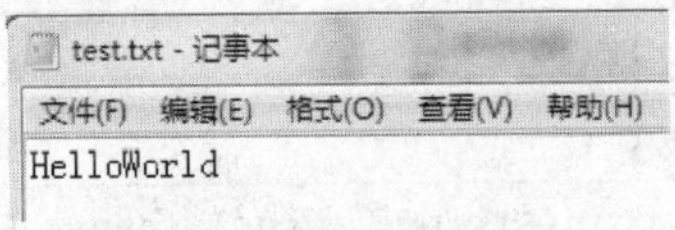

图 7-5　重定向到文件

7.4.2　FileInputStream 与 FileOutputStream

FileInputStream 是 InputStream 的子类，可以指定文件名创建实例，一旦创建文档就开启，接着就可用来读取数据。FileOutputStream 是 OutputStream 的子类，可以指定文件名创建实例，一旦创建文档就开启，接着就可以用来写出数据。无论 FileInputStream 还是 FileOutputStream，不使用时都要使用 close()关闭文档。

FileInputStream 主要操作了 InputStream 的 read()抽象方法，使之可从文档中读取数据；FileOutputStream 主要操作了 OutputStream 的 write()抽象方法，使之可写出数据至文档。

FileInputStream、FileOutputStream 在读取、写入文档时，是以字节为单位，通常会使用一些处理流类加以包装，进行一些高级操作，如前面演示的 Scanner 和 PrintStream 等。之后还会看到更多对 InputStream、OutputStream 的包装类，它们可以提供特定数据的高级操作。

代码 7-3 演示了使用字节流复制 test.txt 文件的示例。

代码 7-3 FileInputStream 和 FileOutputStream 示例

#001	package cn.nbcc.chap07.snippets;
#002	import java.io.FileInputStream;
#003	import java.io.FileOutputStream;
#004	import java.io.IOException;
#005	public class FileInputFileOutputStreamSnippet {
#006	public static void main(String[] args) throws IOException {
#007	FileInputStream in = null;
#008	FileOutputStream out = null;
#009	try {
#010	in = new FileInputStream("c:\\test.txt");
#011	out = new FileOutputStream("c:\\out.txt");
#012	int c;
#013	while ((c = in.read()) != -1) {
#014	out.write(c);
#015	}
#016	} finally {
#017	if (in != null) {
#018	in.close();
#019	}
#020	if (out != null) {
#021	out.close();
#022	}
#023	}
#024	}
#025	}

013 行每读入一个字节，就执行 014 行代码写入一个字节，其执行过程如图 7-6 所示。需要注意的是，每次读取，read()方法会返回一个整型值。

> 既然是读取一个字节，为什么read()方法不返回一个字节呢？

> 因为使用int表示返回值时，可以使用-1 表示已经读完整个流了。

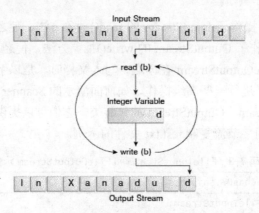

图 7-6 简单字节流输入/输出

 技巧

由于字节流需要一次只处理一个字节，对于性能开销较高的 I/O 操作来讲，直接使用字节流进行操作会影响程序的性能。

7.4.3 ByteArrayInputStream 与 ByteArrayOutputStream

ByteArrayInputStream 是 InputStream 的子类，可以指定 byte 数组创建实例，一旦创建就将 byte 数组当做数据源进行读取。ByteArrayOutputStream 是 OutputStream 的子类，可以指定 byte 数组创建实例，一旦创建就将 byte 数组当做目的地写入数据。

ByteArrayInputStream 和 ByteArrayOutputStream 的使用示例如代码 7-4 所示。

代码 7-4 ByteArrayInputStream 和 ByteArrayOutputStream 示例

#001	package cn.nbcc.chap07.snippets;
#002	import java.awt.image.BufferedImage;
#003	import java.io.ByteArrayInputStream;
#004	import java.io.ByteArrayOutputStream;
#005	import java.io.File;
#006	import java.io.IOException;
#007	import javax.imageio.ImageIO;
#008	public class ByteArrayInputOutputSnippet {
#009	public static void main(String[] args) throws IOException {
#010	String dirName="C:\\";
#011	ByteArrayOutputStream baos=new ByteArrayOutputStream(1000);
#012	BufferedImage img=ImageIO.*read*(new File(dirName,"pic01.jpg"));
#013	ImageIO.*write*(img, "jpg", baos);
#014	baos.flush();
#015	baos.close();
#016	ByteArrayInputStream bais = new ByteArrayInputStream(baos.toByteArray());

#017	BufferedImage imag=ImageIO.*read*(bais);
#018	ImageIO.*write*(imag, "jpg", new File(dirName,"pic02.jpg"));
#019	bais.close();
#020	}
#021	}

011 行创建一个字节数组输出流对象，通过 ImageIO 对存放在 C 盘下的 pic01.jpg 进行读取，并将缓存的图像信息通过 ImageIO 的 write()方法写到字节数组输出流中。016 行创建一个字节数组输入流，并连接到刚才存放的内存中，通过 ImageIO 的 read()方法再把它读取出来并通过 write()方法写到指定的文件中。

7.5 字符流的层次架构

Reader 类和 Writer 类的层次架构分别如图 7-7 和图 7-8 所示。

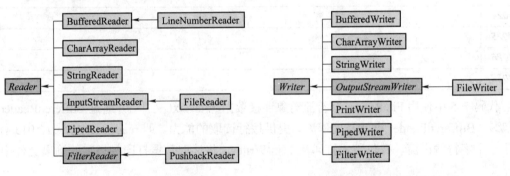

图 7-7　Reader 类层次架构　　　　　图 7-8　Writer 类层次架构

Java 平台使用字符流将字符值转换成 Unicode。字符流 I/O 实现本地字符集和 Unicode 值的转换。在很多应用程序中，使用字符流要比字节流更加简单，使用该流实现输入和输出时，这些类将自动实现与本地字符集之间的转换，无须额外操作就可以轻松实现国际化的应用程序（见代码 7-5）。

代码 7-5　字符流使用示例

#001	package cn.nbcc.chap07.snippets;
#002	import java.io.BufferedReader;
#003	import java.io.FileReader;
#004	import java.io.FileWriter;
#005	import java.io.IOException;
#006	import java.io.PrintWriter;
#007	public class FileReaderFileWriterSnippet {
#008	public static void main(String[] args) throws IOException {
#009	BufferedReader inputStream = null;

#010	PrintWriter outputStream = null;
#011	try {
#012	inputStream = new BufferedReader(new FileReader("c:\\test.txt"));
#013	outputStream = new PrintWriter(new FileWriter("c:\\out.txt"));
#014	String l;
#015	while ((l = inputStream.readLine()) != null) {
#016	outputStream.println(l);
#017	}
#018	} finally {
#019	if (inputStream != null) {
#020	inputStream.close();
#021	}
#022	if (outputStream != null) {
#023	outputStream.close();
#024	}
#025	}
#026	}
#027	}

代码 7-5 中使用 FileReader 字符流对象连接数据源 test.txt 文件,并通过 BufferedReader 进行包装(BufferedReader 也就是处理流,提供按行读取的能力,即 readLine()方法)。013 行创建了一个字符输出流,并包装成打印流 PrintWriter,将读取数据打印到指定的输出文件中。

7.6 转换流

Java 提供将字节流转化为字符流读写方式的 OutputStreamWriter 和 InputStreamReader 两个常用方法。当我们使用非默认编码保存文件或者读取文件时,就需要使用转换流(TransformIO)。要想查看当前的文本默认编码,可以通过执行如下语句实现:

System.out.println(System.getProperty("file.encoding"));

如果当前默认使用的默认编码 GBK,对于使用默认编码进行读写操作,执行如下两条语句的效果是一样的:

new OutputStreamWriter(new FileOutputStream("out.txt")) //使用默认编码进行写出
new FileWriter("out.txt") //使用默认编码进行写出

很多时候,我们需要在不同的编码间进行切换,例如将 GBK 编码的文本保存为非默认编码格式时。这时候,就需要创建一个转换流对象,并在其构造方法中指定相应的编码格式,下面这条语句将当前文本写出为 UTF-8 格式:

new OutputStreamWriter(new FileOutputStream("out.txt"),"UTF-8")

 技巧

FileReader 与 FileWriter 处理文本文件时使用默认文本编码。

7.7 数据流

DataInputStream 和 DataOutputStream 用来对基础的 InputStream、OutputStream 进行包装，并提供读取、写入 Java 基本数据类型的方法，如 int、double、boolean 等方法。用户无须担心如何在流中读取合适的字节大小并转换得到用户需要的数据类型，这些方法会自动在指定的类型和字节之间转换。代码 7-6 为数据流（DataIO）示例。

代码 7-6　数据流示例

#001	`package cn.nbcc.chap07.snippets;`
#002	`import java.io.BufferedInputStream;`
#003	`import java.io.BufferedOutputStream;`
#004	`import java.io.DataInputStream;`
#005	`import java.io.DataOutputStream;`
#006	`import java.io.EOFException;`
#007	`import java.io.FileInputStream;`
#008	`import java.io.FileOutputStream;`
#009	`import java.io.IOException;`
#010	`public class DataOutputStreamSnippet {`
#011	`    static final double[] prices = { 120.00, 83.00 };`
#012	`    static final int[] units = { 50, 49 };`
#013	`    static final String[] descs = {`
#014	`        "大学英语四六级费用",`
#015	`        "计算机等级考试费用",`
#016	`    };`
#017	`    static final String dataFile = "C:\\考试报名费用.txt";`
#018	`    public static void main(String[] args) throws IOException {`
#019	`        DataOutputStream out = new DataOutputStream(new BufferedOutputStream(`
#020	`new FileOutputStream(dataFile)));`
#021	`        for (int i = 0; i <prices.length; i ++) {`
#022	`            out.writeDouble(prices[i]);`
#023	`            out.writeInt(units[i]);`
#024	`            out.writeUTF(descs[i]);`
#025	`        }`
#026	`        out.flush();`
#027	`        out.close();`
#028	`        DataInputStream in = new DataInputStream(new`
#029	`            BufferedInputStream(new FileInputStream(dataFile)));`
#030	`        try {`
#031	`            while (true) {`

#032	`        double price = in.readDouble();`
#033	`        int unit = in.readInt();`
#034	`        String desc = in.readUTF();`
#035	`        System.out.format("考试名称:%s\t费用:%.2f\t报名人数:%d%n",desc,price,unit);`
#036	`    }`
#037	`} catch (EOFException e) {`
#038	`}finally{`
#039	`    in.close();`
#040	`}`
#041	`  }`
#042	`}`

7.8 Object 流

前面的示例只是对基本数据类型进行读写，Java 甚至提供了直接写入和读出一个对象 Object 的流，即将内存中的对象整个存储下来。之后，还可以通过读入还原成对象。使用 ObjectInputStream 和 ObjectOutputStream 可以完成这个工作（见代码 7-7）。

代码 7-7　ObjectInputStream 和 ObjectOutputStream 示例

#001	`package cn.nbcc.chap07.snippets;`
#002	`import java.io.FileInputStream;`
#003	`import java.io.FileOutputStream;`
#004	`import java.io.IOException;`
#005	`import java.io.ObjectInputStream;`
#006	`import java.io.ObjectOutputStream;`
#007	`import java.io.Serializable;`
#008	`public class ObjectOutputStreamSnippet {`
#009	`    static class SaveObject implements Serializable`
#010	`    {`
#011	`        private static final long serialVersionUID = 1L;`
#012	`        int xPos = 10;`
#013	`        int yPos = 20;`
#014	`        int width = 100;`
#015	`        int height = 200;`
#016	`        transient int hideValue = 10;   //不进行序列化,即不会存盘`
#017	`        public String toString() {`
#018	`            return xPos + ","+yPos+","+width+","+height+","+hideValue;`
#019	`        }`
#020	`    }`

#021	`    public static void main(String[] args) {`
#022	`        SaveObject object = new SaveObject();`
#023	`        try {`
#024	`            FileOutputStream fos = new FileOutputStream("C:\\object.object");`
#025	`            ObjectOutputStream oStream= new ObjectOutputStream(fos);`
#026	`            oStream.writeObject(object);`
#027	`            oStream.flush();`
#028	`            oStream.close();`
#029	`            FileInputStream fis =new FileInputStream("C:\\object.object");`
#030	`            ObjectInputStream ois = new ObjectInputStream(fis);`
#031	`            SaveObject obj = (SaveObject)(ois.readObject());`
#032	`            System.out.println(obj);`
#033	`        } catch (IOException e) {`
#034	`            e.printStackTrace();`
#035	`        } catch (ClassNotFoundException e) {`
#036	`            e.printStackTrace();`
#037	`        }`
#038	`    }`
#039	`}`

为了能够实现对某个类的对象进行读入和写出，需要对该类进行序列化（serializable），如 009 行所示。如果某个属性不需要存储，则可以使用 transient 关键字来处理，如 016 行所示。022 行创建该 SaveObject 对象，并在 024 行打开文件输出流 FileOutputStream，通过使用 ObjectOutputStream 包装，可以使用 writeObject()方法实现对象的存储，如 026 行所示。

7.9 文件

我们经常需要编写程序来访问计算机中的文件系统，创建新的文件和目录（有时也称为文件夹），这就需要程序语言具备创建、复制、移动、删除文件和目录的能力。

在 Java 中，有许多种方式用来处理文件和目录。最原始的，可以使用 JDK 1.0 提供的相关类。在 JDK 1.4 中设计了全新的 NIO（New I/O），以对这些类的功能进行增强。在 JDK 7 中使用了更为强大和方便的 NIO2。

7.9.1 创建文件

无论如何，理解和认识 File 类是学习 Java 文件操作的基础，它不是一个基于流的类，但需要和流一起使用。此外，File 类还提供给用户一个访问底层文件系统和目录结构的接口，包括许多针对文件的实用方法，如删除文件、创建临时文件等。表 7-2 列出了 File 类的常用方法。

表 7-2　java.io.File 方法的分类

类　别	方　法
创建临时文件	createTempFile
创建空白文件	createNewFile
文件操作	Delete、deleteOnExit、renameTo
查询文件或路径名	getAbsoluteFile、getAbsolutePath、getCanonicalFile、getCanonicalPath、getName、getPath、toURI、toURL
级别	isFile、isDirectory
属性查询/操作	isHidden、lastModified、length、canRead、canWrite、setLastModified、setReadOnly
目录查询/操作	exists、list、listFiles、listRoots、mkdirs、getParent、getParentFile

> 需要特别注意的是，File 这个类名具有一定的欺骗性，你可能会认为它只是针对某个文件。但事实上，它既代表一个特定文件，也可用来代表目录。当它代表一个目录时，可以使用 list() 方法查询目录中的所有文件，返回的是一个字符串数组。确切地说，File 对象仅仅是包含了文件描述信息，而不是文件本身。

考虑下面的程序代码：

File myFile = new File();

该代码并没有在系统中创建一个空文件，仅仅在程序中创建了一个对象。为了便于比对，下面给出使用 createNewFile() 方法创建一个空文件的示例（见代码 7-8），注意观察它是如何在 Java 中创建文件的。

代码 7-8　创建一个空文件

#001	package cn.nbcc.chap07.snippets;
#002	import java.io.File;
#003	public class FileTest {
#004	public static void main(String[] args) {
#005	String fileName = "C:\\test\\myFile.txt";
#006	File myFile = new File(fileName);
#007	try {
#008	myFile.createNewFile();
#009	} catch (Exception e) {
#010	System.out.println("Couldn't create " + myFile.getPath());
#011	}
#012	System.out.println("Created " + myFile.getPath());
#013	}
#014	}

> 在运行这个例子之前，需要在 C 盘根目录下创建一个名为 test 的文件夹。

005 行使用一个字符串对象，指定了要创建文件的文件名。需要注意的是，在指定路径时，使用双反斜杠（其中一个反斜杠作为转义字符使用）。

006 行使用 File 类创建了一个 File 对象，正如前面所述，该对象并没有真正创建一个文件，它只是包含了文件的相关描述信息，并提供文件操作的相关方法。

第七章 Java I/O

008 行调用 File 对象提供的 createNewFile()方法，才真正地在磁盘中进行新文件的创建。在许多与文件操作相关方法的定义中，都指定会抛出检查异常 IOException 或是其子类，而这些异常必须要由调用者负责检查处理。例如，在文件的创建时可能会抛出磁盘空间不足、指定路径不存在等异常情况。因此，对于 createNewFile()方法的调用，需要包含在 007~011 行的 try-catch 语法中。根据前面学过的异常的相关知识，使用 Exception 可以捕捉任何 IOException 及其子类对象。

常见编程错误
1）在表述路径时没有使用双反斜杠是一种常见的编程错误。
2）在调用文件的方法时，不正确地处理异常将会导致错误。

技巧
使用双反斜杠的路径表达方式假定了文件存储在 Windows 系统中。如果是 Linux、UNIX 或者 Mac，则可以使用 "/test/myFile.txt" 来表达，其中第一个 "/" 表示文件系统的根目录。通常，为了做到不与具体平台相依赖，虚拟机需要具备根据不同的平台来转换成特定的路径的能力。在 Java 中，可以使用 File 类提供的 separator 静态常量来替代。
String fileName = "C:" + File.separator +"test" + File.separator + "myFile.txt";

7.9.2 删除文件

对于刚才创建的文件，如何将其删除呢？

正如File类中提供了createNewFile()方法创建文件一样，可以使用File类的delete()方法来删除它。当然，在删除之前通常需要使用File类的exists()方法判断要删除的文件是否存在，如果存在，则返回true，否则返回false。代码 7-9 为删除文件示例。

代码 7-9 删除文件

#001	`package cn.nbcc.chap07.snippets;`
#002	`import java.io.File;`
#003	`import java.io.IOException;`
#004	`public class DeleteFile {`
#005	`    public static void main(String[] args) throws IOException{`
#006	`        String fileName = "C:" + File.separator + "test" + File.separator + "myFile.txt";`
#007	`        File myFile = new File(fileName);`
#008	`        if (!myFile.exists()) {`
#009	`            throw new IOException("Cannot delete " + fileName + " because"+ fileName + " does not exist");`
#010	`        } else {`
#011	`            myFile.delete();`
#012	`        }`
#013	`        System.out.println(fileName + " exists? " + myFile.exists());`
#014	`    }`
#015	`}`

7.9.3 使用临时文件

有时我们可能偶尔需要存储一些临时数据,而在程序退出时又不希望保存它。例如,很多字处理程序在运行时,会保存一个临时文件,用来在程序崩溃时尽可能提供数据的恢复能力,但这些临时文件不会持久保存,当程序正常退出时它们会自动删除。

File 类提供了一些关于处理临时文件的方法,这些方法允许用户创建多个临时文件而无须考虑每个文件的文件名,只需指定它的前缀(至少 3 字符长)、一个后缀(如果设置为 null,则默认为.tmp)和一个可选的目录(如果不指定目录,那么 JVM 将文件创建在 system 的 temp 中)。

代码 7-10 为创建临时文件示例。

代码 7-10　创建临时文件

#001	package cn.nbcc.chap07.snippets;
#002	import java.io.File;
#003	public class CreateTempDemo {
#004	public static void main(String[] args) {
#005	String tempDirectoryName = "C:" + File.*separator* + "test";
#006	File tempDirectory = new File(tempDirectoryName);
#007	for (int i = 0; i < 10; i++) {
#008	try {
#009	File thisFile = File.*createTempFile*("tmp", null, tempDirectory);
#010	} catch (Exception e) {
#011	System.*out*.println("Couldn't create temp file " + i);
#012	}
#013	}
#014	System.*out*.println("Done creating temp files");
#015	}
#016	}

创建的临时文件如图 7-9 所示。

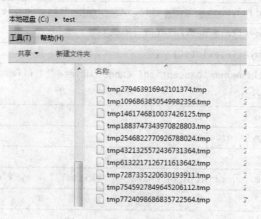

图 7-9　创建的临时文件

7.9.4 项目任务 23：学生名单

在 4.5 节中，我们实现了在课程安排 CourseSession 中的学生注册的功能。现在可编写一段程序，为授课教师提供一份学生的名单（见代码 7-11～代码 7-13）。其基本格式如下：

学生名单

000000001 张三

总人数：1

代码 7-11　CourseSession.java

#001	package cn.nbcc.chap04.entities;
#002	import java.util.ArrayList;
#003	import java.util.List;
#004	public class CourseSession {
#005	private String id;
#006	private String depart;
#007	private ArrayList<Student>students = new ArrayList<Student>();
#008	public CourseSession(String id, String dep) {
#009	super();
#010	this.id = id;
#011	this.depart = dep;
#012	}
#013	public void enroll(Student s) {
#014	students.add(s);
#015	}
#016	public User getStudent(int index) {
#017	return students.get(index);
#018	}
#019	public List<Student> getAllStudent() {
#020	return students;
#021	}
#022	}

代码 7-12　RosterReporter.java

#001	/**
#002	* 所属包：cn.nbcc.chap07.snippets

#003	* 文件名：RosterReporter.java
#004	* 创建者：郑哲
#005	* 创建时间：2014-2-12 下午06:54:46
#006	*/
#007	package cn.nbcc.chap07.snippets;
#008	import java.io.IOException;
#009	import java.io.Writer;
#010	import cn.nbcc.chap04.entities.CourseSession;
#011	import cn.nbcc.chap04.entities.Student;
#012	public class RosterReporter {
#013	static final String ROSTER_REPORT_HEADER="学生名单%n%20s%n";
#014	static final String ROSTER_REPORT_FOOTER="%20s%n总人数:%d%n";
#015	private CourseSession session;
#016	private Writer writer;
#017	public RosterReporter(CourseSession session) {
#018	this.session = session;
#019	}
#020	public void writeReport(Writer writer) throws IOException{
#021	this.writer = writer;
#022	writeHeader();
#023	writeBody();
#024	writeFooter();
#025	}
#026	private void writeFooter() throws IOException {
#027	writer.write(String.format(ROSTER_REPORT_FOOTER,"-", session.getAllStudent().size()).replace(' ', '-'));
#028	}
#029	private void writeBody() throws IOException {
#030	for (Student s : session.getAllStudent()) {
#031	writer.write(String.format("%s\t%s%n",s.getId(), s.getName()));
#032	}
#033	}
#034	private void writeHeader() throws IOException {
#035	writer.write(String. format(ROSTER_REPORT_HEADER,"-").replace(' ', '-'));
#036	}
#037	}

代码 7-13　App.java

#001	package cn.nbcc.chap07.snippets;
#002	import java.io.IOException;
#003	import java.io.StringWriter;
#004	import java.io.Writer;
#005	import cn.nbcc.chap04.entities.CourseSession;
#006	import cn.nbcc.chap04.entities.Student;
#007	public class App {
#008	public static void main(String[] args) {
#009	CourseSession session = new CourseSession("039201", "Java程序设计");
#010	session.enroll(new Student("000000001","张三"));
#011	Writer writer= new StringWriter();
#012	try {
#013	new RosterReporter(session).writeReport(writer);
#014	System.*out*.println(writer.toString());
#015	} catch (IOException e) {
#016	e.printStackTrace();
#017	}
#018	}
#019	}

输出显示：

学生名单

000000001 张三

总人数：1

7.9.5　随机 RandomAccessFile

> 完成上述任务，你可以得到包含选修这门课程的所有学生的清单。如果你修改了个别学生的信息，则需要重新生成整个清单。使用随机访问的相关类可以实现类似数据库的查找、定位、修改等功能。

通过使用 java.io.RandomAccessFile 类可以对创建的文件进行打开，并进行随机读、写操作。它提供了两种构造方法：

1）RandomAccessFile (File file, String mode)：如果文件不存在，可用来创建和打开一个新文件；如果文件已存在，则直接打开。通过 File 类内含的文件路径信息来指定操作的文件对象，通过 mode 指定是进行创建并打开还是直接打开。

2）RandomAccessFile (String pathname, String mode)：通过直接指定文件路径字符串来指定要操作的文件对象，根据 mode 信息来指定操作文件的模式（创建或打开）。

无论哪种构造方法的模式参数，都可以是"r"、"rw"、"rws"和"rwd"其中之一。否则，构造方法会抛出 IllegalArgumentException 异常。

1)"r"指定构造方法以只读方式打开一个现有文件。任何视图对文件的修改都会抛出 IOException 异常。

2)"rw"指定构造方法在文件不存在的时候创建该文件，并以读、写的方式打开该新文件。如果文件已存在，则直接以读、写方式打开该文件。

3)"rwd"指定构造方法在文件不存在的时候创建该文件，并以读、写方式打开该文件。如果文件已存在，则直接以读、写方式打开该文件。此外，每次对文件内容的更新必须同步写入底层存储设备。

4)"rws"指定构造方法在文件不存在的时候创建该文件，并以读、写的方式打开该新文件。如果文件已存在，则直接以读、写方式打开该文件。此外，每次对文件内容的更新或者元数据（metadata）的更新必须同步写入底层存储设备。

> 一个文件的元数据是关于这个文件的相关信息数据，而不是文件内容本身。它包括文件的最后修改时间、文件的长度等信息。

"rwd"和"rws"模式确保每次对本地磁盘中的文件写入操作执行一次物理写入，以确保当操作系统崩溃时那些关键数据不会丢失。需要注意的是，当文件不在本地磁盘中时，将不保证数据不会丢失。此外，这两种模式造成运行速度比"rw"模式明显要低。

与随机访问文件密切相关的一个概念就是"文件指针"（File Pointer），它指定下一个要读写的字节位置。当一个文件打开时，文件指针就会位于它的第一个字节，即偏移量（offset）为 0 的位置。

读和写的操作总是从文件指针所在的位置开始进行的,通过指定用户要读取/写入的字节内容来完成。

RandomAccessFile 声明了大量的方法，比较常用的见表 7-3。

表 7-3 RandomAccessFile声明的方法

方法	说明
void close()	关闭文件，释放平台相关资源。无法使用该 RandomAccessFile 对象再次打开。如果有 I/O 错误发生，该方法将抛出 IOException
FileDescription getFD()	返回文件相关的文件描述对象
long getFilePointer()	返回文件指针的当前字节偏移量（文件开始为 0）
long length()	返回文件的长度（以字节为单位）
int read()	从文件中读取下一个字节并返回一个 0~255 的整数。如果读到文件结束时，则返回-1。当没有任何输入可供读取时，该方法将被阻止
int read(byte[] b)	从文件中读取 b.length 字节长度的数据到字符数组 b 中，返回实际读取到的数组中的字节数，如果到达文件结束，则返回-1
char readChar()	从文件中读取并返回一个字符。该方法从文件当前文件指针所在位置开始读取两个字节，如果字节读取的顺序是 b1 和 b2，且 0<=b1、b2<=255，结果等于(char)((b1<<8)|b2)。该操作以检测到文件尾或抛出异常作为终止。在读入两个字符前遇到文件尾将抛出 EOFException，遇到 I/O 错误发生时将抛出 IOException
int readInt()	从文件中读取并返回一个有符号的 32 位整型。该方法从文件指针所在位置读取 4 个字节，如果依次读入 b1、b2、b3、b4，且 0<=b1、b2、b3、b4<=255，最终结果等于(b1<<24)|(b2<<16)+(b3<<8)+b4。同样，在提前遇到文件结束时将抛出 EOFException，遇到 I/O 错误将抛出 IOException

int seek(long pos)	设置文件指针当前的偏移位置（距文件开始多少个字节）。如果偏移设置超出了文件结束位，则并不改变文件的实际长度。只有当偏移超过现有文件结束位后并写入了数据，文件的长度才会发生改变。当 pos 值为负数或者 I/O 错误发生时，该方法抛出 IOException	
int setLength(long newLength)	设置文件长度，如果当前 length() 返回的文件长度大于 newLength，则文件将被截取。在这种情况下，如果文件指针返回的偏移值大于 newLength，在调用完 setLength() 后，偏移值将等于 newLength。如果当前长度小于 newLength，文件将被扩展。在这种情况下，文件的内容扩展部分没有被定义	
int skipBytes(int n)	试图跳过 n 字节。该方法执行时如果提前遇到文件结束，那么将跳过比指定 n 小的实际字节值（甚至可能为 0），在这种情况下，不会抛出 EOFException。当 n 为负值时，没有字节被跳过。该方法将返回实际跳过的字节数。遇到 I/O 错误时，方法将抛出 IOException	
void write(byte[] b)	根据当前文件指针指定的位置，写入字节数组 b 中的 b.length 字节	
void write(int b)	根据当前文件指针指定的位置，写入 b 的低 8 位	
void writeChars(String s)	根据当前文件指针指定的位置，将参数字符串 s 作为一个字符序列写入	
void writeInt(int i)	根据当前文件指针指定的位置，写入一个 32 位整型值	

FileDescriptor 是一个很小的类，它声明了 3 个常量：in、out、err。这些常量使得 System.in、System.out 和 System.err 提供了对标准输入、输出、错误流的访问。

FileDescriptor 同时声明了一对方法：void sync() 告诉底层平台刷新所打开的文件输出缓冲区中的内容，将它们写入到本地磁盘中。sync() 在所有修改的数据和属性被写入到相关设备后返回。如果缓冲区无法刷新，或由于平台无法保证所有的缓冲被物理媒介同步，将抛出 java.io.SyncFailedException 异常。

对打开文件的数据写入最终存放在底层平台的输出缓冲区中，当缓冲区容量填满时，平台将数据刷新到磁盘中。由于磁盘访问的效率是极低的，因此这样可以减少磁盘的读写次数，从而提高性能。

然而，当用户对一个随机访问文件使用"rwd"或者"rws"模式进行写数据时，每次写数据的操作都是直接写入磁盘。因此，写操作的速度比"rw"模式的写入速度要慢。

假设用户现在要将写入缓冲区的数据和直接写入磁盘的数据进行合并，可以通过"rw"模式打开文件，并选择性地使用 FileDescriptor 的 sync() 方法。

```
RandomAccessFile raf = new RandomAccessFile("employee.dat", "rw");
FileDescriptor fd = raf.getFD();
// 执行一个关键的写操作
raf.write(...);
// 通过刷新缓冲区到底层磁盘，以同步磁盘信息
fd.sync();
// 执行一个非关键的写操作，无须同步
raf.write(...);
// 执行其他事务
// 关闭文件，将缓冲区数据刷新到磁盘
raf.close();
```

RandomAccessFile 在创建一个扁平化的文件数据库（用单个文件存储由字段组成的记录）时非常有用。一个记录存储了一个条目，如学生数据库中的学生（student），而域（Field）存储了该条目的属性，如学生学号（id）。

一个扁平的文件数据库通常将它的内容组织成一个固定长度的记录。每条记录又由一个或者多个固定长度的域构成。

图 7-10 描述了学生数据库的相关内容。

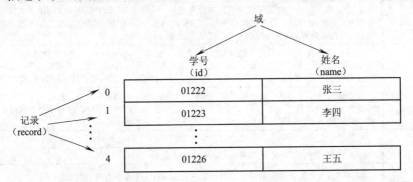

图 7-10　学生数据库相关内容

7.9.6　项目任务 24：访问和修改学生名单

使用随机访问的相关类，对学生名单实现如下功能（见代码 7-14）：
1) 将选课学生名单写入到指定文件中进行持久化保存。
2) 读取所有学生名单信息。
3) 通过记录号读取指定记录的学生信息。
4) 修改指定学号的学生信息并存档。

代码 7-14　访问和修改学生名单

#001	/**
#002	* 所属包：cn.nbcc.chap07.snippets
#003	* 文件名：RandomAccessDemo.java
#004	* 创建者：郑哲
#005	* 创建时间：2014-4-14 下午10:37:40
#006	*/
#007	package cn.nbcc.chap07.snippets;
#008	import java.io.Closeable;
#009	import java.io.IOException;
#010	import java.io.RandomAccessFile;
#011	public class RandomAccessDemo {
#012	static class Student {
#013	private String id;
#014	private String name;
#015	public String getId() {
#016	return id;
#017	}
#018	public void setId(String id) {

#019	`        this.id = id;`
#020	`    }`
#021	`    public String getName() {`
#022	`        return name;`
#023	`    }`
#024	`    public void setName(String name) {`
#025	`        this.name = name;`
#026	`    }`
#027	`    Student(String id, String name) {`
#028	`        this.id = id;`
#029	`        this.name = name;`
#030	`    }`
#031	`}`
#032	`static class StudentDB implements Closeable {`
#033	`    final static int STU_ID_LEN = 10;    //字符数`
#034	`    final static int STU_NAME_LEN = 20;`
#035	`    private final static int RECLEN = 2 * STU_ID_LEN + 2 * STU_NAME_LEN;  //记录字节数长度`
#036	`    private RandomAccessFile raf;`
#037	`    StudentDB(String pathname) throws IOException {`
#038	`        raf = new RandomAccessFile(pathname, "rw");`
#039	`    }`
#040	`    void append(String id, String name) throws IOException {`
#041	`        raf.seek(raf.length());`
#042	`        write(id, name);`
#043	`    }`
#044	`    @Override`
#045	`    public void close() throws IOException {`
#046	`        // 关闭随机访问对象`
#047	`        raf.close();`
#048	`    }`
#049	`    int numRecs() throws IOException {`
#050	`        return (int) raf.length() / RECLEN;`
#051	`    }`
#052	`    Student select(int recno) throws IOException {`
#053	`        if (recno < 0 || recno >= numRecs())`
#054	`            throw new IllegalArgumentException(recno + " out of range");`
#055	`        raf.seek(recno * RECLEN);`
#056	`        return read();`

#057	`    }`
#058	`    void update(int recno, String id, String name) throws IOException {`
#059	`        if (recno < 0 || recno >= numRecs())`
#060	`            throw new IllegalArgumentException(recno + " out of range");`
#061	`        raf.seek(recno * RECLEN);`
#062	`        write(id, name);`
#063	`    }`
#064	`    private Student read() throws IOException {`
#065	`        StringBuffer sb = new StringBuffer();`
#066	`        for (int i = 0; i <STU_ID_LEN; i++)`
#067	`            sb.append(raf.readChar());`
#068	`        String id = sb.toString().trim();`
#069	`        sb.setLength(0);`
#070	`        for (int i = 0; i <STU_NAME_LEN; i++)`
#071	`            sb.append(raf.readChar());`
#072	`        String name = sb.toString().trim();`
#073	`        return new Student(id, name);`
#074	`    }`
#075	`    private void write(String id, String name) throws IOException {`
#076	`        StringBuffer sb = new StringBuffer(id);`
#077	`        if (sb.length() >STU_ID_LEN)`
#078	`            sb.setLength(STU_ID_LEN);`
#079	`        elseif (sb.length() <STU_ID_LEN) {`
#080	`            int len = STU_ID_LEN - sb.length();`
#081	`            for (int i = 0; i < len; i++)`
#082	`                sb.append(" ");`
#083	`        }`
#084	`        raf.writeChars(sb.toString());`
#085	`        sb = new StringBuffer(name);`
#086	`        if (sb.length() >STU_NAME_LEN)`
#087	`            sb.setLength(STU_NAME_LEN);`
#088	`        elseif (sb.length() <STU_NAME_LEN) {`
#089	`            int len = STU_NAME_LEN - sb.length();`
#090	`            for (int i = 0; i < len; i++)`
#091	`                sb.append(" ");`
#092	`        }`
#093	`        raf.writeChars(sb.toString());`
#094	`    }`

#095	`    }`
#096	`    public static void main(String[] args) {`
#097	`        StudentDB pdb = null;`
#098	`        try {`
#099	`            pdb = new StudentDB("parts.db");`
#100	`            if (pdb.numRecs() == 0) {`
#101	`                pdb.append("123031201", "岑科梦");`
#102	`                pdb.append("123031203", "陈相康");`
#103	`                pdb.append("123031204", "董晓玲");`
#104	`                pdb.append("123031207", "蒋烁");`
#105	`                pdb.append("123031208", "金贤凡");`
#106	`            }`
#107	`            // 输出信息`
#108	`            System.out.println("---------Before updating--------- ");`
#109	`            dumpRecords(pdb);`
#110	`            pdb.update(1, "123031202", "蓝岚*");`
#111	`            System.out.println("---------After updating--------- ");`
#112	`            dumpRecords(pdb);`
#113	`        } catch (IOException ioe) {`
#114	`            System.err.println(ioe);`
#115	`            if (ioe.getSuppressed().length == 1)`
#116	`                System.err.println("Suppressed = " + ioe.getSuppressed()[0]);`
#117	`        }finally{`
#118	`            if (pdb!=null) {`
#119	`                try {`
#120	`                    pdb.close();`
#121	`                } catch (IOException e) {`
#122	`                    e.printStackTrace();`
#123	`                }`
#124	`            }`
#125	`        }`
#126	`    }`
#127	`    static void dumpRecords(StudentDB pdb) throws IOException {`
#128	`        for (int i = 0; i < pdb.numRecs(); i++) {`
#129	`            RandomAccessDemo.Student part = pdb.select(i);`
#130	`            System.out.print(format(part.getId(), StudentDB.STU_ID_LEN, true));`
#131	`            System.out.print(" | ");`
#132	`            System.out.println(format(part.getName(), StudentDB.STU_NAME_LEN,`

#133	`            true));`
#134	`        }`
#135	`        System.out.println("Number of records = " + pdb.numRecs());`
#136	`        System.out.println();`
#137	`    }`
#138	`    static String format(String value, int maxWidth, boolean leftAlign) {`
#139	`        StringBuffer sb = new StringBuffer();`
#140	`        int len = value.length();`
#141	`        if (len > maxWidth) {`
#142	`            len = maxWidth;`
#143	`            value = value.substring(0, len);`
#144	`        }`
#145	`        if (leftAlign) {`
#146	`            sb.append(value);`
#147	`            for (int i = 0; i < maxWidth - len; i++)`
#148	`                sb.append(" ");`
#149	`        } else {`
#150	`            for (int i = 0; i < maxWidth - len; i++)`
#151	`                sb.append(" ");`
#152	`            sb.append(value);`
#153	`        }`
#154	`        return sb.toString();`
#155	`    }`
#156	`}`

012~031 行创建了一个包含学号、姓名信息的 Student 类。该类的前面添加了 static 修饰符，指示该类在类加载器第一次加载时便会自动加载这些静态内类，而无须通过 new 来实例化它们。

技巧

静态内部类，通常用来定义一次性的类，即无须实例化的类，如工具类（utility）或者库（library）。

032 行定义了学生数据库 StudentDB，其中定义了学生字号字段长度为 10 字符，学生姓名字段长度为 20 字符。因此，每条学生记录的长度为 30 字符（即 60 字节，如 035 行所示）。在 038 行中，定义了 StudetnDB 的构造方法，通过生成一个随机访问文件对象，并以"rw"模式打开参数 pathname 指定的数据文件。040~043 行添加的 append()方法，将新添加的学生 id、name，通过随机访问文件对象的 seek()方法定位到当前文件的末尾，并进行追加。

由于每条记录的长度固定，因此，当前文件中的总记录数，可由 050 行公式计算求出。

要定位到指定的记录号所在的位置，也可以通过 055 行代码来定位。要实现更新记录操作，只需定位到指定记录在文件中的位置后，再进行信息写入，如 058～063 行所示。

读取记录时，根据设定的字段域长度，依次读取字符，并通过 StringBuilder 构造出相应的完整信息，如 064～074 所示。在写入记录时，如果当前用户的相关信息超过了字段域的长度，则截取字段域长度的信息；如果小于字段域长度，则添加空格以补齐长度，如 077～093 行所示。这也是为什么在读取时需要使用 trim() 去除字符串左右两侧多余空格的原因（068 行和 072 行）。

在 main() 方法的 097～106 行，如果文件中的记录条数为 0，则自动添加测试条目；109 行通过 dumpRecords() 方法显示完整的记录信息；110 行通过调用 update() 方法更新指定记录号的信息。

7.10 自测题

1. 输入/输出串流的父类是（　　）。（多选）
   A．InputStream　　　　　　B．Reader　　　　　　C．OutputStream　　　　　　D．Writer
2. 处理字符输入/输出的父类是（　　）。（多选）
   A．InputStream　　　　　　B．Reader　　　　　　C．OutputStream　　　　　　D．Writer
3. 以下（　　）两个类为 InputStream、OutputStream 提供缓冲区功能。（多选）
   A．BufferedInputStream　　　　　　　　　　　　B．BufferedReader
   C．BufferedOutputStream　　　　　　　　　　　D．BufferedWriter
4. 以下（　　）两个类为 Reader、Writer 提供缓冲区功能。（多选）
   A．BufferedInputStream　　　　　　　　　　　　B．BufferedReader
   C．BufferedOutputStream　　　　　　　　　　　D．BufferedWriter
5. 如果有以下程序片段：
   ObjectInputStream input =new ObjectInputStream(new____);
   则横线处指定（　　）类型可以通过编译。
   A．FileInputStream("Account.data")
   B．FileRead("Main.java")
   C．InputStreamReader(new FileReader("main.java"))
   D．ObjectReader("account.data")
6. 如果有以下程序片段：
   BufferedReader reader =new BufferedReader(new____);
   则横线处指定（　　）类型可以通过编译。
   A．FileInputStream("Account.data")
   B．FileRead("Main.java")
   C．InputStreamReader(new FileReader("main.java"))
   D．ObjectReader("account.data")
7. 以下（　　）两个类分别拥有 readObject()、writeObject() 方法。（多选）

A. BufferedInputStream   B. ObjectInputStream
C. ObjectOutputStream   D. OutputStreamWriter

8. 以下（　　）两个类为 InputStream、OutputStream 提供编码转换作用。（多选）

A. BufferedInputStream   B. InputStreamReader
C. ObjectOutputStream   D. OutputStreamWriter

9. 以下（　　）类的实例可以作为类 DataOutputStream 的构造方法参数。

A. String   B. File
C. FileOutputStream   D. RandomAccessFile

10. 以下（　　）类位于 java.io 包中。

A. BufferedInputStream   B. IOException
C. Scanner   D. BufferedReader

第8章 多线程

8.1 多线程简介

多线程处理的软件对于读者来说也许不能算是一个陌生的事物。在很多需要及时响应用户界面的程序中，我们经常能够看到它的踪影。例如，使用较为广泛的微软公司的 Office 软件中，就提供一个称为"自动保存"的功能。用户可以通过 Word 选项设置每隔 x 分钟将文档自动保存（见图 8-1）。在这种情况下，Word 软件至少同时执行两个线程，一个用来捕获用户键盘的输入，称为前台线程；另一个称为后台线程，它不断地检查时钟，一旦时钟计数完成，则启动执行保存功能的相关代码，无须用户干预。虽然每次保存可能花费若干秒才能完成，但由于执行得非常快，对于用户来讲，仍然可以顺利地执行工作任务而察觉不到它的存在。

在一台多处理器的机器上，多线程确实可以同时运行，使得每个线程占据单独的处理器。而在一台单处理器上，每个线程将从处理器得到一小段时间片，由于时间片切分得非常小（一般为几 ms～几百 ms），以至于用户感觉不到它的切换，就使得线程表现得像同时在运行一样。

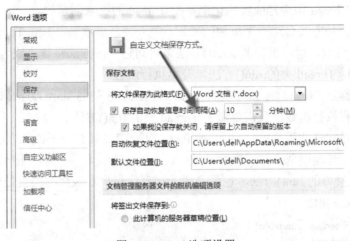

图 8-1 Word 选项设置

8.1.1 线程的概念

线程（Thread）是程序运行的基本执行单元。当操作系统（不包括单线程的操作系统，如微软公司早期的 DOS）在执行一个程序时，会在系统中建立一个进程，而在这个进程中，必须至少建立一个线程（这个线程称为主线程）来作为这个程序运行的入口点。因此，在操作系统中运行的任何程序都至少有一个主线程。在现在的多处理器时代，程序可以实现真正的多个线程同时运行，而在早期的单处理器时代，计算机就好像是一个能抛很多球的杂技师，通过快速地切换线程来给用户造成并发的假象。

编写多线程程序可能有点难度，尝试来"扮演"一下计算机角色。在你的面前摆上三本书，将它们都翻到第一页，然后从第一本书上读几句话，转到第二本上读几句，再转到第三本，然后回到第一本，如此往复。最需要挑战的是，多个线程需要共享同一资源时如何去处理。如果不够小心，很可能会导致不正确的结果。同时，对一个多线程的测试也极具挑战性。

现代图形用户界面，使用事件分派线程来替换主事件循环。当一个用户界面事件，例如一个单击按钮事件发生了，应用程序特定的事件处理器会被事件分派线程调用（该事件处理器还是在事件分派线程中执行）。事件分派线程处于 GUI 工具箱的控制之下，而不是处于应用程序的控制之下。

如果要在事件处理器中执行耗时的任务，比如大文档的拼写检查或者网络上获取资源等，这样就会损害事件分派线程的响应能力。如果事件分派线程正在处理耗时任务，就无法对用户的界面事件进行响应，更糟糕的是，即使界面上有取消按钮，也无法取消这个正在执行的耗时任务，因为，此时事件分派线程正在忙碌，无法响应取消按钮的单击事件。如果新开一个线程，将耗时任务放置在一个单独的线程中执行的话，就不会影响事件分派线程的响应能力。

8.1.2 创建线程

在 Java 程序中创建线程有几种方法。每个 Java 程序至少包含一个线程，即主线程。其他线程都是通过 Thread 构造器或实例化继承类 Thread 的类来创建的。

Java 提供了两种方式启动一个单独的线程。第一种是继承 java.lang.Thread 类，并实现其中的 run()方法。然后，通过调用其 start()方法来启动它，该方法将建立线程，如果线程建立成功，将自动调用 Thread 类的 run()方法，开始执行线程。

因此，任何继承 Thread 的 Java 类都可以通过 Thread 类的 start()方法来建立线程。如果想运行自己的线程执行函数，只需要覆盖 Thread 类的 run()方法。

第二种方法是实现线程类的接口 Runnable，这个接口只有一个抽象方法 run()（定义如下），也就是 Java 线程模型的线程执行函数。因此，一个线程类的唯一标准就是这个类是否实现了 Runnable 接口的 run()方法，也就是说，拥有线程执行函数的类就是线程类。

Runnable 接口

```
public interface Runnable{
    void run();
}
```

> 老师，完成工作的实际线程和代表线程的Thread对象有没有区别呢？

> 线程是线程调度器所管理的一段控制流程。Thread是一个管理有关线程执行信息的对象。一个Thread对象的存在并不意味着一个线程的存在，直到Thread对象启动了（调用start()方法），才创建线程，这时候线程才存在，即使线程执行结束了，Thread对象仍可以继续存在，并再次执行。另一个区别是正在运行的线程通常是由操作系统创建的，而Thread对象是由Java VM创建的，作为控制相关线程的一种方式。

通过继承 Thread 类来建立线程，虽然实现起来更容易，但由于 Java 不支持多继承，这个线程类如果继承了 Thread，就不能再继承其他的类了，因此，Java 线程模型提供了通过实现 Runnable 接口的方法来建立线程，这样线程类可以在必要的时候继承和业务有关的类，而不是 Thread 类。

8.1.3 结束线程

线程通常可以通过下列 3 种方式来结束。
1）线程到达其 run()方法的末尾。
2）线程抛出一个未捕获到的 Exception 或 Error。
3）另一个线程调用该线程的 stop()方法。不过这种做法已基本弃用，尽管它仍然存在，但是不建议在新代码中使用它，应尽量在现有代码中避免使用它。
当 Java 程序中的所有线程都完成时，程序就退出了。

8.1.4 线程的生命周期

> 线程JVM中存在两种线程：用户线程（也称为非守护线程）和守护（Daemon）线程。

守护线程是指用户程序在运行的时候后台提供的一种通用服务的线程，比如用于垃圾回收的垃圾回收线程。这类线程并不是用户线程不可或缺的部分，只是用于提供服务的"服务线程"。

一般情况下，主线程会从 main()方法开始执行，直到 main()方法结束后停止虚拟机 JVM。如果在执行 main()的过程中开启了其他用户线程，默认会等到这些启动的所有线程都执行完 run()方法才终止 JVM。如果一个线程标识为守护线程，则该线程成为服务线程，当虚拟机中的所有服务对象——用户线程全部退出运行，守护线程没有任何服务对象时，JVM 才自动终止。

代码 8-1 为守护线程示例。

代码 8-1 守护线程

#001	`package cn.nbcc.chap08.snippets;`
#002	`import java.util.Scanner;`

```java
#003  public class DaemonSnippet {
#004      static class DaemonRunner implements Runnable {
#005          public void run() {
#006              while (true) {
#007                  for (int count = 1; count <= 3; count++) {
#008                      System.out.println("守护线程:" + count);
#009                      try {
#010                          Thread.sleep(1000);
#011                      } catch (InterruptedException e) {
#012                          e.printStackTrace();
#013                      }
#014                  }
#015              }
#016          }
#017      }
#018      public static void main(String[] args) {
#019          Thread daemonThread = new Thread(new DaemonRunner());
#020          //设置为守护线程
#021          daemonThread.setDaemon(true);
#022          daemonThread.start();
#023          System.out.println("isDaemon = " + daemonThread.isDaemon());
#024          Scanner scanner = new Scanner(System.in);
#025          //接收输入,使程序在此停顿,一旦接收到用户输入,main线程结束,JVM退出!
#026          scanner.next();
#027          //AddShutdownHook方法增加JVM停止时要做的处理事件;
#028          //当JVM退出时,打印JVM Exit! 语句
#029          Runtime.getRuntime().addShutdownHook(new Thread() {
#030              @Override
#031              public void run() {
#032                  System.out.println("JVM Exit!");
#033              }
#034          });
#035      }
#036  }
```

021 行中,要将线程设置为守护线程,只需在调用 Thread.start()方法前使用 setDaemon(true)方法;023 行中,可以通过 isDaemon()方法,查看线程是否是守护线程;029 行通过 Runtime.getRuntime().addShutdownHook()方法,在 JVM 退出时执行一个指定线程。

> **常见编程错误**
>
> 在线程调用 start() 之后调用 setDaemon() 方法将抛出 java.lang.IllegalThreadStateException。

> 默认所有从守护线程产生的线程也是守护线程,因为基本上由一个服务线程衍生出来的线程,也应该是为了服务而产生的,所以在产生它的线程停止时,它也应该一并停止。

在整个线程的生命周期中,我们还将线程分成 3 种基本状态:可执行(Runnable)、阻塞(Blocked)、运行(Running)。线程在某个时刻总是处于一种状态之下,并且在特定的条件下,线程的状态会发生转换(见图 8-2)。

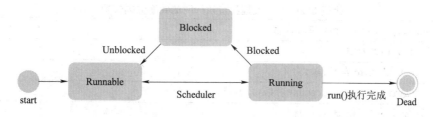

图 8-2 线程状态转换图

当实例化 Thread 并开始执行 start() 之后,线程进入 Runnable 状态,此时线程并未真正开始执行 run() 方法,必须等到调度器(Scheduler)调入 CPU 执行,线程才会执行 run() 方法,从而转换成 Running 状态。

> 线程看起来像是同时执行的,但在某一个时间点上,一个CPU还是只能执行一个线程,只是CPU会不断切换线程,且切换速度非常快,所以看起来像是同时执行的。

线程还有优先权,可以使用 Thread 的 setPriority() 方法设定优先权,可以从 1(Thread.MIN_PRIORITY)到 10(Thread.MAX_PRIORITY),默认是 5(Thread.NORM_PRIORITY),超出 1~10 的设定值会抛出 IllegalArgumentException。数字越大优先权越高,调度器就越优先调入 CPU。如果优先权相同,则进行轮询(Round-robin)。

有几种情况会让线程进入阻塞状态,如前面使用过的 Thread.sleep() 方法,就会让线程进入阻塞状态(在很多其他场合也会进入阻塞状态。例如,进入 synchronized 前竞争对象锁定的阻塞、调用 wait() 的阻塞,此外,如前面带有输入/输出的程序代码所示,在等待输入、输出完成时主线程也会进入阻塞状态)。

一个线程一旦进入阻塞状态,在调度器中等待运行的另一个线程就会调入 CPU 开始执行,从而避免 CPU 空闲,大大提高 CPU 的利用率。

> 线程完成run()方法后,就会进入Dead状态,进入Dead状态的线程不可以再次调用start()方法。

> **常见编程错误**
>
> 对一个处于 Dead 状态的线程调用 start() 方法,将抛出 IllegalThreadStateException。

8.1.5 线程的同步

> 处理器可以使用高速缓存加速对内存的访问(或者编译器可以将值存储到寄存器中以便进行更快的访问)。在一些多处理器体系结构上,如果在一个处理器的高速缓存中修改了内存位置,则没有必要让其他处理器看到这一修改,直到刷新了写入器的高速缓存并且使读取器的高速缓存无效。这表示在这样的系统上,对于同一变量,在两个不同处理器上执行的两个线程可能会看到两个不同的值!因此,在访问其他线程使用或修改的数据时,必须遵循某些规则。

当有多个线程在异步执行时,如果它们之间存在共享数据的情况,结果会怎样?可查看代码 8-2 所示的示例。

代码 8-2　多个线程异步执行时的共享数据情况

#001	package cn.nbcc.chap08.snippets;
#002	class Variable1{
#003	static int *i*=0,*j*=0;
#004	static void increment(){*i*++;*j*++;}
#005	static void print(){
#006	System.*out*.printf("i=%d,j=%d%n", *i*,*j*);
#007	}
#008	}
#009	public class Share {
#010	public static void main(String[] args) {
#011	Thread t1 = new Thread(){
#012	public void run() {
#013	while (true) {
#014	Variable1.*increment*();
#015	}
#016	}
#017	};
#018	Thread t2 =new Thread(){
#019	public void run() {
#020	while (true) {
#021	Variable1.*print*();
#022	}
#023	}
#024	};
#025	t1.start();
#026	t2.start();
#027	}
#028	}

第 8 章　多线程

如果单独执行 t1 或者 t2，程序结果不会有问题。但是，当线程 t1 和线程 t2 同时开启执行时，有可能在 t2 调用 Variable1.print()方法取得 i 值后，迅速切换到 t1，不断调用 increment()方法，再切换到 t2 取得 j 值，这就可能出现 j 大于等于 i 的结果，如图 8-3 所示。

```
i=906154362,j=906154390
i=906167809,j=906167844
i=906180087,j=906180113
i=906191923,j=906191950
i=906203732,j=906203765
i=906213800,j=906213800
i=906213800,j=906213800
i=906213800,j=906213800
i=906222825,j=906222857
i=906234266,j=906234287
i=906246698,j=906246722
```

图 8-3　结果

> 这就是线程存取同一个对象相同资源时产生的竞争条件（race condition）引起的。Java 语言包含两种内在的同步机制来解决这类同步问题：同步（synchronized）块（或方法）和 volatile 变量。

需要特别注意的是，增量操作（x++）看上去类似于一个单独操作，但实际上它是一个由读取－修改－写入操作序列组成的组合操作。在这些操作的过程中，随时都可能产生线程的切换，增量操作不具有原子性。

1. synchronized 关键字

可以通过给方法添加 synchronized 关键字来实现线程之间的同步（如下面的代码片段所示）。添加了 synchronized 关键字后，再次执行上述程序，结果输出的 i 和 j 的值就会保持一致。

```
...
static synchronized void increment(){i++;j++;}
static synchronized void print(){
    System.out.printf("i=%d,j=%d%n", i,j);
};
...
```

其中的原理是，每个对象都会有一个内部锁定（Intrinsic Lock），或者称为监控锁定（Monitor Lock）。标记为 synchronized 的代码块将被有效监控，任何线程要执行该段代码块，需要先获得该内部锁定。

上述代码将 synchronized 关键字标示在方法上，则执行该方法必须取得该实例的锁定。当一个线程 A 已获得内部锁定进入 synchronized 方法执行时，另一个线程 B 也想执行 synchronized 方法，会因无法获得对象锁定而进入等待锁定状态，直到线程 A 释放锁定，线程 B 才有机会取得锁定进而执行 synchronized 方法。正如 Thread.sleep()会让线程进入阻塞状态一样，当线程等待对象锁定时，也会进入阻塞状态。

如果线程因尝试执行 synchronized 区块而进入阻塞状态，在取得锁定之后，会先回到可执行状态，等待 CPU 调度器调入运行状态，如图 8-4 所示。

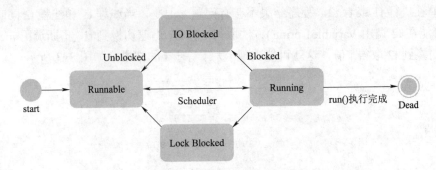

图 8-4 加上锁定条件的线程状态图

除了在方法上可以标示 synchronized，也可以使用代码块的形式，语法格式如下。

synchronized 区块语法

synchronized(obj){
　　//同步代码
}

代码 8-3 为使用 synchronized 区块语法实现的同步效果。

代码 8-3　synchronized 代码块

#001	class Variable1{
#002	static int i=0,j=0;
#003	static Object lock = new Object();
#004	static void increment(){
#005	synchronized(lock)
#006	{
#007	i++; j++;
#008	}
#009	}
#010	static synchronized void print(){
#011	synchronized (lock) {
#012	System.out.printf("i=%d,j=%d%n", i,j);
#013	}
#014	}
#015	}

003 行创建了一个 Object 对象 lock，利用 lock 对象的内部锁定，使用 synchronized 的区块语法，这样每次 t1 调用 "i++; j++;" 语句时，t2 就必须等待。同样，在执行打印语句时，t1 必须等待，这样就保证了数据的一致性。

2. volatile 变量

Java 语言中的 volatile 变量可以视为一种"程度较轻的 synchronized"。与 synchronized

块相比，volatile 变量所需的编码较少，并且运行时开销也较少，但是它所能实现的功能也仅是 synchronized 的一部分，可以使用下面的语法声明一个 volatile 变量。

volatile 变量声明语法	示例
volatile 数据类型变量名；	volatile boolean shutdownRequested;

对象的锁机制提供了两种主要特性：互斥（mutual exclusion）和可见性（visibility）。互斥是指一次只允许一个线程持有某个特定的锁。可见性要更加复杂一些，它必须确保释放锁之前对共享数据做出的更改对于随后获得该锁的另一个线程是可见的——如果没有同步机制提供的这种可见性保证，线程看到的共享变量可能是修改前的值或不一致的值，这将引发许多严重问题。

当一个变量声明成 volatile 时，任何对该变量的写操作都会绕过高速缓存，直接写入主内存，而任何对该变量的读取也都绕过高速缓存，直接取自主内存。这表示所有线程在任何时候看到的 volatile 变量值都相同。要使 volatile 变量提供理想的线程安全，必须同时满足下面两个条件：

1）对变量的写操作不依赖于当前值。
2）该变量没有包含在具有其他变量的不变式中。

大多数的编程情形都会与这两个条件其中之一发生冲突，使得 volatile 变量不能像 synchronized 那样普遍适用于实现线程安全。对于第一个条件，类似变量的自增、自减操作，需要依赖于变量的原先值，因此无能使用 volatile 进行同步；对于第二个条件，可以查看代码 8-4 所示的非线程安全的数值范围类，它包含了一个不变式——下界总是小于或等于上界。

代码8-4　非线程安全的数值范围类

#001	package cn.nbcc.chap08.finished;
#002	public class NumberRange {
#003	private int lower, upper;
#004	public int getLower() {
#005	return lower;
#006	}
#007	public int getUpper() {
#008	return upper;
#009	}
#010	public void setLower(int value) {
#011	if (value >upper)
#012	throw new IllegalArgumentException();
#013	lower = value;
#014	}
#015	public void setUpper(int value) {
#016	if (value <lower)

#017	throw new IllegalArgumentException();
#018	upper = value;
#019	}
#020	}

如果初始状态是（0，5），在同一时间内，线程 A 调用 setLower(4)，并且线程 B 调用 setUpper(3)，显然这两个操作交叉存入的值是不符合条件的，那么两个线程都会通过用于保护不变式的检查，使得最后的范围值(4,3)是一个无效值。因此，简单地将字段定义为 volatile 类型是无法达到同步目的的，需要使 setLower()和 setUpper()操作原子化。

> **技巧**
> 同步可以确保线程看到一致的内存视图。

8.1.6 线程的常用 API

1．休眠（sleep）线程

Thread API 包含了一个 sleep()方法，它将使当前线程进入等待状态，直到过了一段指定时间，或者直到另一个线程对当前线程的 Thread 对象调用了 Thread.interrupt()，从而中断线程。当过了指定时间后，线程又将变成可运行的，并且回到调度程序的可运行线程队列中。

如果线程是由对 Thread.interrupt()的调用而中断的，那么休眠的线程会抛出 InterruptedException，这样线程就知道它是由中断唤醒的，就不必查看计时器是否过期。

Thread.yield()方法就像 Thread.sleep()一样，但它并不引起休眠，而只是暂停当前线程片刻，这样其他线程就可以运行了。在大多数实现中，当较高优先级的线程调用 Thread.yield()时，较低优先级的线程就不会运行。

2．安插（join）线程

在很多情况下，主线程生成并启动了子线程，如果子线程里要进行大量的耗时的运算，主线程往往将于子线程之前结束，但是如果主线程处理完其他的事务后，需要用到子线程的处理结果，也就是主线程需要等待子线程执行完成之后再结束，这个时候就要用到线程自带的join方法了。

就好像如果正在处理手头工作（主线程），突然安插（join）另一个工作，要求先做完它，才能处理原本正在进行的工作一样。

可以这样理解。需要特别引起注意的是，这里的join表示主线程等待子线程的终止。

8.1.7 项目任务 25：龟兔赛跑

龟兔赛跑比赛中，无论是乌龟还是兔子，谁先到达终点就终止比赛，公布比赛成绩，如代码 8-5 和代码 8-6 所示。

代码 8-5 Competitor 类

#001	`package cn.nbcc.chap08.finished;`
#002	`public abstract class Competitor extends Thread {`
#003	`    enum ResultStatus {`
#004	`        WIN,LOSE`
#005	`    }`
#006	`    protected int stepLen;  //每步宽度`
#007	`    protected int curStep;  //当前的位置`
#008	`    protected String name;`
#009	`    protected ResultStatus status;    //比赛结果`
#010	`    private int fieldLen;`
#011	`    protected static volatile boolean isFinished = false;    //比赛结束标识`
#012	`    public abstract void goForward();`
#013	`    public Competitor(String name,int stepLen, int fieldLen) {`
#014	`        super();`
#015	`        this.stepLen = stepLen;`
#016	`        this.fieldLen = fieldLen;`
#017	`        this.name = name;`
#018	`    }`
#019	`    public int getCurStep() {`
#020	`        return curStep;`
#021	`    }`
#022	`    @Override`
#023	`    public void run() {`
#024	`        while (!isFinished) {`
#025	`            if (curStep<fieldLen) {`
#026	`                try {`
#027	`                    Thread.sleep(1000);`
#028	`                    goForward();`
#029	`                } catch (InterruptedException e) {`
#030	`                    e.printStackTrace();`
#031	`                }`
#032	`            }else {`
#033	`                isFinished = true;`
#034	`                status = ResultStatus.WIN;`
#035	`            }`
#036	`        }`

#037	`    }`
#038	`    public ResultStatus getResultStatus() {`
#039	`        return status;`
#040	`    }`
#041	`}`

003 行定义的 ResultStatus 枚举中描述了参赛者两种可能的结果状态，即获胜 WIN 或者失败 LOSE。006 行的 stepLen 描述了参赛者每一步行走的距离，007 行的 curStep 记录了参赛者当前走了多少步，而 010 行的 fieldLen 描述了比赛场地的宽度，由于兔子和乌龟的向前行走的行为各不相同，这里将其定义为抽象方法 goForward()，由具体的参赛者加以实现。013 行声明了一个参赛者的构造方法，需要提供参赛者姓名、步长和场地宽度。

代码 8-6　Race 类

#001	`package cn.nbcc.chap08.finished;`
#002	`import org.apache.commons.lang3.StringUtils;`
#003	`import cn.nbcc.chap08.finished.Competitor.ResultStatus;`
#004	`public class Race {`
#005	`    protected int fieldLen;//场地宽度`
#006	`    //用于显示前导字符，如"乌龟:"、"兔子:"`
#007	`    private static final String Prefix = "名称:";`
#008	`    protected int displayWidth=0;`
#009	`    public Race(int fieldLen) {`
#010	`        this.fieldLen = fieldLen;`
#011	`        displayWidth= fieldLen+Prefix.length();`
#012	`    }`
#013	`    public static void main(String[] args) {`
#014	`        final Race race = new Race(20);`
#015	`        Competitor tortoise = new Competitor("乌龟", 1, race.fieldLen) {`
#016	`            @Override`
#017	`            public void goForward() {`
#018	`                curStep += stepLen;`
#019	`                String output = String.format("%s:%s", name,`
#020	`                        StringUtils.leftPad("T", getCurStep())));`
#021	`                output = StringUtils.rightPad(output, race.displayWidth);`
#022	`                System.out.printf("%s%s%n", output, "|");`
#023	`            }`
#024	`        };`

#025	`Competitor hare = new Competitor("兔子", 2, race.fieldLen) {`
#026	`@Override`
#027	`public void goForward() {`
#028	`String output = null;`
#029	`if ((int) (Math.random() * 10) % 2 == 0) {`
#030	`curStep += stepLen;`
#031	`output = String.format("%s:%s", name,`
#032	`StringUtils.leftPad("H", getCurStep()));`
#033	`} else`
#034	`output = String.format("%s:%s", name, "zZZZZ");`
#035	`output = StringUtils.rightPad(output, race.displayWidth);`
#036	`System.out.printf("%s%s%n", output, "|");`
#037	`}`
#038	`};`
#039	`Competitor competitors[] = new Competitor[]{tortoise,hare};`
#040	`for (Competitor competitor : competitors) {`
#041	`competitor.start();`
#042	`}`
#043	`for (Competitor competitor : competitors) {`
#044	`try {`
#045	`competitor.join();`
#046	`} catch (InterruptedException e) {`
#047	`e.printStackTrace();`
#048	`}`
#049	`}`
#050	`for (Competitor competitor : competitors) {`
#051	`if (competitor.getResultStatus() == ResultStatus.WIN) {`
#052	`System.out.printf("比赛结束,%s赢! ",competitor.name);`
#053	`}`
#054	`}`
#055	`}`
#056	`}`

乌龟的 goFoward 行为只是简单地移动当前的位置 curStep, 如 018 行所示。027~037 行中, 兔子的 goForward 行为则增加了一个随机方法的处理, 当随机生成偶数时向前迈步, 否则就在那里偷懒睡觉。043~049 行中, 将启动的线程安插到主线程 main 中, 使得主线程必

须等待子线程 tortoise 和 hare 完成以后，才会继续执行，以实现比赛结果的打印。

为了更好地描述龟兔赛跑的动态过程，在打印输出龟兔轨迹时，使用 Apache 的开源 Commons 项目中提供的 StringUtils 工具，其相关 API 描述如下：

String org.apache.commons.lang3.StringUtils.leftPad(String str, int size)

Apache Commons 包含了很多开源的工具，用于解决平时编程经常会遇到的问题，减少重复劳动。用户可以从 http://commons.apache.org/downloads/index.html 下载相关的工具，并引入到项目的构建路径中。其中 StringUtils 类提供了字符串相关的常用工具，这里用到的 leftPad() 方法是根据用户指定的 size 大小在字符串 str 的左侧进行填充（默认使用空格填充），rightPad() 的原理和使用方法与之类似。

```
StringUtils.leftPad("", 3)       = "   "
StringUtils.leftPad("bat", 3)    = "bat"
StringUtils.leftPad("bat", 5)    = "  bat"
StringUtils.leftPad("bat", 1)    = "bat"
StringUtils.leftPad("bat", -1)   = "bat"
```

常见编程错误

在子线程进行 join 之后才开启子线程的 start，是一种常见错误。

8.1.8 项目任务 26：添加新选手

假设猴子也想加入到龟兔赛跑的比赛中。猴子的身体轻巧，速度敏捷，其行走动作比兔子更快，但它也有自己的弱点，就是贪玩。根据前面的程序代码设定用户自己的游戏，并将这些参赛选手加入到一场比赛中，看看谁最终赢得了比赛（见代码 8-7）！

代码 8-7 增加猴子参加比赛

#001	...
#002	Competitor monkey = new Competitor("猴子", 3, race.fieldLen) {
#003	public void goForward() {
#004	String output = null;
#005	if ((int) (Math.*random*() * 10) % 3 == 0) {
#006	curStep += stepLen;
#007	output = String.*format*("%s:%s", name,
#008	StringUtils.*leftPad*("M", getCurStep()));
#009	} else
#010	output = String.*format*("%s:%s", name, "play...");
#011	output = StringUtils.*rightPad*(output, race.displayWidth);
#012	System.*out*.printf("%s%s%n", output, "|");
#013	}
#014	};
#015	...

8.2 多线程小结

人体就是一个良好的并发程序,我们不仅可以一边呼吸,一边维持心跳,还可以手脚并用完成复杂的各种劳动。并发就是赋予计算机同样的程序并行能力,当用户在编辑 Word 文档时,自动保存线程在后台为用户定期保存文档,以防正在编辑的文档因为各种意外造成数据的丢失;当用户在文档中输入一行句子,文档拼写检查线程时刻监视着用户的句子,并智能地分析句子的构成是否符合语法,词组是否使用正确。具有良好用户体验的应用程序,都不约而同地使用了大量的多线程技术,在很大程度上,不仅提高了程序的能力,而且简化了程序的设计,让程序更具模块化。

编写并发程序是一件比较麻烦而且容易犯错的事情,如果用户决定要使用多线程技术,可尽量使用 Java API 的现有类,这些类经过了长期的验证和测试,被证实为是有效可用的,其次,如果用户发现需要使用更多 Java API 提供的功能,那么应该使用 synchronized 关键字,以及 Object 类中的 wait、notifyAll 和 notify 方法。最后,如果用户需要使用更复杂的功能,那么可以使用 Lock 和 Condition 接口。

在 Java 5.0 之后,推荐使用 Executor 框架对用户的 Runnable 对象进行管理。一个 Executor 对象常常通过创建一个拥有多个线程,并可重复使用的线程池来对 Runnable 对象进行执行和管理。想了解更多关于线程的知识,可以参考 Brian Goetz、Tim Peierls 等编著并由机械工业出版社出版的《Java 并发编程实战》。

8.3 自测题

一、选择题

1. 可以操作( )接口,建立执行流程。
   A. Runnable   B. Thread
   C. Future   D. Executor

2. 可以继承( )类,定义线程执行流程。
   A. Runnable   B. Thread
   C. Future   D. Executor

3. 调用 Thread 的 start()方法后,线程会处于( )状态。
   A. Running   B. Runnable
   C. Wait Blocked   D. IO Blocked

4. 以下( )方法会使线程进入阻塞状态。(多选)
   A. Thread.sleep()   B. wait()
   C. notify()   D. interrupt()

5. 如果有以下程序片段:
   Thread thread =new Thread(new _____(){
       public void run(){
           …

```
        }
    });
```
则横线处指定（　　）类型可以通过编译。

A．Runnable　　　　　　　　　　　　B．Thread

C．Future　　　　　　　　　　　　　D．Executor

6．调用线程的 interrupt()方法，会抛出（　　）异常现象。

A．IOException　　　　　　　　　　　B．IllegalStateException

C．RuntimeException　　　　　　　　D．InterruptedException

7．有如下代码：

```
…
public _____ void add(Object o){
    if(next ==list.length){
        list =Arrays.copyOf(list,list.length*2);
    }
    List [next ++]=o;
}
…
```

为了确保 add()在多线程存取下的线程安全，应该加上（　　）关键字。

A．abstract　　　　　　　　　　　　B．synchronized

C．static　　　　　　　　　　　　　D．volatile

8．在使用高级并行 API 时，（　　）接口的操作对象可实现 synchronized 的功能。

A．Lock　　　　　　　　　　　　　　B．Condition

C．Future　　　　　　　　　　　　　D．Callable

9．在使用高级并行 API 时，（　　）接口的操作对象可实现 Object 的 wait()、notify()、notifyAll()功能。

A．Lock　　　　　　　　　　　　　　B．Condition

C．Future　　　　　　　　　　　　　D．Callable

10．在使用高级并行 API 时，（　　）接口的操作对象可以让用户在未来取得执行结果。

A．Lock　　　　　　　　　　　　　　B．Condition

C．Future　　　　　　　　　　　　　D．Callable

二、简答题

1．简述线程的生命周期和生命周期内各状态的转换。

2．如何启动和终止一个 Java 线程？

第 9 章
综合案例——微波炉模拟程序

9.1 微波炉仿真项目简介

假设某电子设备公司正考虑投产微波炉。该公司要求开发一个可模拟微波炉工作原理的应用程序。这个微波炉应用程序将包含一个允许用户设定微波炉烹调时间的小键盘,相应的烹调时间也应显示给用户。一旦输入某个时间,用户便可通过单击"开始"按钮来启动整个烹调过程。此时,微波炉上的玻璃窗将改变颜色(从灰色变成黄色),从而模拟食物烹调过程中微波炉内的灯光颜色,相应的定时器也将按每次一秒的速度进行递减,"清除"按钮显示变为"停止"。当时间终止时,该微波炉的玻璃窗会再次返回到灰色状态(表示微波炉已停止工作),然后,显示文本"完成!"。用户可在任何时刻通过单击"停止"按钮来停止微波炉工作,然后再重新输入一个新的时间。注意,用户所输入的分钟数和秒数不能超过 59,否则,任何无效的烹调时间都将重置为 0。模拟微波炉效果图如图 9-1 所示。

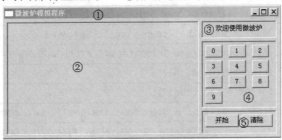

图 9-1 模拟微波炉效果图

微波炉模拟程序中的控件见表 9-1。

表 9-1 控件名表

序 号	名 称	控件名	所属类名	备 注
①	窗体名	MicrowaveOven	ApplicationWindow	尺寸 503 像素×246 像素
②	玻璃窗	GlassWindow	Composite	
③	消息面板	DisplayPanel	Composite	
④	键盘面板	KeyboardPanel	Composite	
⑤	控制面板	ControlPanel	Composite	

9.2 程序 UI 界面设计

按照图 9-2 所示使用 SWT 快速制作 UI 界面，如代码 9-1 所示。

图 9-2　界面原型

代码 9-1　WindowsBuilder 自动生成代码

#001	...
#002	`protected void createContents() {`
#003	`    shell = new Shell();`
#004	`    shell.setSize(511, 270);`
#005	`    shell.setText("\u5FAE\u6CE2\u7089\u6A21\u62DF\u7A0B\u5E8F");`
#006	`    shell.setLayout(new GridLayout(2, false));`
#007	`    Composite composite = new Composite(shell, SWT.BORDER);`
#008	`    composite.setLayoutData(new GridData(SWT.FILL, SWT.FILL, true, true, 1, 3));`
#009	`    Composite composite_1 = new Composite(shell, SWT.BORDER);`
#010	`    composite_1.setLayoutData(new GridData(SWT.FILL, SWT.CENTER, false, false, 1, 1));`
#011	`    composite_1.setLayout(new GridLayout(1, false));`
#012	`    Label label = new Label(composite_1, SWT.NONE);`
#013	`    label.setLayoutData(new GridData(SWT.FILL, SWT.CENTER, true, false, 1, 1));`
#014	`    label.setBounds(0, 0, 61, 17);`
#015	`    label.setText("New Label");`
#016	`    Composite composite_2 = new Composite(shell, SWT.BORDER);`
#017	`    composite_2.setLayoutData(new GridData(SWT.FILL, SWT.CENTER, false, false, 1, 1));`
#018	`    composite_2.setLayout(new GridLayout(3, true));`
#019	`    Button button = new Button(composite_2, SWT.NONE);`
#020	`    GridData gd_button = new GridData(SWT.FILL, SWT.CENTER, false, false, 1, 1);`
#021	`    gd_button.widthHint = 29;`
#022	`    button.setLayoutData(gd_button);`
#023	`    button.setBounds(0, 0, 80, 27);`
#024	`    button.setText("0");`
#025	`    Button button_1 = new Button(composite_2, SWT.NONE);`
#026	`    button_1.setLayoutData(new GridData(SWT.FILL, SWT.CENTER, false, false, 1, 1));`

#027	button_1.setText("1");
#028	Button button_2 = new Button(composite_2, SWT.*NONE*);
#029	button_2.setLayoutData(new GridData(SWT.*FILL*, SWT.*CENTER*, false, false, 1, 1));
#030	button_2.setText("2");
#031	button_2.setBounds(0, 0, 29, 27);
#032	Button button_3 = new Button(composite_2, SWT.*NONE*);
#033	button_3.setLayoutData(new GridData(SWT.*FILL*, SWT.*CENTER*, false, false, 1, 1));
#034	button_3.setText("3");
#035	Button button_4 = new Button(composite_2, SWT.*NONE*);
#036	button_4.setLayoutData(new GridData(SWT.*FILL*, SWT.*CENTER*, false, false, 1, 1));
#037	button_4.setText("4");
#038	Button button_5 = new Button(composite_2, SWT.*NONE*);
#039	button_5.setLayoutData(new GridData(SWT.*FILL*, SWT.*CENTER*, false, false, 1, 1));
#040	button_5.setText("5");
#041	Button button_6 = new Button(composite_2, SWT.*NONE*);
#042	button_6.setLayoutData(new GridData(SWT.*FILL*, SWT.*CENTER*, false, false, 1, 1));
#043	button_6.setText("6");
#044	Button button_7 = new Button(composite_2, SWT.*NONE*);
#045	button_7.setLayoutData(new GridData(SWT.*FILL*, SWT.*CENTER*, false, false, 1, 1));
#046	button_7.setText("7");
#047	Button button_8 = new Button(composite_2, SWT.*NONE*);
#048	button_8.setLayoutData(new GridData(SWT.*FILL*, SWT.*CENTER*, false, false, 1, 1));
#049	button_8.setText("8");
#050	Button button_9 = new Button(composite_2, SWT.*NONE*);
#051	button_9.setLayoutData(new GridData(SWT.*FILL*, SWT.*CENTER*, false, false, 1, 1));
#052	button_9.setText("9");
#053	new Label(composite_2, SWT.*NONE*);
#054	new Label(composite_2, SWT.*NONE*);
#055	Composite composite_3 = new Composite(shell, SWT.*BORDER*);
#056	composite_3.setLayout(new GridLayout(2, true));
#057	composite_3.setLayoutData(new GridData(SWT.*FILL*, SWT.*CENTER*, false, false, 1, 1));
#058	Button button_10 = new Button(composite_3, SWT.*NONE*);
#059	button_10.setLayoutData(new GridData(SWT.*FILL*, SWT.*CENTER*, true, false, 1, 1));
#060	button_10.setBounds(0, 0, 80, 27);
#061	button_10.setText("\u5F00\u59CB");
#062	Button button_11 = new Button(composite_3, SWT.*NONE*);
#063	button_11.setLayoutData(new GridData(SWT.*FILL*, SWT.*CENTER*, true, false, 1, 1));
#064	button_11.setBounds(0, 0, 80, 27);
#065	button_11.setText("\u6E05\u9664");
#066	}
#067	...

> 老师，使用 WindowsBuilder 构建应用程序界面真是太方便啦，不出几分钟时间就能完成。

> 非常好！WindowsBuilder 工具虽然能够帮助我们进行快速设计，但是，它生成了大量的重复代码，这些代码却不容易维护。为此，考虑到今后的软件的维护和改进的方便，我们需要及时地整理一下自动产生的代码。

> 老师，哪些地方需要重构？从哪里开始入手呢？

> 面向对象的设计思想要求我们将程序中可复用的部分封装成对象，并进一步抽象出类来进行定义。为了给主程序"减肥"，可以将这个微波炉应用程序的界面分解成如图 9-1 所示的 5 个部分，每个部分将由一个对象来封装。所有的布局信息将由该对象自己负责定义。这样，每个对象各司其职，各尽其能，使得我们的主程序可以看起来更加简洁。

1. 重构玻璃窗

找到主程序 MicrowaveOven.java 中关于玻璃窗（GlassWindow）的相关代码（代码 9-1 中的 007 行和 008 行），如下所示。

```
…
Composite composite = new Composite(shell, SWT.BORDER);
composite.setLayoutData(new GridData(SWT.FILL, SWT.FILL, true, true, 1, 3));
…
```

创建一个继承自 Composite 的类，取名为 GlassWindow，将上述的代码剪切至 GlassWindow 类的构造方法中。完成后的代码如代码 9-2 所示。

代码 9-2　重构 GlassWindow 一

#001	`package cn.nbcc.chap10.snippets;`
#002	`import org.eclipse.swt.SWT;`
#003	`import org.eclipse.swt.layout.GridData;`
#004	`import org.eclipse.swt.widgets.Composite;`
#005	`public class GlassWindow extends Composite {`
#006	`    public GlassWindow(Composite parent, int style) {`
#007	`        super(parent, style);`
#008	`        GridData gd = new GridData(SWT.FILL, SWT.FILL, true, true, 1, 3);`
#009	`        setLayoutData(gd);`
#010	`    }`
#011	`    @Override`
#012	`    protected void checkSubclass() {`
#013	`        //暂不实现`
#014	`    }`
#015	`}`

在主程序中，定义一个实例变量 glassWindow，并在 createContents() 方法中通过新建一个 GlassWindow 对象来创建一个模拟的玻璃窗，如代码 9-3 所示。

第 9 章 综合案例——微波炉模拟程序

代码 9-3 重构 GlassWindow 二

#001	`public class MicrowaveOven {`
#002	`    protected Shell shell;`
#003	`    private GlassWindow glassWindow;`
#004	`    …`
#005	`    protected void createContents() {`
#006	`        …`
#007	`        glassWindow = new GlassWindow(shell, SWT.BORDER);`
#008	`        …`
#009	`    }`
#010	`}`

> 除了玻璃窗相关的代码被独立出来,主程序的体积也相应地减小。将来如果我们需要对玻璃窗进行修改,比如增加一些动态的实现,就只需对 GlassWindow 类进行操作,而不会影响到主程序。就像我们组装计算机一样,使用封装好的声卡、显卡、内存条时,只要有需要,我们都可以对这些独立的对象进行替换和更新。这就是单独封装的好处。

2. 重构消息面板

> 我们现在来重构消息面板(DisplayPanel),方法跟上文是一样的,你能帮我们总结一下整个过程吗?

> 应该是这样:
> 1) 找出生成消息面板的相关 UI 代码。
> 2) 使用一个继承自 Composite 的类封装这些代码。
> 3) 修改这些代码,使其表述正确。
> 4) 在主程序中使用构造对象的方式来替换原始的代码。

根据分析,在 createContents() 的方法中,找到与消息显示相关的 UI 代码,如代码 9-4 所示。

代码 9-4 显示消息相关的自动生成的代码

#001	`…`
#002	`Composite composite_1 = new Composite(shell, SWT.BORDER);`
#003	`composite_1.setLayoutData(new GridData(SWT.FILL, SWT.CENTER, false, false, 1, 1));`
#004	`composite_1.setLayout(new GridLayout(1, false));`
#005	`Label label = new Label(composite_1, SWT.NONE);`
#006	`label.setLayoutData(new GridData(SWT.FILL, SWT.CENTER, true, false, 1, 1));`
#007	`label.setBounds(0, 0, 61, 17);`
#008	`label.setText("New Label");`
#009	`…`

创建一个基于 Composite 的类,取名为 DisplayPanel,将上述代码剪切到 DisplayPanel

的构造方法中，并修改编译错误，如代码 9-5 所示。

> 消息面板最重要的功能是在面板中显示相应消息，而所有的显示都由标签（Label）完成。因此，为了方便对 Label 进行操作，我们将其从局部变量抽取为类的实例变量（也称为字段）。

使用 Eclipse 的重构功能，可以将选中的局部变量，抽取为一个实例变量（字段），如图 9-3 所示。同时，将经常改变的消息显示文字，抽取为一个 message 实例变量来保存（见代码 9-5）。

图 9-3　局部变量抽取为实例变量

代码 9-5　重构 DisplayPanel 一

#001	package cn.nbcc.chap10.snippets;
#002	import org.eclipse.swt.SWT;
#003	import org.eclipse.swt.layout.*;
#004	import org.eclipse.swt.widgets.Composite;
#005	import org.eclipse.swt.widgets.Label;
#006	public class DisplayPanel extends Composite {
#007	private String message = "欢迎使用微波炉";
#008	private Label displayLabel;
#009	public DisplayPanel(Composite parent, int style) {
#010	super(parent, style);
#011	GridData gd = new GridData(SWT.FILL, SWT.CENTER, false, false, 1, 1);
#012	setLayoutData(gd);
#013	setLayout(new FillLayout());
#014	displayLabel = new Label(this, SWT.NONE);
#015	displayLabel.setText(message);
#016	}
#017	@Override
#018	protected void checkSubclass() {
#019	}
#020	}

在主程序中，定义一个实例变量 displayPanel，并在 createContents()方法中通过新建一个 DisplayPanel 对象来创建一个模拟的消息面板，如代码 9-6 所示。

第 9 章 综合案例——微波炉模拟程序

代码 9-6 重构 DisplayPanel 二

#001	`public class MicrowaveOven {`
#002	`    private GlassWindow glassWindow;`
#003	`    private DisplayPanel displayPanel;`
#004	`    ...`
#005	`    protected void createContents() {`
#006	`        ...`
#007	`        glassWindow = new GlassWindow(shell, SWT.BORDER);`
#008	`        displayPanel = new DisplayPanel(shell, SWT.BORDER);`
#009	`        ...`
#010	`    }`
#011	`}`

3. 重构键盘面板

键盘面板（Keyboard Panel）中需要存放 10 个数字按钮（数字键）。如代码 9-1 所示，有没有注意到这些按钮的创建代码都很相似？为了便于对其进行统一管理，对于这些个数一定、类型一定的对象，用什么方式管理比较合适？

```
...
Button button = new Button(composite_2, SWT.NONE);
GridData gd_button = new GridData(SWT.FILL, SWT.CENTER, false, false, 1, 1);
gd_button.widthHint = 29;
button.setLayoutData(gd_button);
button.setBounds(0, 0, 80, 27);
button.setText("0");
...
```

数组。我想使用一个按钮数组，将这些按钮对象都统一收集到数组中，使用循环和下标访问数组元素会大大简化程序代码。

那你尝试一下，将 Window Builder 自动生成的 10 个按钮的创建工作，写成一个循环语句来完成同样的任务。

在代码 9-1 中查找与键盘面板相关的代码行（如 016～054 行），创建一个继承自 Composite 的类 KeyboardPanel，将相关代码剪切到 KeyboardPanel 的构造方法中，并做如代码 9-7 所示的重构。

代码 9-7 重构 KeyboardPanel 一

#001	`package cn.nbcc.chap10.snippets;`
#002	`import org.eclipse.swt.SWT;`
#003	`import org.eclipse.swt.layout.GridData;`
#004	`import org.eclipse.swt.layout.GridLayout;`

267

#005	`import org.eclipse.swt.widgets.*;`
#006	`public class KeyboardPanel extends Composite {`
#007	`    private Button buttons[]=new Button[10];`
#008	`    public KeyboardPanel(Composite parent, int style) {`
#009	`        super(parent, style);`
#010	`        setLayoutData(new GridData(SWT.FILL, SWT.FILL, false, false, 1, 1));`
#011	`        setLayout(new GridLayout(3, true));`
#012	`        for (int i = 0; i <buttons.length; i++) {`
#013	`            Button button = new Button(this, SWT.NONE);`
#014	`            button.setLayoutData(new GridData(SWT.FILL, SWT.FILL, true, true, 1, 1));`
#015	`            button.setText(i+"");`
#016	`            buttons[i]=button;`
#017	`        }`
#018	`    }`
#019	`    @Override`
#020	`    protected void checkSubclass() {`
#021	`    }`
#022	`}`

相应的，在主程序 MicrowaveOven 中使用对象创建的方式，代替原先的键盘面板创建过程。修改相关代码如代码 9-8 所示。

代码 9-8　重构 KeyboardPanel 二

#001	`public class MicrowaveOven {`
#002	`    protected Shell shell;`
#003	`    private GlassWindow glassWindow;`
#004	`    private DisplayPanel displayPanel;`
#005	`    private KeyboardPanel keyboardPanel;`
#006	`    ...`
#007	`    protected void createContents() {`
#008	`        ...`
#009	`        glassWindow = new GlassWindow(shell, SWT.BORDER);`
#010	`        displayPanel = new DisplayPanel(shell, SWT.BORDER);`
#011	`        keyboardPanel = new KeyboardPanel(shell, SWT.BORDER);`
#012	`    ...`
#013	`    }`
#014	`}`

良好的编程习惯

经常重构代码，改进代码质量，是一个良好的编程习惯。

第 9 章 综合案例——微波炉模拟程序

4. 重构控制面板

找到与控制面板（ControlPanel）相关的代码片段，如代码 9-1 中的 055~066 行。创建一个继承自 Composite 的类 ControlPanel，将相关代码剪切到 ControlPanel 的构造方法中，并做相应的重构，完成后的代码如代码 9-9 所示。

代码 9-9　重构 ControlPanel 一

#001	`public class ControlPanel extends Composite {`
#002	`    private Button startBtn;`
#003	`    private Button clearBtn;`
#004	`    public ControlPanel(Composite parent, int style) {`
#005	`        super(parent, style);`
#006	`        setLayout(new GridLayout(2, true));`
#007	`        setLayoutData(new GridData(SWT.FILL, SWT.CENTER, false, false, 1, 1));`
#008	`        startBtn = new Button(this, SWT.NONE);`
#009	`        startBtn.setLayoutData(new GridData(SWT.FILL, SWT.FILL, true, true, 1, 1));`
#010	`        startBtn.setText("\u5F00\u59CB");`
#011	`        clearBtn = new Button(this, SWT.NONE);`
#012	`        clearBtn.setLayoutData(new GridData(SWT.FILL, SWT.FILL, true, true, 1, 1));`
#013	`        clearBtn.setText("\u6E05\u9664");`
#014	`    }`
#015	`    @Override`
#016	`    protected void checkSubclass() {`
#017	`    }`
#018	`}`

至此，主程序中完整的 createContents()方法就变得非常简单了，主要代码如代码 9-10 所示。

代码 9-10　重构 ControlPanel 二

#001	`public class MicrowaveOven {`
#002	`    private GlassWindow glassWindow;`
#003	`    private DisplayPanel displayPanel;`
#004	`    private KeyboardPanel keyboardPanel;`
#005	`    private ControlPanel controlPanel;`
#006	`    ...`
#007	`    }`
#008	`    protected void createContents() {`
#009	`        ...`
#010	`        glassWindow = new GlassWindow(shell, SWT.BORDER);`
#011	`        displayPanel = new DisplayPanel(shell, SWT.BORDER);`
#012	`        keyboardPanel = new KeyboardPanel(shell, SWT.BORDER);`

#013	controlPanel = new ControlPanel(shell,SWT.*BORDER*);
#014	}
#015	}

9.3 根据程序状态编写程序

9.3.1 状态分析

从需求表述中,我们可以了解程序的大致情况。在这里我们发现微波炉模拟程序在整个运行过程中会处于不同的状态,而在不同的状态下会表现出不同的形态。你能帮我分析一下,程序有哪些状态呢?

应该有待设定、设定中、运行、取消、完成等状态过程。

非常好!为了更好地描述这些状态的转换过程和状态的转换条件,我们可以通过绘制状态图(见图 9-4)来表达这些内容。

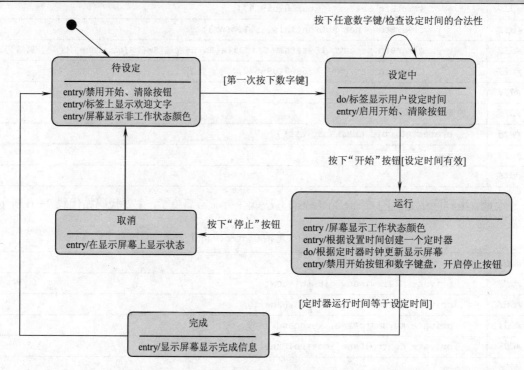

图 9-4 微波炉模拟程序状态图

使用 enum 枚举类型,可以有效地解决类型安全问题,如代码 9-11 所示。

代码 9-11 状态枚举类

#001	/**
#002	* 所属包:cn.nbcc.chap10.snippets
#003	* 文件名:MicrowaveOvenStatus.java

#004	* 创建者：郑哲
#005	* 创建时间：2014-5-27 上午10:37:48
#006	*/
#007	package cn.nbcc.chap10.snippets;
#008	public enum MicrowaveOvenStatus {
#009	UNSETTING,
#010	SETTING,
#011	RUNNING,
#012	CANCEL,
#013	FINISHD
#014	}

9.3.2 使用事件源–监听器模型

在使用事件源-监听器模型过程中，微波炉模拟程序维护了一个内部的状态信息。当状态发生改变时，需要向不同的监听对象发送状态改变的通知。

在本项目中，MicrowaveOven 主程序就是事件源，而界面上的组件对象都是其监听者，这些监听者在状态改变的时候都需要做相应变化。因此，我们可以将这个处理过程抽象为一个 onStatusChanged()抽象方法，并将其封装到一个 IStatusChangeListener 监听器接口中。任何监听人只要实现该接口，就能对事件进行响应。

同时，事件源需要维护一个监听名单，以便在事件发生的时候通知所有的监听人，并要求它们做出相应改变。

9.3.3 实现事件/监听

1. 创建监听接口

创建监听接口的代码如代码 9-12 所示。

代码 9-12　监听接口

#001	/**
#002	* 所属包：cn.nbcc.chap10.snippets
#003	* 文件名：IStatusChangeListener.java
#004	* 创建者：郑哲
#005	* 创建时间：2014-5-27 上午10:39:50
#006	*/
#007	package cn.nbcc.chap10.snippets;
#008	public interface IStatusChangeListener {
#009	public void onStatusChange(MicrowaveOven oven);
#010	}

2. 创建监听名单和状态信息

首先，在主程序 MicrowaveOven 中，创建一个实例变量 status 保存微波炉的状态信息，其类型是状态枚举类型。同时，将其初始化为未设定状态。为了便于对它的访问，为其添加 public static 修饰符。

在 MicrowaveOven 中定义一个监听名单列表，使用 ArrayList 容器作为其类型，并指定其泛型为 IStatusChangeListener 接口类型，如代码 9-13 所示。

代码 9-13 监听列表

#001	`public class MicrowaveOven {`
#002	`    protected Shell shell;`
#003	`    private GlassWindow glassWindow;`
#004	`    private DisplayPanel displayPanel;`
#005	`    private KeyboardPanel keyboardPanel;`
#006	`    private ControlPanel controlPanel;`
#007	`    private ArrayList<IStatusChangeListener>listeners = new ArrayList<IStatusChangeListener>();`
#008	`    ...`
#009	`}`

3. 注册监听和发送通知

在事件源 MicrowaveOven 主程序中，添加 addStatusChangeListener、removeStatusChangeListener 方法，在监听名单中注册和移除监听者，如代码 9-14 所示。

代码 9-14 注册监听和发送通知

#001	`public class MicrowaveOven {`
#002	`    protected Shell shell;`
#003	`    private GlassWindow glassWindow;`
#004	`    private DisplayPanel displayPanel;`
#005	`    private KeyboardPanel keyboardPanel;`
#006	`    private ControlPanel controlPanel;`
#007	`    private MicrowaveOvenStatus status;`
#008	`    private ArrayList<IStatusChangeListener>listeners = new ArrayList<IStatusChangeListener>();`
#009	`    ...`
#010	`}`
#011	`    public void open() {`
#012	`        Display display = Display.getDefault();`
#013	`        createContents();`
#014	`        init();`
#015	`        shell.open();`

#016	shell.layout();
#017	while (!shell.isDisposed()) {
#018	if (!display.readAndDispatch()) {
#019	display.sleep();
#020	}
#021	}
#022	}
#023	private void init() {
#024	addStatusChangeListener(glassWindow);
#025	addStatusChangeListener(keyboardPanel);
#026	addStatusChangeListener(displayPanel);
#027	addStatusChangeListener(controlPanel);
#028	status = MicrowaveOvenStatus.*UNSETTING*;
#029	fireStatusChange();
#030	}
#031	public void fireStatusChange() {
#032	for (IStatusChangeListener listener : listeners) {
#033	listener.onStatusChange(this);
#034	}
#035	}
#036	...
#037	public void addStatusChangeListener(IStatusChangeListener listener) {
#038	if (!listeners.contains(listener)) {
#039	listeners.add(listener);
#040	}
#041	}
#042	public void removeStatusChangeListener(IStatusChangeListener listener) {
#043	if (listeners.contains(listener)) {
#044	listeners.remove(listener);
#045	}
#046	}
#047	}

007 行增加了 status 状态变量用于保存当前的微波炉工作状态。

037~046 行提供了 addStatusChangeListener()和 removeStatusChangeListener()两个方法，用于对监听列表进行添加和移除操作。

014 行中创建完所有组件之后，通过 023~030 行的自定义 init()方法，将 glassWindow、displayPanel、keyboardPanel、controlPanel 都注册为它的监听者。同时，028 行将程序的初始状态置为"待设定"状态。随后，通过调用 029 行的 fireStatusChange()方法，通知所有监听者，状态发生改变，让它们根据当前微波炉的状态，进行相应处理。整个通知过程是由 031～035 行的代码完成的，它使用 foreach 语法，遍历整个容器。对于当前的每个容器中的元素（根据里氏替换原则），它们有一个共同的特点——拥有 onStatusChange()方法，调用该方法，让每个监听人进行响应。

> 按照上述方法操作，编译器怎么会报错？

这里的 addStatusChangeListener()方法要求参数是 IStatusChangeListener 类型，而目前你的所有组件对象都不是这一类型，按<Ctrl+1>组合键打开修改方案，选择"让××实现 IStatusChangeListener"，如图 9-5 所示。

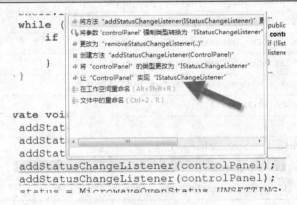

图 9-5　实现监听接口修复

4. 编写玻璃窗响应代码

玻璃窗在运行状态下，显示黄色背景色，以模拟微波炉灯光发出的颜色，在其他非工作状态下，显示默认的灰色，代码实现如代码 9-15 所示。

获取 SWT 中系统颜色

在 SWT 类中定义了常用的颜色常量，可以通过类似 SWT.COLOR_YELLOW 的方式来访问。使用 setBackground()方法可以设置组件的背景色，使用 Display 的 getSystemColor()方法，可以获得系统定义的颜色。例如：
setBackground(Display.getDefault().getSystemColor(SWT.COLOR_YELLOW))

代码 9-15　玻璃窗背景色显示代码

#001	package cn.nbcc.chap10.snippets;
#002	import org.eclipse.swt.SWT;
#003	import org.eclipse.swt.layout.GridData;
#004	import org.eclipse.swt.widgets.Composite;
#005	import org.eclipse.swt.widgets.Display;
#006	public class GlassWindow extends Composite implements IStatusChangeListener {
#007	…
#008	@Override
#009	public void onStatusChange(MicrowaveOven oven) {

#010	`if (oven.getStatus()==MicrowaveOvenStatus.RUNNING) {`
#011	`setBackground(Display.getDefault().getSystemColor(SWT.COLOR_YELLOW));`
#012	`}else`
#013	`setBackground(Display.getDefault().getSystemColor(SWT.COLOR_GRAY));`
#014	`}`
#015	`}`

在响应状态变化的处理方法 onStatusChange()中，根据微波炉的不同状态，显示不同的背景色。

> 为了在各个微波炉部件能访问微波炉的当前状态，可以在 MicrowaveOven 类中添加 setStatus()方法和 getStatus()方法，其作用仅仅设置和返回 status。

```
…
public MicrowaveOvenStatus getStatus() {
        return status;
}
public void setStatus(MicrowaveOvenStatus newStatus) {
        status = newStatus;
}
…
```

5．编写消息面板响应代码

在程序处于"待设定"状态时，消息面板中应该显示"欢迎信息"。我们可以让 DisplayPanel 实现该动作响应，在微波炉状态为待设定时，显示欢迎信息。

在设定时，消息面板显示用户设定的时钟信息；在运行的时候，消息面板更新显示时钟信息；在用户取消操作后，显示取消信息；在完成烹煮后，显示成功消息。

为此，我们可以定义一些文字常量，并实现 IStatusChangeListener，如代码 9-16 所示。

代码 9-16 消息面板的动作响应

#001	`public class DisplayPanel extends Composite implements IStatusChangeListener {`
#002	`    private String message;`
#003	`    private static final String FINISHED_MESSAGE = "烹煮完成,请取出";`
#004	`    private static final String CANCEL_MESSAGE = "操作已成功取消";`
#005	`    private static final String DEFAULT_TIME_MESSAGE = "00:00";`
#006	`    private static final String WELCOME_MESSAGE = "欢迎使用微波炉程序";`
#007	`    private Label displayLabel;`
#008	`    private String timeString = DEFAULT_TIME_MESSAGE;`
#009	`    public DisplayPanel(Composite parent, int style) {`
#010	`        super(parent, style);`
#011	`        GridData gd = new GridData(SWT.FILL, SWT.CENTER, false, false, 1, 1);`
#012	`        setLayoutData(gd);`
#013	`        setLayout(new FillLayout());`
#014	`        displayLabel = new Label(this, SWT.NONE);`

#015	displayLabel.setText(WELCOME_MESSAGE);
#016	displayLabel.setAlignment(SWT.*CENTER*);
#017	}
#018	@Override
#019	public void onStatusChange(MicrowaveOven oven) {
#020	switch (oven.getStatus()) {
#021	case *UNSETTING*:
#022	message = WELCOME_MESSAGE;
#023	break;
#024	case *SETTING*:
#025	case *RUNNING*:
#026	message = timeString;
#027	break;
#028	case *CANCEL*:
#029	message = CANCEL_MESSAGE;
#030	break;
#031	case *FINISHD*:
#032	message = FINISHED_MESSAGE;
#033	break;
#034	default:
#035	break;
#036	}
#037	displayLabel.setText(message);
#038	}
#039	@Override
#040	protected void checkSubclass() {
#041	}
#042	}

6. 判断设定时间的有效性

老师，在设定时间的过程中，按下的数字键如何检查其有效性？如何根据有效的不同动态改变控制面板（ControlPanel）中的"开始"按钮？

用户按下数字键盘的任意数字键，将改变消息面板中的显示信息，同时也将触发一次检查有效性的过程，根据检查的结果影响控制面板中的"开始"按钮。可以用图 9-6 表示这个过程。这里涉及的对象有 4 个，键盘面板中的按钮（即数字键）将用户按下的数字传递给主程序的 isValid() 方法请求验证，而要验证合法性，必须根据当前的时间信息来判断，时间都保存在 displayPanel 对象中。因此，主程序中的 oven 对象将这个工作转交给 displayPanel 对象去处理。得到 displayPanel 对象的反馈结果后，根据结果让 controlPanel 完成按钮的相应变化。

注意：每次用户按下一个数字键都会发送一次状态更新事件，DisplayPanel 作为监听者会在此时更新自己的信息。

第 9 章 综合案例——微波炉模拟程序

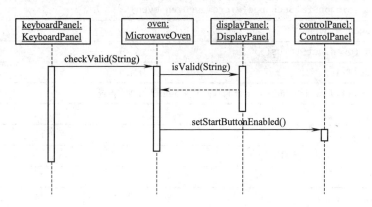

图 9-6 键盘面板有效性检查序列图

键盘面板响应代码如代码 9-17 所示。

代码 9-17 键盘面板响应代码

#001	`public class KeyboardPanel extends Composite implements IStatusChangeListener {`
#002	`private Button buttons[]=new Button[10];`
#003	`private MicrowaveOven oven;`
#004	`protected String addedDigit;`
#005	`public KeyboardPanel(Composite parent, int style) {`
#006	`…`
#007	`for (int i = 0; i <buttons.length; i++) {`
#008	`    Button button = new Button(this, SWT.NONE);`
#009	`    button.setLayoutData(new GridData(SWT.FILL, SWT.FILL, true, true, 1, 1));`
#010	`    button.setText(i+"");`
#011	`    button.addSelectionListener(new SelectionAdapter() {`
#012	`    public void widgetSelected(SelectionEvent e) {`
#013	`        //第一次按下数字键`
#014	`        if (oven.getStatus() == MicrowaveOvenStatus.UNSETTING) {`
#015	`        oven.setStatus(MicrowaveOvenStatus.SETTING);`
#016	`        }`
#017	`        addedDigit = ((Button)e.getSource()).getText();`
#018	`        oven.fireStatusChange();`
#019	`        }`
#020	`    });`
#021	`    buttons[i]=button;`
#022	`    }`
#023	`}`
#024	`@Override`

#025	`public void onStatusChange(MicrowaveOven oven) {`
#026	`    this.oven = oven;`
#027	`    switch (oven.getStatus()) {`
#028	`    case SETTING:`
#029	`        oven.checkValid(addedDigit);   //请求oven进行数字检查`
#030	`        break;`
#031	`    case RUNNING:`
#032	`        enableKeyboard(false);`
#033	`        break;`
#034	`    default:`
#035	`        enableKeyboard(true);`
#036	`    }`
#037	`}`
#038	`private void enableKeyboard(boolean b) {`
#039	`    for (Button button : buttons) {`
#040	`        button.setEnabled(b);`
#041	`    }`
#042	`}`
#043	`}`

004 行添加了一个实例变量 addedDigit，用于保存用户每次按下的数字字符。012～016 行中增加了每个按钮的响应事件，如果当前微波炉状态是待设定，那么无论哪个数字键被按下，微波炉的状态都要设定为"设定中"状态，并且要通知所有的监听对象做合适的处理。

025～037 行表示键盘面板根据不同的状态做出响应。其中 enableKeyboard()方法是一个自定义（038～042 行）方法，其作用是将键盘区的所有按钮启用或者禁用。029 行表示当微波炉处于设定中的时候，用户所按下的数字键是否构成正确的定时时间字符串，需要进行检查，而这个工作将转交给 oven 的 checkValid()方法去处理。

因此，在 MicrowaveOven 类中需要添加如代码 9-18 所示的代码。

代码 9-18 checkValid()方法

#001	`...`
#002	`public void checkValid(String addedDigit) {`
#003	`    boolean isValid = displayPanel.isValid(addedDigit);`
#004	`    controlPanel.setStartButtonEnabled(isValid);`
#005	`}`
#006	`...`

displayPanel 实际保存了用户当前设定的时间字符串，因此，它是检查用户设定时间是否有效的最佳方式。那么，如何根据当前用户输入的数据，判断是否是合法的时间设定呢？

这个很简单，只要把分钟和秒钟部分进行分解，并判断是否在合法的范围内即可。

在 DisplayPanel 类中添加如代码 9-19 所示的代码。

代码9-19　更新/验证时间字符

#001	…
#002	`public boolean isValid(String addedDigit) {`
#003	`    addDigit(addedDigit);`
#004	`    String tokens[] = timeString.split(":");`
#005	`    int m = Integer.parseInt(tokens[0]);`
#006	`    int s = Integer.parseInt(tokens[1]);`
#007	`    return m >= 0 && m < 60 && s >= 0 && s < 60;`
#008	`}`
#009	`private void addDigit(String addedDigit) {`
#010	`    String tokens[] = timeString.split(":");`
#011	`    StringBuilder sBuilder = new StringBuilder();`
#012	`    timeString = sBuilder.append(tokens[0]).append(tokens[1])`
#013	`            .insert(3, ":").substring(1);`
#014	`}`
#015	…

只有在有效时间范围内才能开启烹煮过程，因此，还需在 ControlPanel 类中添加如代码 9-20 所示的代码。

代码9-20　控制"开始"按钮的启用

#001	…
#002	`public void setStartButtonEnabled(boolean isValid) {`
#003	`    startBtn.setEnabled(isValid);`
#004	`}`
#005	…

00:00 是否是一个有效的设定时间？是否应该启用"开始"按钮？

对于设定的标准来讲，00:00 不应该是一个有效的设定时间，应该禁用开始按钮。

如果是这样的话，只需在代码 9-19 中的 007 行增加一个 "m+s>0" 的判断即可。

7. 添加清除功能

在微波炉处于设定状态时，用户可以通过"清除"按钮来快速复位设定的时间，将其重置为 "00:00" 的形式。为了做到这一点，可以先从图 9-7 所示的序列图中了解对象之间的交互过程。

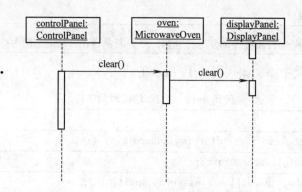

图 9-7 清除过程的序列图

添加"清除"按钮的动作监听如代码 9-21 所示。

代码 9-21 "清除"按钮事件处理

#001	`public class ControlPanel extends Composite implements IStatusChangeListener {`
#002	`    private Button startBtn;`
#003	`    private Button clearBtn;`
#004	`    protected MicrowaveOven oven;`
#005	`    protected CookTimer cookTimer;`
#006	`    public ControlPanel(Composite parent, int style) {`
#007	`        ...`
#008	`        clearBtn.addSelectionListener(new SelectionAdapter() {`
#009	`            @Override`
#010	`            public void widgetSelected(SelectionEvent e) {`
#011	`                if (clearBtn.getText().equals("清除")) {`
#012	`                    oven.clear();`
#013	`                    startBtn.setEnabled(false);    //清除后"开始"按钮为禁用状态`
#014	`                }else{`
#015	`                    boolean isConfirm = MessageDialog.openConfirm(oven.shell, "确认", "真的要停止烹煮吗?");`
#016	`                    if (isConfirm) {`
#017	`                        cookTimer.stop();`
#018	`                        oven.setStatus(MicrowaveOvenStatus.CANCEL);`
#019	`                        oven.fireStatusChange();`
#020	`                    }`
#021	`                }`
#022	`            }`
#023	`        });`
#024	`    }`
#025	`    public void setStartButtonEnabled(boolean isValid) {`
#026	`        startBtn.setEnabled(isValid);`

#027	}
#028	…
#029	}

控制面板在用户设定完烹煮时间后，通过单击"开始"按钮开启烹煮线程。代码9-21使用了自定义的CookTimer类，并在用户取消烹煮时，停止计时（017行）。

此外，还需实现oven的clear()方法，如代码9-22所示。

代码9-22　添加oven的clear()方法

#001	…
#002	public void clear() {
#003	displayPanel.clear();
#004	}
#005	…

下面实现displayPanel的clear()方法，如代码9-23所示。

代码9-23　displayPanel中的clear()方法

#001	public class DisplayPanel extends Composite implements IStatusChangeListener {
#002	private static final String DEFAULT_TIME_MESSAGE = "00:00";
#003	…
#004	public void clear() {
#005	timeString = DEFAULT_TIME_MESSAGE;
#006	setTimeString(timeString);
#007	}
#008	public void setTimeString(String timString) {
#009	this.timeString = timString;
#010	displayLabel.setText(timeString);
#011	}
#012	}

8．烹煮计时器（CookTimer）

烹煮的过程中，需要有一个内部的计时器，这里需要新建一个CookTimer类，用来实现烹煮的计时。

这里需要有一个用于倒计时的tick()方法，如代码9-24中的023～027行所示，通过使用java.util中的Timer类和TimerTask类，完成每隔1秒异步显示数据的任务。对外使用的start()方法和stop()方法可以对CookTimer对象进行开始和停止操作。

代码9-24　CookTimer（烹煮计时器）

#001	package cn.nbcc.chap10.snippets;
#002	import java.text.DecimalFormat;
#003	import java.util.Timer;
#004	import java.util.TimerTask;

#005	`import org.eclipse.swt.widgets.Display;`
#006	`public class CookTimer {`
#007	`    private int minute;`
#008	`    private int second;`
#009	`    private Timer timer;`
#010	`    private MicrowaveOven oven;`
#011	`    public CookTimer(String timeString, MicrowaveOven oven) {`
#012	`        String tokens[] = timeString.split(":");`
#013	`        minute = Integer.parseInt(tokens[0]);`
#014	`        second = Integer.parseInt(tokens[1]);`
#015	`        this.oven = oven;`
#016	`    }`
#017	`    public CookTimer(int minute, int second, MicrowaveOven oven) {`
#018	`        super();`
#019	`        this.minute = minute;`
#020	`        this.second = second;`
#021	`        this.oven = oven;`
#022	`    }`
#023	`    public void tick() {`
#024	`        second = (second - 1 + 60) % 60;  //second = 0 => second = 59`
#025	`        if (second == 59)`
#026	`            minute = minute - 1;`
#027	`    }`
#028	`    public void start() {`
#029	`        timer = new Timer();`
#030	`        timer.schedule(new TimerTask() {`
#031	`            @Override`
#032	`            public void run() {`
#033	`                tick();`
#034	`                final DecimalFormat twoDigit = new DecimalFormat("00");`
#035	`                Display.getDefault().asyncExec(new Runnable() {`
#036	`                    public void run() {`
#037	`                        oven.setTimeString(twoDigit.format(minute) + ":"`
#038	`                                + twoDigit.format(second));`
#039	`                        if (isDone()) {`
#040	`                            stop();`
#041	`                            oven.setStatus(MicrowaveOvenStatus.FINISHED);`
#042	`                        }`
#043	`                        oven.fireStatusChange();`
#044	`                    }`
#045	`                });`

#046	}
#047	}, 0, 1000);
#048	}
#049	public void stop() {
#050	timer.cancel();
#051	}
#052	public boolean isDone() {
#053	if (minute == 0 &&second == 0) {
#054	return true;
#055	}
#056	return false;
#057	}
#058	}

在 MicrowaveOven 类中添加 setTimeString()方法，如代码 9-25 所示。

代码 9-25　向 MicrowaveOven 类中添加的 setTimeString()方法

#001	Public void setTimeString(String timString) {
#002	displayPanel.setTimeString(timString);
#003	}

在 DisplayPanel（消息面板）中添加 setTimeString()方法，如代码 9-26 所示。

代码 9-26　向 DisplayPanel 中添加的 setTimeString()方法

#001	public void setTimeString(String timString) {
#002	this.timeString = timString;
#003	displayLabel.setText(timeString);
#004	}

9．编写控制面板的动作响应代码

现在还需处理控制面板上的"开始"按钮，以启动烹煮计时器。此外，还需根据微波炉的不同状态来启用/禁用相关按钮，在启动烹煮计时后，"清除"按钮上的文本需要变成"停止"，如代码 9-27 所示。

代码 9-27　控制面板的剩余功能

#001	public class ControlPanel extends Composite implements IStatusChangeListener {
#002	private Button startBtn;
#003	private Button clearBtn;
#004	protected MicrowaveOven oven;
#005	protected CookTimer cookTimer;
#006	public ControlPanel(Composite parent, int style) {
#007	…
#008	startBtn.addSelectionListener(new SelectionAdapter() {
#009	@Override
#010	public void widgetSelected(SelectionEvent e) {
#011	oven.setStatus(MicrowaveOvenStatus.RUNNING);

#012	cookTimer = new CookTimer(oven.getTimeString(),oven);
#013	cookTimer.start();
#014	oven.fireStatusChange();
#015	}
#016	});
#017	…
#018	}
#019	@Override
#020	public void onStatusChange(MicrowaveOven oven) {
#021	this.oven = oven;
#022	switch (oven.getStatus()) {
#023	case *UNSETTING*:
#024	startBtn.setEnabled(false);
#025	clearBtn.setEnabled(false);
#026	break;
#027	case *SETTING*:
#028	clearBtn.setEnabled(true);
#029	clearBtn.setText("清除");
#030	break;
#031	case *RUNNING*:
#032	clearBtn.setText("停止");
#033	startBtn.setEnabled(false);
#034	break;
#035	default:
#036	break;
#037	}
#038	}
#039	}

9.3.4 添加烹煮完成的音效

新建一个 SoundManager 类（见代码 9-28），并实现 IStatusChangeListener。另外，在 MicrowaveOven 主程序中，新建一个 SoundManager 对象，并提供注册监听。

JavaFX 技术具有直接调用 Java API 的能力。同时，它能使用 JavaFX 编程语言开发"富互联网应用程序"（RIA）。关于 JavaFX 的内容，已经超出了本书的讲解范围。我们可以使用 JavaFX 的相关类来实现音乐的播放。

代码 9-28　SoundManager 类

#001	package cn.nbcc.chap10.snippets;
#002	import java.io.File;

#003	`import javafx.embed.swt.FXCanvas;`
#004	`import javafx.scene.Group;`
#005	`import javafx.scene.Scene;`
#006	`import javafx.scene.media.Media;`
#007	`import javafx.scene.media.MediaPlayer;`
#008	`import javafx.scene.paint.Color;`
#009	`import org.eclipse.swt.SWT;`
#010	`import org.eclipse.swt.widgets.Composite;`
#011	`public class SoundManager implements IStatusChangeListener {`
#012	`    private Media hit;`
#013	`    private MediaPlayer mediaPlayer;`
#014	`    public SoundManager(Composite parent,int Style) {`
#015	`        FXCanvas canvas = new FXCanvas(parent, SWT.NONE);`
#016	`        Group group = new Group();`
#017	`        Scene scene = new Scene(group, Color.rgb(`
#018	`                parent.getBackground().getRed(), parent.getBackground()`
#019	`                .getGreen(), parent.getBackground().getBlue()));`
#020	`        String bip = new File("bell.mp3").toURI().toString();`
#021	`        hit = new Media(bip);`
#022	`        mediaPlayer = new MediaPlayer(hit);`
#023	`        canvas.setScene(scene);`
#024	`    }`
#025	`    @Override`
#026	`    public void onStatusChange(MicrowaveOven oven) {`
#027	`        switch (oven.getStatus()) {`
#028	`        case FINISHED:`
#029	`            mediaPlayer.play();`
#030	`            break;`
#031	`        default:`
#032	`            break;`
#033	`        }`
#034	`    }`
#035	`}`

为了让这个类能在烹煮完成时播放音乐，还需要在主程序的 MicrowaveOven 类中添加如代码 9-29 所示的代码。

代码 9-29 添加 SoundManager 对象

#001	`public class MicrowaveOven {`
#002	`    …`
#003	`    private SoundManager soundManager;`

#004	...
#005	private void init() {
#006	addStatusChangeListener(glassWindow);
#007	addStatusChangeListener(keyboardPanel);
#008	addStatusChangeListener(displayPanel);
#009	addStatusChangeListener(controlPanel);
#010	addStatusChangeListener(soundManager);
#011	status = MicrowaveOvenStatus.*UNSETTING*;
#012	fireStatusChange();
#013	}
#014	protected void createContents() {
#015	...
#016	controlPanel = new ControlPanel(shell, SWT.*BORDER*);
#017	soundManager = new SoundManager(shell, SWT.*NONE*);
#018	}
#019	}

> 最后，不要忘了，在项目的根目录下放上你要播放的音频文件 bell.mp3。

9.3.5 添加美食图像

在 Composite 中绘制图像，需要使用 paintControl()方法。通过监听 PaintListener 接口，可以在其响应事件 paintControl()中进行绘图处理。系统每次调用 Composite 的 redraw()方法时，将自动执行 paintControl()方法。利用 PaintEvent 事件提供的 "画笔" gc，可以使用其相关方法来完成图像的绘制，如代码 9-30 所示。

代码9-30　在玻璃窗上绘制图像

#001	package cn.nbcc.chap10.snippets;
#002	import org.eclipse.jface.resource.ImageDescriptor;
#003	import org.eclipse.swt.SWT;
#004	import org.eclipse.swt.events.PaintEvent;
#005	import org.eclipse.swt.events.PaintListener;
#006	import org.eclipse.swt.graphics.*;
#007	import org.eclipse.swt.layout.GridData;
#008	import org.eclipse.swt.widgets.Composite;
#009	import org.eclipse.swt.widgets.Display;
#010	public class GlassWindow extends Composite implements IStatusChangeListener,PaintListener {
#011	static final Color COLOR_DEFAULT =
#012	Display.*getDefault*().getSystemColor(SWT.*COLOR_GRAY*);
#013	static final Color COLOR_RUNNING =

#014	`            Display.getDefault().getSystemColor(SWT.COLOR_YELLOW);`
#015	`    static Image image01 = ImageDescriptor.createFromFile(GlassWindow.class,`
#016	`            "images/pa2.gif").createImage();`
#017	`    public GlassWindow(Composite parent, int style) {`
#018	`        super(parent, style);`
#019	`        GridData gd = new GridData(SWT.FILL, SWT.FILL, true, true, 1, 3);`
#020	`        setLayoutData(gd);`
#021	`    }`
#022	`    public void onStatusChange(MicrowaveOven oven) {`
#023	`        switch (oven.getStatus()) {`
#024	`        case RUNNING:`
#025	`            setBackground(COLOR_RUNNING);`
#026	`            break;`
#027	`        case FINISHED:`
#028	`            this.addPaintListener(this);`
#029	`            break;`
#030	`        default:`
#031	`            removePaintListener(this);`
#032	`            setBackground(COLOR_DEFAULT);`
#033	`            break;`
#034	`        }`
#035	`        redraw();`
#036	`    }`
#037	`    public void paintControl(PaintEvent e) {`
#038	`        GC gc = e.gc;`
#039	`        int pWidth = image01.getBounds().width;`
#040	`        int piHght = image01.getBounds().height;`
#041	`        int cWidth = GlassWindow.this.getBounds().width;`
#042	`        int cHight = GlassWindow.this.getBounds().height;`
#043	`        gc.drawImage(image01, (cWidth - pWidth) / 2, (cHight - piHght) / 2);`
#044	`    }`
#045	`    @Override`
#046	`    protected void checkSubclass() {`
#047	`    }`
#048	`}`

011~014 行中,将微波炉运行时的颜色和非运行时的颜色,提取为两个常量:COLOR_DEFAULT 和 COLOR_RUNNING。015 行和 016 行声明一个基于当前 GlassWindow 类的图片文件。028 行和 031 行中,当微波炉处于完成状态时,玻璃窗对象注册绘制监听,在其他状态时移除该监听。

038 行获取绘制事件 e 的 gc "画笔"。039~043 行通过计算图片和窗口的大小,在窗口居中绘制该图片。

参 考 文 献

[1] Bruce Eckel. Java 编程思想[M]. 3 版. 陈昊鹏，饶若楠，等译. 北京：机械工业出版社，2005.
[2] 林信良. Java JDK 7 学习笔记[M]. 北京：清华大学出版社，2007.
[3] Harvey M Deitel，Paul J Deitel. Java 大学教程[M]. 奚红宁，史晓华，邵晖，等译. 北京：电子工业出版社，2003.
[4] 陈刚. Eclipse 从入门到精通[M]. 2 版. 北京：清华大学出版社，2007.
[5] 那静. Eclipse SWT/JFace 核心应用[M]. 北京：清华大学出版社，2007.
[6] Eric Clayberg，Dan Rubel. Eclipse 插件开发[M]. 周良忠，译. 北京：人民邮电出版社，2006.
[7] 张鹏，姜昊，许力. Eclipse 插件开发学习笔记[M]. 北京：电子工业出版社，2008.